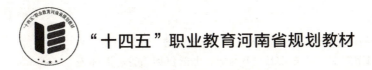

"十四五"职业教育河南省规划教材

中国石油和化学工业优秀教材奖一等奖

化工原理

上册
第四版

陆美娟　张浩勤　张　婕　主编
朱士亮　主审

化学工业出版社

·北京·

内容简介

本书主要介绍化工单元操作的基本原理、计算方法、典型设备和有关的化工工程实用知识。全书分上、下两册。上册包括绪论、流体流动、流体输送机械、非均相混合物的分离、传热、蒸发和附录；下册包括吸收、蒸馏、气液传质设备、干燥、液-液萃取和膜分离技术。编写原则是适应高等职业教育职教本科、高职高专教育的特点，从便于自学和实际应用出发，以必需、够用为度，加强运用基本概念和工程观点分析解决化工实际问题的训练。每章都编入了较多的例题，章末有思考题和习题，并对习题附有参考答案。为照顾不同类型学制和不同专业的需要，部分内容列为选学（标"＊"部分）。此外，书中重点知识点以二维码链接的形式配套了视频资源，更加方便学生学习。

本书配有含单元操作过程动画演示的电子教案，课后练习详解；化工原理学习指导等。可登录 www.cipedu.com.cn 免费下载。

图书在版编目（CIP）数据

化工原理. 上册/陆美娟，张浩勤，张婕主编. —4 版.
—北京：化学工业出版社，2022.9（2024.1重印）
ISBN 978-7-122-41508-0

Ⅰ.①化⋯ Ⅱ.①陆⋯ ②张⋯ ③张⋯ Ⅲ.①化工原理-高等职业教育-教材 Ⅳ.①TQ02

中国版本图书馆 CIP 数据核字（2022）第 087226 号

责任编辑：蔡洪伟　　　　　文字编辑：崔婷婷　陈小滔
责任校对：宋　玮　　　　　装帧设计：关　飞

出版发行：化学工业出版社
　　　　（北京市东城区青年湖南街 13 号　邮政编码 100011）
印　　装：大厂聚鑫印刷有限责任公司
787mm×1092mm　1/16　印张 17　字数 420 千字
2024 年 1 月北京第 4 版第 2 次印刷

购书咨询：010-64518888
售后服务：010-64518899
网　　址：http://www.cip.com.cn

凡购买本书，如有缺损质量问题，本社销售中心负责调换。

定　价：45.00 元　　　　　　　　　　版权所有　违者必究

前言

本教材是为满足高职高专化工类专业《化工单元及操作》课程教学需求编写的，本书于 1995 年出版，2006 年再版，2012 年第三版。本书自出版以来得到了广大读者的认可和好评，曾获得中国石油和化学工业优秀教材奖一等奖。目前，本书第三版出版至今已有十年，根据国家产业变革趋势和职业教育发展规划，为培养具有爱国情怀、奉献精神的复合型应用人才，对本教材进行了修订再版。

本教材主要介绍化工单元操作的基本原理、计算方法、典型设备和有关的化工工程实用知识。全书分上、下两册。上册以动量传递为基础，叙述了流体流动、流体输送机械、非均相混合物分离的单元操作；以热量传递为基础叙述了传热和蒸发操作；下册以质量传递为基础阐述了吸收、蒸馏、气液传质设备、液-液萃取、干燥和膜分离等单元操作。与本教材配套的有"化工原理多媒体课件"和"习题解答"以及"化工原理学习指导"。教材编写原则是适应职业教育的特点，从便于自学和实际应用出发，以必需、够用为度，加强运用基本概念和工程观点分析解决化工实际问题的训练。

本次修订保留原教材特点，对部分内容进行了删减和修改，增补了一些单元操作的实用技术和最新研究成果，强调单元操作与节能减排、绿色发展的关系；增配了部分单元操作设备工作原理及结构的动画或视频二维码；结合每章内容增加了一些工程案例。通过这些案例教学，培养学生的爱国情怀和敬业精神，使学生具有崇尚科学和求实担当的品质，勇于通过实践创新立业。希望这些案例能起到抛砖引玉的作用，引导任课教师编写更多适合职业教育特点的案例。本次修订在附录中增加了化工原理基本概念中英对照索引。

本教材可以作为职业教育化工类专业高职高专、本科学生教学使用。本教材部分内容列为选学内容，用"＊"标出，对于化工类专业专科，可视情况选学。本教材涉及单元操作较多，对于非化工类专业，可以仅学习部分章节。本教材也可供化工及相关行业技术人员参考。

本次修订主要由张浩勤负责，张婕做了大量艰苦细致的工作；书中二维码链接资源来源于北京东方仿真软件技术有限公司，并得到了使用授权。感谢前期众多编者的贡献，特别感谢朱士亮教授再次为本书审稿。

感谢全国选用本书作为教材的师生，您的认可和支持是本书持续出版的动力源泉。书中难免有不妥之处，恳请读者批评指正，并将意见反馈，使本书不断完善。

编者
2022 年 8 月

第一版前言

根据化学工业部（93）化人培便字184号文件，化工部属院校成人教育协作组将陆续组织编写一套适合函授大学、职工大学、业余大学等以自学为主的各化工类专业通用的成人教育教材，本书就是其中的一种。

《化工原理》是化工类专业极为重要的专业基础课程，根据本教材编写大纲，主要介绍化工单元操作的基本原理、计算方法、典型设备以及有关的化工工程实用知识。其编写原则是，从便于自学和实际应用出发，以必需、够用为度，加强运用基本概念和工程观点分析解决化工实际问题的训练。

为了便于自学，教材内容按"熟练掌握"、"理解"和"了解"三个层次编写，在每章开始的"本章学习要求"中都有明确的说明以分清主次，并通过例题、思考题和习题的反复练习达到理解和熟练掌握的要求。有些地方增加了思考内容或小结；增加了不同层次的实用性的例题和对例题的分析；指出了随学习进度所应完成的习题号并给出习题答案；章末的思考题大多供复习使用，包括必须掌握的概念和专用名词的定义和内涵、研究对象的各种影响因素的分析等方面的内容，有的概念要通过对比以深入理解其意义和作用，有助于训练分析和归纳问题的能力。

本书的计量单位统一使用我国法定计量单位，但根据当前工程实际，学生还应熟悉各种物理量，特别是压强、黏度、能量、传热系数等在不同单位制之间的换算。化工原理教材中历来使用符号较多，本书试图在 GB 3100～3102 规定的基础上力求符号的统一。在各章后仍有"本章主要符号说明"，但与前章通用的符号不再重复列出。设备、材料的规格型号尽量采用最新的国标或部颁标准，以利于实际应用。鉴于化工工程计算中有效数字3～4位已经足够，对附录中的部分物性数据作了简化。

为了照顾不同类型学制和不同专业的需要，本书部分章节内容列为选学，用"＊"号标出（包括部分习题）。因此本书既可作为各种成人高等教育化（轻）工类专业的教材，也可作为全日制化工类专业的大专教材。

本书分上、下两册出版，由郑州工学院陆美娟主编。参加编写人员有：陆美娟（绪论、第一、二、五、九、十章）、叶学军（第三章）、张浩勤（第四、六章）、王红（第七、八章）、赵继红（附录及部分习题的选校）。本书上册由郑州工学院朱士亮教授主审，下册由北京化工大学李云倩教授、黄大铿副教授主审。

本书编写过程中，得到了北京化工大学、青岛化工学院、郑州工学院各级领导以及各校成人教育学院的有关负责同志的大力支持和协助，化工部属院校的化工原理教研室的老师们对编写大纲提出了许多宝贵意见，在此向他们表示深切的谢意。

由于编者水平有限，错误不当之处在所难免，敬希指正。

编者
1995年3月

第二版前言

本教材是按照原化学工业部的要求，为满足高职高专化工类专业《化工原理》教学需要而编写的。本教材于1995年出版，2001年进行过简单的修改。多年教学实践证明，本教材的体系、内容基本能够满足教学需要，适于自学，受到了广大师生的欢迎。但随着化工技术的发展，本教材的部分内容需要更新，故进行本次修订。

本教材主要介绍化工单元操作的基本原理、计算方法、典型设备以及有关的化工工程实用知识。其编写原则是，从便于自学和实际应用出发，以必需、够用为度，加强运用基本概念和工程观点分析解决化工实际问题的训练。上册包括绪论、流体流动、流体输送机械、非均相混合物的分离、传热、蒸发和附录；下册包括吸收、蒸馏、气液传质设备、萃取、干燥和膜分离技术。

本次修订保留了原教材的特点，教材内容仍然按照"熟练掌握"、"理解"和"了解"三个层次编写，并通过例题、思考题和习题的反复练习达到理解和熟练掌握的要求；为了突出高等职业教育的应用特色，对理论推导部分进行了必要的简化，删去了工程上已较少使用的内容和计算方法；删去了部分难度大的例题和习题；适当增加了新型设备应用和最新研究成果的内容；并增加膜分离技术一章，简要介绍膜分离技术的基本概念和应用。另外，为了照顾不同类型学制和不同专业的需要，本书部分章节内容列为选学，用"＊"号标出（包括部分习题）。

自本教材问世以来，得到了许多读者和同行的支持和鼓励。在本次修订过程中，开封大学王方林、平原大学徐绍红等提出了许多宝贵的建议，在此表示感谢。

同时十分感谢第一版教材的编审；特别感谢朱士亮教授再次为本书再版审稿并提出了许多宝贵的意见。感谢郑州大学各级领导、有关负责同志及化工原理教研室的同事所给予的支持和帮助。

本次修订主要由郑州大学陆美娟和张浩勤负责，刘金盾编写了膜分离技术一章，谭翎燕对习题进行了校正。

由于编者学识和水平有限，不当之处，敬请指正。

编者

2006年2月

第三版前言

本教材是按照原化学工业部的要求,为满足高职高专化工类专业《化工原理》教学需要编写的。本教材于 1995 年出版,2006 年再版。本教材自出版以来得到了广大读者的认可和好评,曾获得第九届中国石油和化学工业优秀教材奖一等奖。

本教材主要介绍化工单元操作的基本原理、计算方法、典型设备和有关的化工工程实用知识。全书分上、下两册。上册以动量传递为基础,叙述了流体流动、流体输送机械、非均相混合物分离的单元操作;以热量传递为基础叙述了传热和蒸发操作;下册以质量传递为基础阐述了吸收、蒸馏、气液传质设备、萃取、干燥和膜分离等单元操作。与本教材配套的有"化工原理多媒体课件"和"习题解答"以及"化工原理学习指导"。

教材编写原则是适应高职高专教育的特点,从便于自学和实际应用出发,以必需、够用为度,加强运用基本概念和工程观点分析解决化工实际问题的训练。本次修订保留了原教材的特点,教材内容按照"熟练掌握"、"理解"和"了解"三个层次编写,并通过例题、思考题和习题的反复练习达到理解和熟练掌握的要求;教材强调工程观点,兼顾单元操作的过程与设备、设计与操作,强化应用和技能培养;教材每章都编入了较多的例题(包括不同层次的实用性例题和分析),章末有思考题和习题,习题附有参考答案,思考题大多供复习使用,包括了必须掌握的概念和专用名词的定义和内涵。此外,为照顾不同类型学制和不同专业的需要,本书部分章节内容和部分习题列为选学,用"*"标出。第三版主要对原书表述不够清晰严谨、有歧义以及印刷错误之处做了仔细的订正,对一些技术数据进行了校核,个别章节做了较大改动,以求更便于自学和运用。

本教材第二版出版以来,得到了许多读者和同行的支持和建设性意见,在此表示感谢。作者感谢郑州大学化工原理教研室的同事在本书修订中给予的帮助和支持,特别感谢朱士亮教授再次为本书审稿。

本次修订主要由陆美娟和张浩勤负责。由于编者学识有限,书中不妥之处恳请读者批评指正。

编者

2012.6

目录

绪 论　001

学习要求　/　001
一、《化工原理》课程的性质、地位和作用　/　001
二、化工过程与单元操作　/　002
三、单元操作的物料衡算与热量衡算　/　006
四、量纲一致性与单位一致性　/　010
思考题　/　012
习题　/　012

第一章　流体流动　013

学习要求　/　013
第一节　概述　013
　一、流体的连续介质模型　/　013
　二、流体的密度与比体积　/　014
　三、流体的黏性　/　016
　四、流体的压缩性与膨胀性　/　018
第二节　流体静力学　/　018
　一、流体的压强　/　018
　二、流体静力学基本方程　/　019
第三节　流体动力学　/　026
　一、流量与流速　/　026
　二、流体定常流动过程的物料衡算——连续性方程　/　028
　三、流体定常流动过程的机械能衡算——柏努利方程　/　029
　四、实际流体的基本流动现象　/　038
第四节　管内流动阻力　/　042
　一、化工管路的构成　/　042
　二、直管内的流动阻力　/　046
　三、局部阻力　/　056
　四、流体在管内流动的总阻力计算　/　059
第五节　管路计算　/　061
　一、简单管路与复杂管路　/　061
　二、简单管路的计算　/　062
第六节　流量的测定　/　065
　一、皮托测速管（简称皮托管）　/　065
　二、孔板流量计　/　067
　三、文氏流量计（或称文丘里流量计）　/　070
　四、转子流量计　/　071
思考题　/　074
习题　/　075
本章主要符号说明　/　078

第二章　流体输送机械　　079

学习要求　/　079
第一节　概述　/　079
　　一、流体输送机械的作用　/　079
　　二、流体输送机械的分类　/　079
第二节　离心泵　/　080
　　一、离心泵的工作原理与主要
　　　　部件的结构　/　080
　　二、离心泵的主要性能参数　/　083
　　三、离心泵的特性曲线及其影响
　　　　因素分析　/　085
　　四、离心泵的工作点与流量
　　　　调节　/　087
　　五、离心泵的汽蚀现象与安装
　　　　高度　/　090
　　六、离心泵的安装、运转、类型
　　　　与选用　/　092
第三节　其他类型的化工用泵　/　097
　　一、往复泵　/　097
　　二、旋转泵　/　099
　　三、旋涡泵　/　100
第四节　气体输送机械　/　101
　　一、离心式通风机　/　101
　　二、鼓风机　/　103
　　三、压缩机　/　104
　　四、真空泵　/　104
思考题　/　106
习题　/　106
本章主要符号说明　/　107

第三章　非均相混合物的分离　　109

学习要求　/　109
第一节　沉降　/　110
　　一、重力沉降　/　110
　　二、离心沉降　/　114
　　三、沉降分离设备　/　115
第二节　过滤　/　120
　　一、概述　/　120
　　二、恒压过滤　/　123
　　三、过滤设备　/　127
第三节　分离设备的选择　/　131
思考题　/　133
习题　/　133
本章主要符号说明　/　134

第四章　传　热　　136

学习要求　/　136
第一节　概述　/　136
　　一、传热在化工生产中的
　　　　应用　/　136
　　二、传热的基本方式　/　137
　　三、间壁式换热器传热过程
　　　　简述　/　137
第二节　热传导　/　138
　　一、热传导的基本定律　/　138
　　二、通过平壁的定常
　　　　热传导　/　141
　　三、通过圆筒壁的定常
　　　　热传导　/　143
第三节　对流传热　/　146
　　一、对流传热基本方程和对流
　　　　传热系数　/　146
　　二、影响对流传热系数的
　　　　因素　/　148
　　三、量纲分析法在对流传热中的
　　　　应用　/　148
　　四、流体无相变时的对流传热
　　　　系数　/　150

五、流体有相变化时的对流传
　　　　热系数 / 155
　　六、对流传热小结 / 160
第四节　传热计算 / 161
　　一、热量衡算 / 161
　　二、传热速率方程 / 162
　　三、传热平均温度差 / 163
　　四、传热系数 / 168
　　五、传热计算示例与分析 / 172
　　六、工业热源与冷源 / 177
*第五节　热辐射 / 178

　　一、热辐射的基本概念 / 178
　　二、两固体间的热辐射 / 180
　　三、辐射对流联合传热 / 182
第六节　换热器 / 183
　　一、间壁式换热器的类型 / 184
　　二、列管式换热器的工艺设计和
　　　　选用 / 190
　　三、传热过程的强化 / 196
思考题 / 199
习题 / 199
本章主要符号说明 / 203

*第五章　蒸　发　204

学习要求 / 204
第一节　概述 / 204
　　一、蒸发过程及其特点 / 204
　　二、蒸发过程的分类 / 205
第二节　单效蒸发过程 / 206
　　一、单效蒸发流程 / 206
　　二、单效蒸发过程的计算 / 206
　　三、蒸发器的生产能力和生产
　　　　强度 / 212
第三节　多效蒸发过程 / 213

　　一、多效蒸发的操作流程 / 213
　　二、多效蒸发的最佳效数 / 215
*三、多效蒸发过程的计算 / 215
第四节　蒸发装置及其选型 / 215
　　一、蒸发器 / 215
　　二、蒸发器的选用 / 219
　　三、蒸发装置的附属设备 / 220
思考题 / 222
习题 / 222
本章主要符号说明 / 223

附录　224

　　附录一　化工常用法定计量单位
　　　　　及单位换算 / 224
　　附录二　某些液体的重要物理
　　　　　性质 / 227
　　附录三　常用固体材料的密度和
　　　　　比热容 / 228
　　附录四　干空气的重要物理性质
　　　　　（101.33kPa） / 229
　　附录五　水的重要物理
　　　　　性质 / 230
　　附录六　水在不同温度下的
　　　　　黏度 / 231

　　附录七　饱和水蒸气表（按温度
　　　　　排列） / 232
　　附录八　饱和水蒸气表（按压强
　　　　　排列） / 233
　　附录九　液体黏度共线图 / 234
　　附录十　气体黏度共线图（常压
　　　　　下用） / 235
　　附录十一　液体比热容共
　　　　　　线图 / 237
　　附录十二　气体比热容共线图
　　　　　　（常压下用） / 238

附录十三 气体热导率共线图（常压下用）／ 239
附录十四 液体比汽化焓（蒸发潜热）共线图 ／ 241
附录十五 液体表面张力共线图 ／ 243
附录十六 无机溶液在大气压下的沸点 ／ 245
附录十七 管子规格 ／ 245
附录十八 泵规格（摘录）／ 246
附录十九 4-72-11 型离心通风机规格（摘录）／ 251
附录二十 热交换器系列标准（摘录）／ 251

《化工原理》基本概念中英对照索引 ／ **258**

参考文献 ／ 262

二维码资源目录

序号	资源标题	资源类型	页码
1	柏努利方程的物理意义	视频	30
2	边界层分离演示	视频	41
3	流体流过弯头	视频	56
4	突然扩大和缩小	视频	56
5	孔板流量计流动状态	视频	68
6	文氏流量计流动状态	视频	70
7	离心泵	视频	80
8	离心泵的气缚	视频	81
9	离心泵的汽蚀	视频	90
10	齿轮泵	视频	99
11	罗茨鼓风机工作原理	视频	104
12	往复式压缩机工作原理	视频	104
13	水环真空泵	视频	104
14	除尘室工作原理	视频	116
15	旋风分离器	视频	118
16	板框过滤机	视频	127
17	转鼓真空过滤机	视频	129
18	流体流过圆管和管束	视频	153
19	套管式换热器	视频	185
20	固定管板式换热器	视频	185
21	浮头式换热器	视频	186
22	U形管换热器	视频	187
23	螺旋板换热器	视频	188
24	板式换热器	视频	188

绪 论

 学习要求

绪论讨论的是《化工原理》最基本的共性问题，是本书的总纲。读者需认真学习这些内容，并在以后各章的学习中对照和加深理解。

1. 熟练掌握的内容

化工过程的物料衡算与能量衡算的基本概念与计算步骤。

2. 理解的内容

化工生产过程的构成与分类特征；单元操作的概念、单元操作计算的一般内容及其依据的基本规律与基本关系；量纲与量纲一致性、单位与单位一致性。

3. 了解的内容

《化工原理》课程的性质、地位和作用；单元操作与"三传"过程。

一、《化工原理》课程的性质、地位和作用

化工产业是国民经济发展的支柱产业。《化工原理》是化学工艺类及其相近专业的一门基础技术课程和主干课程，它在整个专业的教学过程中有以下特殊的地位和作用。

① 在教学计划中，这门课程是承前启后、由理及工的桥梁，又是各种化工专业课程的基础。先行的数学、物理、化学等课程主要是了解自然界的普遍规律，属于自然科学的范畴，而《化工原理》则属于工程技术科学的范畴，学生将从本课程开始运用这些普遍规律，进入化工专业领域的学习。

② 从学科性质看，《化工原理》是化学工程学的一个分支，主要研究化工过程中各种**单元操作**，它来自化工生产实践，又面向化工生产实践。化工技术工作者无论是从事化工过程的开发、设计还是生产，都必然而且经常会遇到各种单元操作问题，这就必须熟练掌握《化工原理》的基本概念、基本知识和基本方法。

③《化工原理》课程具有显著的工程性，要解决的问题是多因素、多变量的综合性的工业实际问题。因此，分析和处理问题的观点和方法也就与理科课程不同。《化工原理》实验课程是学生在校期间工程性训练的重要环节，同时，又是一门计算性较强的课程，要通过一定数量的习题和课程设计以得到工程计算的实际训练。

二、化工过程与单元操作

(一) 化工过程的特征与构成

化工过程可以看成是由**原料预处理过程**、**反应过程**和**反应产物后处理过程**三个基本环节构成的。其中，反应过程是在各种反应器中进行的，它是化工过程的中心环节。

反应过程必须在某种适宜条件下进行，例如，反应物料要有适宜的组成、结构和状态，化学反应要在一定的温度、压力和反应器内的适宜流动状况下进行等。而进入化工过程的初始原料通常都会含有各种杂质并处于环境状态下，必须通过原料预处理过程使之满足反应所需要的条件。同样，反应器出口的产物通常都是处于反应温度、压强和一定的相状态下的混合物，必须经过反应产物的后处理过程，从中分离出符合质量要求的、处于某种环境状态下的目的产品，并使排放到环境中的废料达到环保的规定要求；后处理过程的另一任务是回收未反应完的反应物、催化剂或其他有用的物料重新加以利用。

由此可见，在原料预处理和反应产物后处理过程中都要进行一系列的物理变化过程，如加热、冷却、增减压、使物料发生相变化（如汽化、冷凝、结晶、溶解等）、使均相物料中各组分进行分离、使不同相态的物料彼此分离等。即使在反应器中，为了维持适宜的反应条件，也需组织一系列物理过程，如加入或移走热量、混合、搅拌等。经过长期的化工生产实践发现，各种化工产品的生产过程所涉及的各种物理变化过程都可归纳成为数不多的若干个单元操作。

图 0-1 表示氢氰酸的生产流程。天然气（主要含甲烷）、氧气分别经过滤、稳压，液氨经汽化、过滤后，三者以一定配比混合进入反应器，这一部分属于原料预处理阶段。在反应器中进行甲烷部分燃烧反应和 HCN 的合成反应：

$$CH_4 + O_2 =\!\!=\!\!= CO + H_2 + H_2O$$
$$CH_4 + NH_3 =\!\!=\!\!= HCN + 3H_2$$

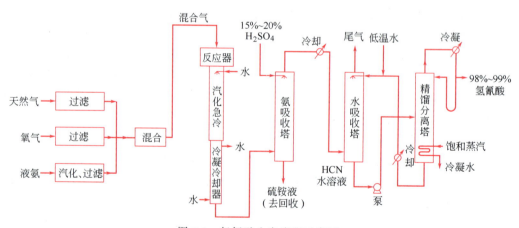

图 0-1 氢氰酸生产流程示意图

反应器出口产物是 1500℃ 左右的含 HCN、CO、H_2O、H_2 以及未反应完的 CH_4、NH_3、O_2 的高温气体混合物，先经喷水急冷，利用水的汽化快速降低反应产物的温度以中止反应；然后经冷凝冷却器进入氨吸收塔，用稀硫酸吸收混合气中的氨；脱氨后的气体再经冷却降温进入水吸收塔，用低温水吸收其中的 HCN；吸收后的尾气经碱液洗涤（图中未画出）脱除其中残余的 HCN 后供进一步利用；水吸收塔底得到的 1.5%HCN 水溶液经泵加压输送到精馏塔，在塔底加热使溶液部分汽化，利用 HCN 和水的挥发性的差异，富含 HCN 的蒸汽从塔顶排出经冷凝冷却后得到浓度为 98%～99% 的氢氰酸，塔底排出的含少量 HCN 的水经冷却后回到水吸收塔循环使用。这一部分属于产物的后处理阶段（流程中，原料与产品贮槽、尾气贮柜以及各种中间贮槽均未画出）。

由图 0-1 可见，除反应器中的反应过程外，流程中包括了流体流动、流体输送、过滤、混合、汽化、冷凝冷却、加热、吸收、精馏等物理过程，这些过程都是在特定的设备中进行的。因此也可以说，任何一个化工生产过程都是由若干种完成特定任务的设备（包括反应器、完成各单元操作的设备和贮料设备）按一定顺序、由各种管道和输料装置连接起来的组合体。

（二）单元操作的研究内容与分类

各种单元操作都是依据一定的物理或物理化学原理，在某些特定的设备中进行的特定的过程。过程和设备是相互依存的，因此《化工原理》也曾称为《化工过程与设备》课程，其研究内容主要是各种单元操作的基本原理与单元操作过程计算、典型单元操作设备的合理结构及其工艺尺寸的设计与计算、设备操作性能的分析以及组织工程性实验以取得必要的设计数据，找出强化过程、改进设备的途径。

一些主要的单元操作按其基本原理和作用分类，见表 0-1。这些单元操作在其他工业过程中，也有广泛的应用。在本课程中，主要学习以流体动力过程、传热过程和传质过程（包括热、质同时传递过程）为基本过程的一些主要的单元操作。

表 0-1 单元操作的名称及分类

基本过程	单元操作名称	原 理 及 作 用
流体动力过程（动量传递过程）	流体输送	利用外力做功将一定量流体由一处输送到另一处
	沉降	对由流体（气体或液体）与悬浮物（液体或固体）组成的悬浮体系，利用其密度差在力场中发生的非均相分离操作
	过滤	使液固或气固混合体系中的流体强制通过多孔性过滤介质，将悬浮的固体物截留而实现的非均相分离过程
	搅拌	搅动物料使之发生某种方式的循环流动，使物料混合均匀或使过程加速
	混合	使两种或两种以上的物料相互分散，以达到一定的均匀程度的操作
	流态化	利用流体运动使固体粒子群发生悬浮并使之带有某些流体的表观特征，以实现某种生产过程的操作
传热过程（热量传递过程）	换热	使冷热物料间由于温度差而发生热量传递，以改变物料的温度或相态
	蒸发	使溶液中的溶剂受热汽化而与不挥发的溶质分离，从而得到高浓度溶液
传质分离过程（质量传递过程）	吸收	利用气体组分在液体溶剂中的溶解度不同以实现气体混合物分离
	蒸馏	利用均相液体混合物中各组分的挥发度不同使液体混合物分离
	萃取	利用液体混合物中各组分在液体萃取剂中的溶解度不同而分离液体混合物
	浸取	用溶剂浸渍固体物料，将其中的可溶组分与固体残渣分离
	吸附	利用流体中各组分对固体吸附剂表面分子结合力的不同，将其中一种或几种组分进行吸附分离的操作
	离子交换	用离子交换剂从稀溶液中提取或除去某种离子
	膜分离	利用流体中各组分对膜的透过能力的差别，用固体膜或液体膜分离气体、液体混合物

绪论

续表

基本过程	单元操作名称	原 理 及 作 用
热、质传递过程	干燥	加热湿固体物料,使所含湿分(水分)汽化而得到干固体物料
	增(减)湿	通过热量传递以及水分在液相与气相间的传递,以控制气体中的水汽含量
	结晶	从气体或液体(溶液或熔融物)混合物中析出晶态物质
热力过程	制冷	加入功使热量从低温物体向高温物体转移的热力学过程
粉体工程	颗粒分级	将固体颗粒分成大小不同的部分
	粉碎	在外力作用下使固体物料变成尺寸更小的颗粒

根据操作方式,又可将单元操作分为连续操作和间歇操作两类。

在连续操作中,物料与能量连续地进入设备,并连续地排出设备。过程的各个阶段是在同一时间、在设备的不同空间位置上进行的。例如图 0-1 中的水吸收塔,塔底进入的气体中 HCN 的浓度最高,随着气体在塔内上升,HCN 逐渐溶解到下降的低温水中而使其浓度逐渐降低,在塔的不同高度处吸收处于不同的阶段。

间歇操作的特点是操作的周期性。物料在某一时刻加入设备进行某种过程,过程完成后将物料一次卸出,然后开始新的周期。间歇过程的各个阶段是在同一设备空间而在不同时间进行的。如水壶中烧开水是间歇操作,而工业锅炉中产生水蒸气则是连续操作。连续操作适于大规模生产,其原料消耗、能量损失和劳动力投入都相对较少,因而操作成本也相应较低,同时也较易实现操作控制与生产自动化。间歇操作的设备比较简单,因而设备的投资较低,操作灵活性较大,适于小批量规模的生产以及某些原料或产品品种与组成多变的场合。

根据设备中各种操作参数随时间的关系,又可将单元操作分为**不定常操作**与**定常操作**两类。在不定常操作中,设备中各部分的操作参数随时间而不断变化。这种情况通常是由于同一时间内进入和离开设备的物料量和能量并不相同,且随时间而变化,因而导致设备内部发生物料和能量的正的或负的积累。定常操作时,设备内各种操作参数不随时间而变。对定常操作的物理过程,进、出设备的物料量或能量应相等,且不随时间而变,设备内部也不发生物料或能量的积累。

间歇操作和连续操作设备的开、停工阶段或处理量变化时都属于不定常操作。定常操作的计算比较简单,在本书中不作特殊说明时,讨论对象均为定常操作。

(三) 单元操作与工程观点

《化工原理》的内容是从许多具体的化工生产过程中抽象概括出来的,本课程的学习目的就是应用这些具有一般性的基本概念和知识,针对不同场合和不同生产对象,具体地去解决某个特定的化工实际过程中需要配置的各种单元操作过程和设备的开发、设计与操作问题。这些问题都具有强烈的工程性,具体表现在以下几点。

(1) 过程影响因素多 对于每一种单元操作,其影响因素通常可划分为物性因素、操作因素和结构因素三类。

① 物性因素。同一类单元设备可用于不同的物系,物料的物理性质(如密度、黏度、表面张力、热导率等)和化学性质必对过程发生影响。在很多情况下,物系的物性对于单元设备的选型与设备的操作性能有决定性的影响。

② 操作因素。设备的各种操作条件,如温度、压强、流量、流速、物料组成等,在工

业实际过程中，它们经常会发生变化并影响过程的结果。

③ 结构因素。是指单元设备内部与物料接触的各种构件的形状、尺寸和相对位置等因素，它们首先对物料在设备内的运动状况发生影响，并直接或间接地影响传热和传质过程的进行。

（2）过程制约条件多　在工业上要实现一个具体的化工生产过程，客观上存在许多制约条件，如原料来源、冷却水的来源与水温、可供应的设备的结构材料的质量和规格、当地的气温和气压变化范围等。同时，单元设备在流程中的位置也制约了设备的进、出口条件。此外，还受安全防火、环保、设备加工、安装以及维修等条件的制约。

（3）效益是评价工程合理性的最终判据　自然科学研究的目的是发现规律，而进行工业过程的目的是为了最大限度地取得经济效益和社会效益，这是合理地组织一个工业过程的出发点，也是评价过程是否成功的标志。

（4）理论分析、工业性试验与经验数据并重　由于工业过程的复杂性，许多情况下，单纯依靠理论分析有时只能给出定性的判断，往往要结合工业性试验、半工业性试验（也称中间试验）才能得出定量的结果。在过程设计与操作分析中也广泛使用各种经验数据，它们是在长期的生产实践中总结出来的，熟练地运用这些经验数据，做到心中有"数"，对提高工作效率和可靠性将是非常有益的。

综上所述，要做到灵活地运用书本知识去解决工程实际问题，需要了解工程实际问题的特点，从工程实际出发，学会从经济角度去考虑技术问题，这是《化工原理》课程教学过程的一项重要任务。

（四）单元操作计算的基本内容

各种单元操作的计算可以分为设计型计算与操作型计算两类。为完成规定的设计任务（一定的处理能力、产品规格和操作要求），计算过程需要的时间、设备的工艺尺寸（如设备的直径、高度等）、外加功率和热量等，属于设计型计算，它是进一步完成设备的机械设计或选型所必需的。对于已有的操作设备（即设备的工艺尺寸一定），核算其在不同情况（操作因素、物性因素变化时）下对操作结果的影响或完成特定任务的能力，都属于操作型计算，它对确定适宜的操作条件、分析操作故障、了解设备性能以及保证设备正常操作都是十分重要的。

尽管各种单元操作的任务与计算要求各不相同，处理对象与设备型式各异，但一般都要涉及以下基本计算，即**物料衡算**、**能量衡算**、**过程速率**、**过程的极限**以及**物性计算**。

（1）物料衡算　它是以**质量守恒定律**为基础的计算。用来确定进、出单元设备（过程）的物料量和组成间的相互数量关系，了解过程中物料的分布与损耗情况，是进行单元设备的其他计算的依据。

（2）能量衡算　它是以热力学第一定律即**能量守恒定律**为基础的计算。用来确定进、出单元设备（过程）的各项能量间的相互数量关系（包括各种机械能形式的相互转化关系），为完成指定任务需要加入或移走的功量和热量、设备的热量损失、各项物流的焓值等。

（3）传递过程速率的计算　由表0-1可知，在各种单元操作中进行的基本过程主要是**动量传递**过程、**热量传递**过程和**质量传递**过程，俗称为"三传"。这三种传递过程往往是同时进行并相互影响的。通常把流体流动过程看成是动量传递过程，而大部分单元操作都涉及流体系统，显然，流体的流动情况对热量传递和质量传递的速率以及流动过程中的能量损耗都有显著影响。因此，在各类单元操作设备中，合理地组织这三种传递过程，达到适宜的传递速率，是使这些设备高效而经济地完成特定任务的关键所在，也是改进设备、强化过程的关键所在。

传递过程速率的大小决定过程进行的快慢，其通用表示式如下：

$$传递过程速率 = \frac{传递过程的推动力}{传递过程的阻力} \tag{0-1}$$

对于不同的传递过程，其速率、推动力和阻力的内涵及其具体表达式是不同的。例如在传热过程中，传热速率是用单位时间传递的热量来表示，而传热推动力则用温度差来表示。

各种单元操作中传递速率的计算是本课程要解决的重要内容，将在有关章节逐一讨论。实际上，物料衡算、能量衡算和过程速率计算三者的结合构成了各种单元操作工艺计算的主要部分。

（4）**过程的热力学极限与临界点的计算** 当设备或系统内过程达到热力学平衡时，过程就停止了，平衡状态是过程进行的热力学极限。

处于平衡状态的单相物流，其内部各处的热力学强度性质均一，不再存在温度、浓度与压强的差异，宏观的传递过程不再进行。平衡状态下的气相，可以用状态方程来表达其热力学性质间的关系。

两相物流间达到平衡时，一般有：平衡两相的温度和压强必定相同；平衡两相各组分的组成间存在确定的相平衡函数关系。这时两相间不发生宏观的质量传递与热量传递。

在传质分离过程和热、质传递过程的各单元操作计算中，相间平衡关系计算是十分重要的。对于理想体系的相间平衡关系计算，要用到物理化学中熟知的理想气体状态方程、相律、拉乌尔定律、亨利定律等基本定律和关系式。

过程的临界点是指当过程的操作条件发生变化达到某个临界条件时，过程的状态和行为以及所遵循的动力学规律都将发生质的变化，有时甚至无法进行正常操作。这种临界点也可看成是原过程的一种动力学极限。如在气液逆流流动的吸收塔中，气体自下而上、液体依靠重力自上而下流动，当气体或液体量逐渐增加到某一程度时，液体将被气体托住而停止下流，并在设备内迅速积累，甚至向上溢出，原来的逆流流动被破坏，吸收过程无法再正常进行。因此，了解并预测各类单元操作中过程的临界点（动力学极限），对于正确进行过程计算、保证过程在正常范围内操作也是十分重要的。

（5）**物性计算** 上述各项计算中都会涉及物系的某些物理和化学性质，它们既随不同物系而变化，又随物系的相状态、温度、压强而变化。不同物系的物性，有的可从有关手册上查得（参见本书部分附录），有的需用各种物性关系式来进行估算。一般在进行单元操作计算时，应先将各已知操作条件范围内的有关物性查算出来。

三、单元操作的物料衡算与热量衡算

（一）物料衡算要点

（1）**选定适当的衡算系统作为衡算对象** 衡算系统可以是一个单元设备或若干个单元设备的组合，也可以是设备的某一部分或设备的微分单元（如图 0-2 所示）。

（2）**选定物料衡算基准** 选定基准包括选定一股基准物流及其数量，它是物料衡算的出发点，其目的是为了保证物料衡算计算的一致性。对于间歇操作，常取一批原料或单位质量（或物质的量）原料为基准；对于连续操作，通常取单位时间（如1h、1min等）内处理的物料量为基准。基准的选择有一定的任意性，其原则是使计算尽量简化。

（3）列出物料衡算式 单元操作涉及的是物理过程，不发生化学反应。根据质量守恒定律可以直接写出物理过程物料衡算的文字表达式：

$$进入系统的各股物流量 - 离开系统的各股物流量 = 系统中物料的积累量 \quad (0-2)$$

式(0-2)可以用质量单位（如kg或kg/s等），也可用物质的量单位（如kmol或kmol/s等），但必须注意保持式中各项的单位一致。

由于物流常常是多组分的混合物，因此可以按进、出衡算系统的各物流的总物料量列出**总衡算式**，也可按各物流中的各组分量分别列出**组分衡算式**。此外，物流中各组分的质量分数w_i和摩尔分数x_i之和均等于1，即有$\sum w_i = 1$，$\sum x_i = 1$，这称为组成**归一性方程**，在物料衡算中也经常要用到。

对于定常操作过程，系统中物料的积累量为零。

●【**例0-1**】 两股物流A和B混合得到产品C。每股物流均由两个组分（代号1、2）组成。物流A的质量流量为$G_A = 6160 \text{kg/h}$，其中组分1的质量分数$w_{A1} = 80\%$；物流B中组分1的质量分数$w_{B1} = 20\%$；要求混合后产品C中组分1的质量分数$w_{C1} = 40\%$。试求：需要加入物流B的量G_B(kg/h)和产品量G_C(kg/h)。

解 ① 按题意，画出混合过程示意图，标出各物流的箭头、已知量与未知量，用闭合虚线框出衡算系统（如图0-2所示）。

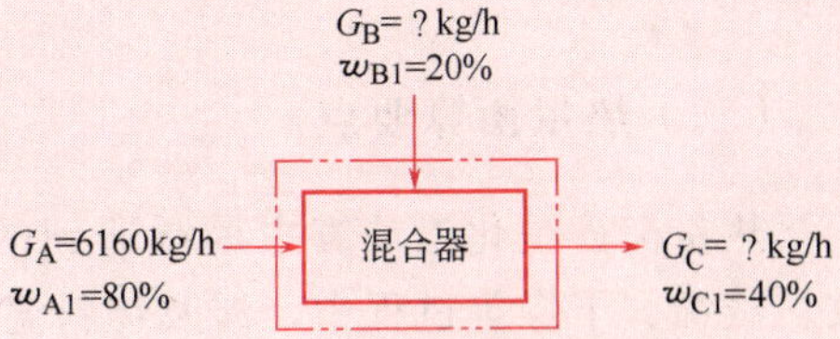

② 过程为连续定常，故取1h为衡算基准。

③ 列出衡算式：

总物料衡算 $G_A + G_B = G_C$，代入已知数据得

$$6160 + G_B = G_C \quad (A)$$

组分1的衡算式 $G_A w_{A1} + G_B w_{B1} = G_C w_{C1}$，代入已知数据得

$$6160 \times 0.80 + G_B \times 0.20 = G_C \times 0.40 \quad (B)$$

联解式(A)、式(B)得

$$G_B = 12320 \text{kg/h}, \quad G_C = 18480 \text{kg/h}$$

据组成归一性方程，物流组分质量分数之和为1，即$w_{A1} + w_{A2} = 1$，$w_{B1} + w_{B2} = 1$，$w_{C1} + w_{C2} = 1$，因此也可列出组分2的衡算式：

$$G_A(1 - w_{A1}) + G_B(1 - w_{B1}) = G_C(1 - w_{C1}) \quad (C)$$

在(A)、(B)、(C)三个衡算式中，只有两个方程是独立的。例如，由式(B)与式(C)相加即可得到式(A)。多余的一个衡算式可以用来检验计算结果是否正确。由此可以推得：对于组分数为k的系统，可以列出k个组分衡算式和一个总衡算式，即有$k+1$个物料衡算方程，其中只有k个方程是独立的。

图0-2 例0-1附图

物料衡算基本步骤小结如下。

① 针对提出的实际问题，首先弄清楚衡算目的、已知量和未知量。

② 根据问题的类型和性质，确定需要补充哪些数据，并设法从各种渠道去得到这些数据。例如，了解原料或产品的数量、规格和组成，查算有关的物性数据和相平衡关系数据，根据生产经验或工业试验结果选定某些操作条件等。

③ 用流程示意图表示衡算对象，即将问题的文字描述转化为图形描述。用闭合线框出衡算系统，注明进、出系统各物流及其组分的名称或代号、相状态、流量和组成（包括已知量和未知量，必要时将它们换算为统一单位）。

④ 确定衡算基准，即选定其中某一股物流及其数量作为计算基准。原则是：a.可按衡算目的和流程顺序选取数量已知的原料物流或产品物流；b.选取含未知量最少的物流；c.对间歇操作过程，可选一个操作周期或一批物料量；d.选用相对数量较大的物流（可能会减少计算误差）；e.基准物流的数量通常选用物流的实际量。在有些情况下，也可选用 100 或 1 个单位量作基准，这时，往往相当于减少了计算中的一个未知量，使计算简化。

⑤ 按框出的衡算范围，列出独立的物料衡算式。为简化计算过程，应当选用含未知量最少的衡算式，尽量避免求解联立方程组。其中总衡算式和不变组分衡算式经常被使用。计算中要检查各式中的单位是否一致。

⑥ 利用多余的物料衡算式和组成归一性方程来检验计算结果是否正确，并对计算结果的合理性进行分析。

按照物料衡算的基本步骤，养成规范化的解题习惯，有助于使解题思路清晰，避免出错。

（二）热量衡算要点

热量衡算是化工计算中最常遇到的一种能量衡算。在很多单元操作如换热、蒸发、吸收、蒸馏、干燥等过程中，涉及物料温度和焓的变化以及热量的传递，需要通过热量衡算来计算过程进行所必须加入或移走的热量、加热剂或冷却剂的用量以及系统的热量损失，或者计算系统某一物流的焓值及其温度。热量衡算是在物料衡算基础上进行的。进行热量衡算时，首先也要划定衡算范围、选取衡算基准。与物料衡算不同的是，衡算基准除了选取时间基准或物料量基准外，还需选定物流焓的基准态。

物流焓的基准态包括物流的基准压强 p_0、基准温度 t_0 和基准相状态 ϕ_0。

① 基准压强通常取 $p_0 = 100\text{kPa}$，一般在压强不高的情况下，压强对焓的影响常可忽略。

② 基准温度可取 0℃。这是因为，从手册中可以查到的有关数据如比焓、比内能、平均等压比热容等数据通常都是以 0℃ 为基准的。采用同一基准温度，便于直接引用手册上的数据。有时也可取某一物流的实际温度作为基准温度，如果忽略压强的影响，则这一股物流的焓值为零，可使热量衡算适当简化。

③ 物流的基准相态的选择可视具体情况而定，例如当进、出系统的物流都是液相时，基准相态以取液态为宜。

根据能量守恒定律，若忽略物流的位能、动能和与外界交换的功量，热量衡算的文字表达式为：

物流带入的焓 + 传入系统的热量 =
$$\text{离开系统物流的焓} + \text{传出系统的热量} + \text{系统内部物料焓的积累量} \quad (0\text{-}3)$$

对连续定常过程，系统内焓的积累量为零。

●【例 0-2】 在一加热器中,用 0.1kg/s、100℃的饱和水蒸气通过间壁加热常压下 25℃的空气,空气流量为 10kg/s。水蒸气在加热器中冷凝并在 90℃下排出,加热器的热量损失为 15kJ/s。求空气的出口温度。

已知空气的平均等压比热容 $\bar{c}_{p1}$ 为 1.015kJ/(kg·℃),水在 0℃时的比汽化焓 h_{v0} 为 2490kJ/kg。

解 ① 画出过程示意图(图 0-3),框出衡算范围,标出物流的量、温度及其焓值。

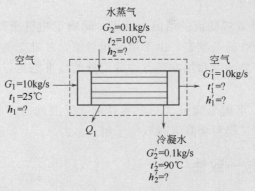

图 0-3 例 0-2 过程示意图

② 确定衡算基准 过程为定常,时间基准可取为 1s。空气进、出口均为气态,选 0℃空气为基准态;水蒸气在系统内发生相变,取 0℃液态水为基准态。

由手册查得 0~100℃间水蒸气的平均等压比热容 $\bar{c}_{p2}^{g} = 1.86$ kJ/(kg·℃),0~90℃间液态水的平均等压比热容 $\bar{c}_{p2}^{l} = 4.186$ kJ/(kg·℃)。

③ 列出热量衡算式

$$G_1 h_1 + G_2 h_2 = G_1' h_1' + G_2' h_2' + Q_1 \quad (A)$$

式中,Q_1 为基准时间内系统对外热损失,kJ/s。

各物流的比焓计算如下(单位为 kJ/kg)。

入口空气:$h_1 = \bar{c}_{p1}(t_1 - 0) = \bar{c}_{p1} t_1$

出口空气:$h_1' = \bar{c}_{p1}(t_1' - 0) = \bar{c}_{p1} t_1'$(忽略平均比热容的变化)

入口水蒸气:$h_2 = h_{v0} + \bar{c}_{p2}^{g}(t_2 - 0) = h_{v0} + \bar{c}_{p2}^{g} t_2$

出口冷凝水:$h_2' = \bar{c}_{p2}^{l}(t_2' - 0) = \bar{c}_{p2}^{l} t_2'$

假定物料无损耗,则 $G_1' = G_1$,$G_2' = G_2$,代入式(A)得

$$G_1(h_1' - h_1) + G_2(h_2' - h_2) + Q_1 = 0$$

或

$$G_1 \bar{c}_{p1}(t_1' - t_1) + G_2(\bar{c}_{p2}^{l} t_2' - h_{v0} - \bar{c}_{p2}^{g} t_2) + Q_1 = 0$$

代入已知量得

$$10 \times 1.015 \times (t_1' - 25) + 0.1 \times (4.186 \times 90 - 2490 - 1.86 \times 100) + 15 = 0$$

解得

$$t_1' = 46.2℃$$

题中空气进、出口均为气态,也可选入口 25℃常压空气为基准态,则此时:

$$h_1 = \bar{c}_{p1}(t_1 - 25) = 0, \quad h_1' = \bar{c}_{p1}(t_1' - 25)$$

可得
$$G_1(h'_1 - h_1) = G_1 \bar{c}_{p1}(t'_1 - 25)$$

其结果与取 0℃ 空气为基准态时是相同的，说明基准温度可以任意选取，但对同一组分必须保证采用相同的基准态。

热量衡算基本步骤小结如下。

① 根据题意画出衡算示意图，注明各物流的数量、组成、温度、相状态及焓值。一般热量衡算均在物料衡算基础上进行。

② 确定衡算基准，计算各物流的焓值。这里，除确定物料衡算的基准（时间或物流量）外，还要选择各物流组分焓的基准态。由于焓是相对值，基准态的选择有一定任意性。在压强不高时，主要是确定基准温度和基准相态。各组分的基准态可以不同，但同一组分必须在同一基准态下进行计算。

③ 列出热量衡算式，求解未知量。一个衡算系统只能列出一个热量衡算式，对于某些复杂过程，热量衡算常需与物料衡算方程联立求解。

四、量纲一致性与单位一致性

物理量通过几个基本物理量的幂次方的乘积来表达的关系称为物理量的**量纲**（过去称为**因次**）。单位制不同，选用的基本物理量不同，物理量的量纲表达式也不同。

按我国法定单位制的规定，基本物理量有长度（L）、时间（T）、质量（M）、温度（Θ）、物质的量（N）等七个，括号内的符号表示这些基本物理量的基本量纲。任何物理量的量纲都可用这些基本量纲的幂次方的乘积来表示。如速度是单位时间走过的距离（长度），其量纲为 LT^{-1}；加速度是速度随时间的变化率，其量纲为 LT^{-2}；力的量纲可通过质量与加速度的量纲的乘积来表示，即 MLT^{-2}；功与能量的量纲可用力与距离（长度）的量纲的乘积来表示，即 ML^2T^{-2} 等。

在一个完整的物理方程中，各项的量纲必定相同，这称为**量纲一致性**。

● **【例 0-3】** 质量为 m 的物体在空气中下落，写出其运动方程，并证明其量纲的一致性。

解 作用在物体上的力有物体所受的重力 mg 和物体下落时受到的空气阻力 F，物体将以一定的加速度 a 运动，按牛顿第二定律可以写出其运动方程：

$$mg - F = ma$$

式中各项量纲为：$[mg] = MLT^{-2}$，$[F] = MLT^{-2}$，$[ma] = MLT^{-2}$。可见，各项量纲完全一致，均为 MLT^{-2}。

掌握量纲与量纲一致性的概念在单元操作的计算与研究中是很有用的。

① 量纲一致性是判断一个物理方程是否正确的一个重要判据。方程正确，必定量纲一致。

② 在《化工原理》中，常要用到各种**无量纲数**的概念来反映过程或事物的某些基本特征。无量纲数是与过程有关的若干物理量的幂次方的乘积的组合，组合的结果使基本量纲可以互相消去而没有量纲，即得到一个常数。例如任何圆的周长与其直径 d 之比，即 $\dfrac{\pi d}{d} = \pi$

是一个无量纲数,它反映了圆的基本几何特征。

③ 量纲和量纲一致性是<u>量纲分析法</u>的基础,而量纲分析法是指导工程性实验、建立各种过程影响因素的经验关联式的一个重要手段,这些经验关联式通常表示为几个无量纲数之间的函数关系。这部分内容将在有关章节作具体介绍。

物理量的单位是表征物理量大小的要素。任何物理量都可用一个常数和一个单位的乘积来表示。单位制不同,物理量的单位也随之变化。我国目前使用的是以国际单位制为基础的法定计量单位。

在具体计算时,一个计算式中各项的单位必须一致,这称为<u>单位一致性</u>,它是检验计算正确性的一项判据。因此,养成在计算时写出每一物理量的单位并检查单位一致性的习惯是有益的。

绪论是全书的总纲。要注意把绪论内容与各章学习结合起来,使读者能从总体上把握各章内容及其相互联系,逐渐理解课程的工程特点,掌握解决工程问题的方法,为国家发展、社会进步做出贡献。

【案例 0-1】 原始人过河的启示

一个原始人想过一条河。但由于河水通宵上涨,他不能按通常的办法趟水过河,过河成了问题的焦点。此人可能想起,他曾经沿着一根倒下的树干慢慢地通过了另一条小河。于是,他便在附近寻找适宜的倒下的树干。他没有找到适宜的倒下的树干,但河边有大量的树,他希望有一棵树倒下来。他能使一棵树倒下来吗?他能用什么办法使树干架在河上?

① 若这个原始人能让树倒下来,他有可能成为斧子的发明家;
② 若这个原始人能把树架在河上,他有可能成为桥梁建设发明家;
③ 如果他只有想法没有行动,他就过不了河;
④ 原始人开始行动,想实现他的想法,但他确实找不到斧子或者没有办法把树干架在河上,他也过不了河。

化工过程的"河",读者打算怎么过去?

【案例 0-2】 联合制碱法

侯德榜先生创造性地把合成氨工艺与制碱工艺联合起来同时生产纯碱和氯化铵,称为联合制碱法或侯氏制碱法。由图 0-4 可见,制碱(生产纯碱)过程和制铵(生产氯化铵)过程耦合成一个闭合循环,向此循环系统中连续加入 NH_3、CO_2、$NaCl$ 和 H_2O 就能不断地产出 Na_2CO_3 和 NH_4Cl。

联合制碱法大大地提高了食盐的利用率(可达 95% 以上);利用了合成氨工厂的 CO_2 和 NH_3,故不需要石灰石和焦炭,节省了石灰煅烧设备;同时得到 Na_2CO_3 和 NH_4Cl 两种产品;流程缩短;设备减少;避免了大量废液和废渣的生成。

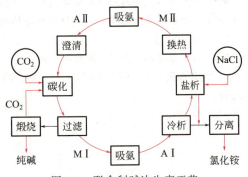

图 0-4 联合制碱法生产工艺

另外，联合制碱法中的循环经济和绿色化学的概念符合当今社会倡导的可持续发展的需求。

思考题

0-1 指出下列各组中的概念的内容、基本特点和区别。

$\begin{cases} 连续操作 \\ 间歇操作 \end{cases}$ $\begin{cases} 定常操作 \\ 不定常操作 \end{cases}$ $\begin{cases} 设计型计算 \\ 操作型计算 \end{cases}$ $\begin{cases} 量纲 \\ 单位 \end{cases}$ $\begin{cases} 热力学极限 \\ 动力学极限（临界点） \end{cases}$

0-2 化工过程的特点是什么？化工过程的基本构成是什么？

0-3 化工单元操作计算的基本内容是什么？

0-4 下列概念的意义是什么？

单元操作 基本量纲与量纲一致性 组成归一性方程 传递过程速率

0-5 物料衡算与热量衡算的依据和基本步骤是什么？为什么要选择物料衡算基准和焓的基准态？如何选取？

0-6 对于物理过程，如果物流量用物质的量（mol 或 kmol）取代质量，用摩尔分数取代质量分数，其总物料衡算式和各组分衡算式的形式有何不同？若总组分数为 k，独立的物质的量的衡算式有几个？如果发生了化学反应，情况会有什么变化？

0-7 对于一定量的 100℃ 的饱和水蒸气在等压下的冷凝过程，若已知该温度下水的比汽化焓 h_v 以及液态水与水蒸气在 0~100℃ 间的平均等压比热容 $\bar{c}_p^l$ 与 $\bar{c}_p^g$，则基准态分别取 0℃ 液态或 100℃ 气态时，其热量衡算式有什么不同？放出的热量是否相同？

0-8 在压强差作用下，液体经管口喷出，其喷出速度 $u=c\sqrt{\Delta p/\rho}$，式中，Δp 为压强差，ρ 为液体的密度，则常数 c 的量纲是什么？（式中压强是单位面积上受的力，密度是单位体积液体具有的质量。）

习题

0-1 某湿物料原始含水量为 10%，在干燥器内干燥至含水量为 1.1%（以上均为质量分数）。试求每吨湿物料除去的水量。

[答：90kg]

0-2 采用两个连续操作的串联蒸发器以浓缩 NaOH 水溶液，每小时有 10t 12% 的 NaOH 水溶液送入第一个蒸发器，经浓缩后的 NaOH 水溶液再送入第二个蒸发器进一步浓缩为 50% 的碱液（以上均为质量分数）排出。若每个蒸发器蒸发水量相等，试求送入第二个蒸发器的溶液量及其组成（用 NaOH 的质量分数表示）。

[答：6200kg/h, 19.4%]

0-3 一间壁式换热器用冷却水将间壁另一侧 1500kg/h、80℃ 的某有机液体冷却到 40℃，冷却水的初温为 30℃，出口温度为 35℃，已知该有机液体的平均定压比热容为 1.38kJ/(kg·℃)。试求冷却水用量。

[答：3956kg/h]

0-4 在一预热器（间壁式换热器）内，用饱和水蒸气将 2000kg/h、含水汽 1% 的湿空气从 20℃ 加热到 120℃。饱和水蒸气的压强为 300kPa（绝压），冷凝水在饱和温度下排出。假设保温良好，试求每小时的蒸汽耗量。

[答：94.9kg/h]

第一章　流体流动

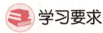

1. 熟练掌握的内容

流体的主要物性（密度、黏度）和压强的定义、单位及其换算；流体静力学基本方程、连续性方程、机械能衡算方程及其应用；流体的流动类型、雷诺数及其计算；流体在圆形直管内的阻力及其计算。

2. 理解的内容

非圆形管内阻力的计算，当量直径；局部阻力的计算；简单管路的计算；测速管、孔板流量计、文氏流量计与转子流量计的基本结构，测量原理及使用要求。

3. 了解的内容

边界层的基本概念；圆形管内流动的速度分布。

第一节　概　述

在化工生产过程中所处理的物料大多数为流体（气体和液体）。按化工生产工艺要求，物料由一个设备送往另一个设备，从上一工序转移到下一工序，逐步完成各种物理变化和化学变化，得到所需要的化工产品。因此，化工过程的实现都会涉及流体输送、流量测量、流体输送机械所需功率的计算及其选型等问题，要解决这些问题必须掌握流体流动的基本原理、基本规律和有关的实际知识。同时，多数单元操作都与流体流动密切相关，传热、传质过程也大都是在流体流动条件下进行的。因此，流体流动是本课程中的重要基础内容。

一、流体的连续介质模型

流体是由许多离散的即彼此间有一定间隙的、做随机热运动的单个分子构成的。但从工程实际出发讨论流体流动问题时，常把流体当作无数流体质点组成的、完全充满所占空间的连续介质，流体质点之间不存在间隙，因而质点的性质是连续变化的。这里所谓质点，它是由大量分子构成的流体集团（或称流体微团），其大小与容器或管道的尺寸相比是微不足道的，但比起分子平均自由程则要大得多。对流体做这样的连续性假定后，才能把研究流体的起点放在流体"质点"上,可以运用连续函数和微积分工具来描述流体的物性及其运动参数。需要指出,这种假定在高真空稀薄气体或流体通道极小(如固体催化剂中的微孔)的情况下就不适用了。

二、流体的密度与比体积

(一)密度与比体积的定义

单位体积流体所具有的质量称为流体的密度,其表示式为:

$$\rho = \frac{m}{V} \tag{1-1}$$

式中　m——流体的质量,kg;
　　　V——流体的体积,m³;
　　　ρ——流体的密度,kg/m³。

单位质量流体所具有的体积称为流体的比体积(或比容),用 v 表示:

$$v = \frac{V}{m} = \frac{1}{\rho} \tag{1-2}$$

其单位为 m³/kg,在数值上等于密度的倒数。

(二)纯组分流体的密度

(1)液体的密度　液体的密度随压强变化很小,常可忽略其影响;而随温度变化的关系可从手册中查得或由式(1-12b)求取,常用的液体密度值参见附录二。

(2)气体的密度　其值随温度、压强有较大的变化。一般在温度不太低、压强不太高的情况下,气体的密度与温度、压强间的关系近似可用理想气体状态方程表示:

$$pV = nRT = \frac{m}{M}RT$$

于是

$$\rho = \frac{m}{V} = \frac{pM}{RT} \tag{1-3}$$

式中　p——气体的绝对压强,kPa;
　　　T——气体的温度,K;
　　　M——气体的千摩尔质量(数值上等于气体的相对分子质量),kg/kmol;
　　　R——通用气体常数,8.314kJ/(kmol·K)。

由此,当已知某气体在指定条件(p_0、T_0)下的密度 ρ_0 后,可以使用下式换算为操作条件(p、T)下的密度 ρ:

$$\rho = \rho_0 \frac{T_0}{T} \times \frac{p}{p_0} \tag{1-4}$$

(三)混合物的密度

化工生产中常遇到各种气体或液体混合物,在无实测数据时,可用一些近似公式进行估算。

(1)液体混合物的密度 ρ_{ml}　假设混合液体为**理想溶液**,则其体积等于各组分单独存在时体积之和，故有：

$$\frac{1}{\rho_{ml}} = \sum_{i=1}^{n} \frac{w_i}{\rho_i} \quad (i=1,2,\cdots,n) \tag{1-5}$$

式中　w_i——液体混合物中 i 组分的质量分数，$\sum_{i=1}^{n} w_i = 1$，n 为组分数；

ρ_i——同温同压下 i 组分单独存在时的密度，kg/m^3。

（2）气体混合物的密度 ρ_{mg}　气体混合物的组成常用摩尔分数表示，对理想气体，组分的摩尔分数等于其体积分数，且有：

$$\rho_{mg} = \sum_{i=1}^{n} (\rho_i y_i) \quad (i=1,2,\cdots,n) \tag{1-6}$$

式中　y_i——气体混合物中 i 组分的摩尔分数，$\sum_{i=1}^{n} y_i = 1$；

ρ_i——同温同压下 i 组分单独存在时的密度，kg/m^3。

理想气体混合物的密度也可直接按下式计算，即：

$$\rho_{mg} = \frac{pM_m}{RT} \tag{1-6a}$$

式中　p——混合气体的总压强，kPa；

M_m——混合气体的平均千摩尔质量，$kg/kmol$，数值上等于其平均相对分子质量。

$$M_m = \sum_{i=1}^{n} (M_i y_i) \tag{1-7}$$

式中　M_i——混合气体中 i 组分的千摩尔质量，$kg/kmol$。

● **【例 1-1】**　求干空气在常压（$p=101.3kPa$）、20℃下的密度。

解　① 直接由附录四查得 20℃下空气的密度为 $1.205kg/m^3$。

② 按式(1-3)计算。由手册查得空气的千摩尔质量 $M=28.95kg/kmol$，则：

$$\rho = \frac{pM}{RT} = \frac{101.3 \times 28.95}{8.314 \times (273+20)} = 1.204 kg/m^3$$

③ 若查得 101.3kPa、0℃下空气的密度 $\rho_0 = 1.293 kg/m^3$，可按式(1-4)换算为 20℃下之值。

$$\rho = \rho_0 \frac{T_0}{T} = 1.293 \times \frac{273}{293} = 1.205 kg/m^3$$

④ 若把空气看做是由 21%氧和 79%氮组成的混合气体时，则可按式(1-6a)计算：用下标 1 表示氧气，下标 2 表示氮气，则干空气的平均千摩尔质量 M_m 由式(1-7)求得：

$$M_m = M_1 y_1 + M_2 y_2 = 32 \times 0.21 + 28 \times 0.79 = 28.84 kg/kmol$$

则

$$\rho_{mg} = \frac{pM_m}{RT} = \frac{101.3 \times 28.84}{8.314 \times 293} = 1.200 kg/m^3$$

由上述计算结果可知，前三种结果相近，第四种解法中把空气当作只有氧和氮两组分组成的混合气体，忽略了空气中其他微量组分，对氮的相对分子质量也做了圆整，使 M_m 值偏低，但误差仍很小，可以满足工程计算要求。

• **【例 1-2】** 由 A 和 B 组成的某理想混合液，其中 A 的质量分数为 0.40。已知常压、20℃下 A 和 B 的密度分别为 879kg/m³ 和 1106kg/m³。试求该条件下混合液的密度。

解 混合液为理想溶液，可按式(1-5) 计算：

$$\frac{1}{\rho_{ml}} = \frac{w_A}{\rho_A} + \frac{w_B}{\rho_B} = \frac{0.40}{879} + \frac{1-0.40}{1106} = 9.98 \times 10^{-4}$$

所以 $\rho_{ml} = 1002 \text{kg/m}^3$

三、流体的黏性

流体与固体的一个显著差别是流体具有流动性，它无固定的形状，随容器的形状而变化。但不同流体的流动性即黏性不同，气体的黏性比液体要小，流动性比液体要好；油和水同是液体，油的黏性要比水大，油的流动性就比水差。可见，流体的黏性只有在流体流动时才能显现出来。

流体黏性的大小与哪些因素有关呢？可通过牛顿黏性定律加以说明。

（一）牛顿黏性定律

如图 1-1 所示，有两块面积很大的平行平板，与板面积相比其间距甚小，两板间充满静止液体。若将下板固定，对上板施加一恒定的平行于平板的外力 F，使其以一个很低的速度 u 沿水平方向 x 做等速直线运动。由于液体的黏性，可认为紧贴下板的一层液体和下板一起处于静止状态，而紧贴上板的一层液体将与上板一起以速度 u 向右平行流动，当到达定常状况后，板间各层液体的流速沿垂直方向 y 由 0 渐增至 u，说明各平行液体层间存在一定的速度差。各层静止液层之所以被拖动以及各层液体间之所以发生相对运动，是由于各层液体间发生了水平方向的作用力与反作用力，运动较快的上层液体层对相邻的下层液体层施加一个 x 向的正向力拖动运动较慢的下层液体层，依据牛顿力学第三定律，下层液体层必对上层液体层施加一个反作用力制约其运动，这种作用于运动着的流体内部相邻平行流动层间、方向相反、大小相等的相互作用力称为流体的**内摩擦力**，这种内摩擦力正是由于流体的黏性而产生的，故又称**黏滞力**，从作用方向上看，这种内摩擦力总是起着阻止流体层间发生相对运动的作用。当流动达到定常以后，各层的速度恒定，每一流体层上下两侧 x 向的内摩擦力达到平衡。若称单位流层面积上的内摩擦力为**剪应力 τ**，实验证明，对大多数流体，在这种定常的分层流动［又称层流，参见第三节四、（一）(2)］条件下：

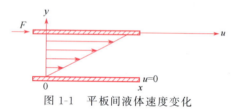

图 1-1 平板间液体速度变化

$$\tau = \frac{F}{A} = \mu \frac{du}{dy} \tag{1-8}$$

式中 τ——剪应力，N/m²；

F——流动流体相邻层间的作用力，定常时，即等于上板 x 向的外力，方向平行于流向，N；

A——相邻流体层间的作用面积（与流动方向平行），m²；

$\dfrac{\mathrm{d}u}{\mathrm{d}y}$——流体层流动速度 u 沿 y 向（垂直于流动平面，故为法向）的变化率，称为速度梯度，1/s；

μ——比例系数，称为黏性系数或**动力黏度**，简称**黏度**，$N \cdot s/m^2$ 即 $Pa \cdot s$。

式(1-8)称为**牛顿黏性定律**，即流层间的剪应力与其法向速度梯度成正比，满足这一关系的流体称为**牛顿型流体**，气体、水及大多数液体均为牛顿型流体。油墨、泥浆、高分子溶液、油漆以及高固体含量的悬浮液等不服从牛顿黏性定律的流体称为**非牛顿型流体**。本章讨论的均为牛顿型流体。

（二）流体的黏度

（1）黏度的物理意义 由式(1-8)可知，当 $\dfrac{\mathrm{d}u}{\mathrm{d}y}=1$ 时，由于流体的黏性所引起的流体层间单位面积上的内摩擦力 $\dfrac{F}{A}$ 在数值上等于流体的黏度 μ。很明显，在相同的流动情况下，μ 愈大的流体，产生的 τ 也愈大，即流动时的阻力也愈大，需要用更大的外力来维持一定的速度梯度。反过来，在一定 τ 下，μ 愈大则速度梯度愈小，说明流体层间相对运动受到更大的阻滞，因此，流体的黏性可用其黏度来表征，它是流体的物性。

（2）黏度的单位 由式(1-8)定义的黏度 μ 的法定计量单位为 $N \cdot s/m^2$ 即 $Pa \cdot s$，但目前很多旧的手册中所列黏度数据常用 CGS 制单位泊（P）或厘泊（cP）表示，其换算关系如下：

$$1 \text{厘泊(cP)} = 10^{-2} \text{泊(P)} = 10^{-3} Pa \cdot s$$

有时流体的黏度还可用**运动黏度** ν 来表示，定义为

$$\nu = \dfrac{\mu}{\rho} \tag{1-9}$$

其单位为 m^2/s。当用 cm^2/s 表示时称为沲，则有 1 沲 $= 10^{-4} m^2/s$。

（3）混合物的黏度 不同纯流体的黏度均由实验测取，可在附录九、附录十或有关手册中查得。混合物的黏度在缺乏实验数据时，可从文献中选用适当的经验公式进行估算。常用的经验公式如下。

① 对不缔合的混合液体：

$$\lg \mu_{\mathrm{m}} = \sum_{i=1}^{n}(x_i \lg \mu_i) \tag{1-10}$$

式中 μ_{m}——混合物的黏度，$Pa \cdot s$；

x_i——混合液体中 i 组分的摩尔分数；

μ_i——混合物中 i 组分的黏度，$Pa \cdot s$。

② 对低压下的混合气体：

$$\mu_{\mathrm{m}} = \dfrac{\sum\limits_{i=1}^{n}(y_i \mu_i M_i^{\frac{1}{2}})}{\sum\limits_{i=1}^{n}(y_i M_i^{\frac{1}{2}})} \tag{1-11}$$

式中 y_i——混合气体中 i 组分的摩尔分数；

M_i——混合气体中 i 组分的相对分子质量，即千摩尔质量，$kg/kmol$。

（4）黏度的影响因素 液体的黏度随温度升高而降低，气体的黏度随温度升高而增加（参见附录九、附录十）。

压强对于液体黏度的影响可忽略不计；对气体则只有在相当高或极低的压强条件下才考虑其影响，一般情况下也可忽略。

气体的黏度比液体的黏度小得多，如20℃下水的黏度为1cP（即10^{-3}Pa·s），而空气的黏度为0.0181cP（即$1.81×10^{-5}$Pa·s）。

*四、流体的压缩性与膨胀性

流体的体积随压强而变化的特性称为流体的压缩性，而随温度变化的特性则称为热膨胀性。由于液体的体积随压强变化很小，常把液体当作不可压缩流体。流体的热膨胀性可由其**体积热膨胀系数 β** 来衡量，β的物理意义是在恒压下物体体积随温度的相对变化率，即有

$$\beta = \frac{1}{V}\left(\frac{\partial V}{\partial T}\right)_p \tag{1-12}$$

它是温度的函数。对理想气体，$\beta = \frac{1}{V} \times \frac{nR}{p} = \frac{1}{T}$。当温度变化不太大时，可近似按下式计算流体体积随温度的变化关系：

$$\beta \approx \frac{1}{V_0} \times \frac{\Delta V}{\Delta t} = \frac{1}{V_0} \times \frac{V-V_0}{t-t_0} \quad (1/℃)$$

故
$$V \approx V_0[1+\beta(t-t_0)] \tag{1-12a}$$

或
$$\rho_0 \approx \rho[1+\beta(t-t_0)] \tag{1-12b}$$

在式(1-12a)、式(1-12b)中，β可取$t \sim t_0$间的平均值。如果流体流动时温度变化不大，热膨胀性的影响通常可以不考虑。

▲ 学习本节后可做习题1-1、1-2、1-4。

第二节　流体静力学

一、流体的压强

（一）压强的定义

垂直作用于单位面积上且方向指向此面积的力，称为**压强**，其表示式为

$$p = \frac{P}{A} \tag{1-13}$$

式中　P——垂直作用于表面的力，N；
　　　A——作用面的面积，m^2；
　　　p——作用在该表面A上的压强，N/m^2，即Pa（帕斯卡）。

在法定计量单位使用之前，常用的压强单位有：物理大气压（atm）、工程大气压

（kgf/cm²）、巴（bar）、液体柱高（如 mmHg 柱、mmH$_2$O 柱等）等，在有关手册、书籍和工程实际中仍有应用，因此，应当正确掌握它们之间的相互换算关系（见附录一）。

习惯上也常把压强称为压力。

（二）绝压、表压和真空度

（1）**绝对压强**（简称**绝压**） 是指流体的真实压强。更准确地说，它是以绝对真空为基准测得的流体压强。

（2）**表压强**（简称**表压**） 是指工程上用测压仪表以当时当地大气压强为基准测得的流体压强值，它是流体的真实压强与外界大气压强的差值，即

$$\text{表压强} = \text{绝对压强} - (\text{外界})\text{大气压强}$$

（3）**真空度** 当被测流体内的绝对压强小于当地（外界）大气压强时，使用真空表进行测量时真空表上的读数称为真空度。真空度表示绝对压强比（外界）大气压强小了多少，即有：

$$\text{真空度} = (\text{外界})\text{大气压强} - \text{绝对压强}$$

在这种条件下，真空度值相当于负的表压值。

因此，由测压表或真空表上得出的读数必须根据当时当地的大气压强进行校正，才能得到测点的绝压值。如在海平面处测得某密闭容器内表压强为 5Pa，另一容器内的真空度为 5Pa，若将此二容器连同压强表和真空表一起移到高山顶上，测出的表压强和真空度都会有变化，读者可自行分析。

【例 1-3】 某离心水泵的入、出口处分别装有真空表和压强表，现已测得真空表上的读数为 210mmHg，压强表上的读数为 150kPa。已知当地大气压强为 100kPa。试求：①泵入口处的绝对压强（kPa）；②泵出、入口间的压强差（kPa）。

解 已知当地大气压强 $p_a = 100$kPa，泵入口处的真空度为 210mmHg，由附录一查得：1mmHg=133.3Pa，故真空度为 $210 \times 133.3 \times 10^{-3} = 28.0$kPa。

① 泵入口处的绝对压强为：

$$p_1(\text{绝压}) = p_a - \text{真空度} = 100 - 28.0 = 72.0\text{kPa}$$

② 泵的出、入口间的压强差为：

$$\Delta p = p_2(\text{绝压}) - p_1(\text{绝压})$$

而泵出口处的绝压为：

$$p_2(\text{绝压}) = p_2(\text{表压}) + p_a = 150 + 100 = 250\text{kPa}$$

所以

$$\Delta p = 250 - 72 = 178\text{kPa}$$

在进行压强值换算与压强差计算时，必须注意单位的一致性。

（可以考虑一下，本例中的压强差 Δp 能否用泵出口的表压值与入口的真空度之和来求取?）

二、流体静力学基本方程

在重力场中，当流体处于静止状态时，流体除受重力（即地心引力）作用外，还受到压力的作用。流体处于静止是由于这些作用于流体上的力达到平衡的结果。流体静力学就是研究流体处于静止状态下的力的平衡关系。

（一）流体静力学方程的推导

如图 1-2 所示，敞口容器内盛有密度为 ρ 的静止液体，液面上方受外压强 p_0 的作用（当容器敞口时，p_0 即为外界大气压强）。取任意一垂直液柱，其上、下端截面积为 A，若以容器底面为基准水平面，则液柱的上、下端面与器底的垂直距离分别为 z_1 和 z_2，作用在上、下端面上并指向此两端面的压强分别为 p_1 和 p_2。

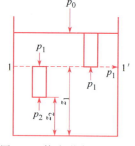

图 1-2 静力学方程的推导

在重力场中，该液柱在垂直方向上受到的作用力如下。

① 作用在液柱上端面上的总压力：
$$P_1 = p_1 A \qquad \text{（方向向下）}$$

② 作用在液柱下端面上的总压力：
$$P_2 = p_2 A \qquad \text{（方向向上）}$$

③ 液柱受到的重力：
$$G = \rho g A (z_1 - z_2) \qquad \text{（方向向下）}$$

由于液柱处于静止状态，在垂直方向上的三个作用力的合力为零，即有
$$p_1 A + \rho g A (z_1 - z_2) = p_2 A$$

上式移项化简可得静力学基本方程：
$$p_2 = p_1 + \rho g (z_1 - z_2) = p_1 + \rho g h \tag{1-14}$$

式中，h 为液柱高度，m。

当液柱上端面为液面时（如图 1-2 中右侧的液柱），h 为由液面开始的液柱高度，此液柱底部的压强 p（图 1-2 中 $p = p_1$）为
$$p = p_0 + \rho g h \tag{1-14a}$$

式(1-14a) 用来计算液体内部任意水平面上的压强。

（二）静力学方程的讨论

① 式(1-14) 适用于重力场中 ρ 为常数的静止单相连续液体；气体具有较大的压缩性，在密度变化不大时，式(1-14) 也可应用，此时 ρ 可用平均密度计算。

② 式(1-14a) 表明静止流体内部某处的压强大小仅与所处的垂直位置有关，而与水平位置无关。位置愈低，压强愈大。换言之，在同一静止连续流体内部同一水平面上各处的压强是相等的。压强相同的面称为等压面，在静止流体中，水平面即为等压面。而压强的指向仅随所取的作用面的方向而变，如图 1-2 中，1—1′水平面上各点的压强都为 p_1，分别指向所考察的作用面。

③ 由式(1-14a) 还可知，若液面上方所受压强 p_0 变化时，p 将随之同步增减，即液面上方所受压强能以同样大小传递到液体内部的任一点上（巴斯噶原理）。

④ 若将式(1-14) 各项除以 ρg，则方程变为
$$\frac{p_2 - p_1}{\rho g} = z_1 - z_2 = h \tag{1-14b}$$

式(1-14b) 说明，压强差（或压强）的大小可以用一定高度 h 的流体柱来表示，但必须注明该流体的密度值。

● 【例1-4】 如图1-2所示,在常温下已知 $p_2-p_1=9810$ Pa,取水的密度 $\rho=1000$ kg/m³,汞的密度 $\rho'=13600$ kg/m³。问 p_2-p_1 相当于多少米水柱?多少米汞柱?

解 由式(1-14b)得

$$h=\frac{p_2-p_1}{\rho g}=\frac{9810}{1000\times 9.81}=1\text{mH}_2\text{O}$$

$$h'=\frac{p_2-p_1}{\rho' g}=\frac{9810}{13600\times 9.81}=0.0735\text{mHg}=73.5\text{mmHg}$$

⑤ 在工程上,式(1-14)也常以下列形式出现:

$$\frac{p_2}{\rho}+gz_2=\frac{p_1}{\rho}+gz_1$$

由上式可知,在单相静止的连续流体内部,不同垂直位置上的 $\frac{p}{\rho}$ 与 gz 之和为常数,即有

$$\frac{p}{\rho}+gz=\text{常数} \tag{1-14c}$$

(三)静力学方程的应用

流体静力学基本方程常用于某处流体表压或流体内部两点间压强差的测量、贮罐内液位的测量、液封高度的计算、流体内物体受到的浮力以及液体对壁面的作用力的计算等。

1. 表压强或压强差的测定

运用流体静力学基本原理测定流体的表压强或压强差的仪器统称为液柱压差计,其结构简单,使用方便。常见的有如下几种。

(1)普通U形管压差计 如图1-3所示,在U形玻璃管内装有密度为 ρ_A 的指示液A(一般指示液装入量约为U形管总高的一半),U形管两端口与被测流体B的测压点相连接(连接管内与指示液液面上方均充满流体B),1、2点取在同一水平面上。

对指示液的要求是:A与B不发生化学反应、互不相溶,且 $\rho_A > \rho_B$。常用的指示液有水、四氯化碳、水银等。

若 $p_1 > p_2$,则U形管中指示液面将出现如图1-3所示的高差 R,其大小随压差 p_1-p_2 值的增减而增减。当 p_1-p_2 为一定值时,R 也为定值(即处于相对静止状态)。根据静力学原理,知 $a-b$ 水平面(处于同一连续液体的同一水平面上)为等压面。运用静力学基本方程,并以 $a-b$ 面为基准面,可得

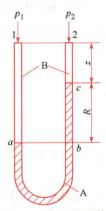

图1-3 普通U形管压差计

左侧: $p_a = p_1 + \rho_B g(z+R)$

右侧: $p_b = p_2 + \rho_B gz + \rho_A gR$

因为 $p_a = p_b$

所以 $p_1 - p_2 = (\rho_A - \rho_B)gR$ (1-15)

由式(1-15)可见,对于一定的压差值,$\rho_A - \rho_B$ 愈小,示值 R 将愈大,可使测量更为精确。

当被测流体 B 为气体时，由于 $\rho_A \gg \rho_B$，式(1-15)可简化为

$$p_1 - p_2 \approx \rho_A g R \tag{1-15a}$$

（2）倾斜 U 形管压差计　当被测压差值很小时，为了放大压差计读数，可采用如图 1-4 所示的倾斜 U 形管压差计，倾角 α 愈小，读数 R' 则愈大，R' 与 R 的关系为：

$$R' = \frac{R}{\sin\alpha} \tag{1-16}$$

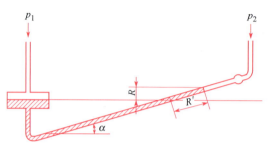

图 1-4　倾斜 U 形管压差计

（3）倒 U 形管压差计　当被测系统为液体时，也可选用比被测液体密度小的流体（液体或气体）作指示剂，采用如图 1-5 所示的倒 U 形管压差计进行测量。

测量前，先打开压差计上端旋塞，将两管端与待测液体 B 连通，在 $p_1 = p_2$ 条件下放入 B，约管总高的一半，使左、右管内 B 的液面达水平；然后通过旋塞充入指示剂 A，使 A 充满 U 形管上部（因为 $\rho_A < \rho_B$），关上旋塞，检查 A、B 分界面是否达到水平。

当 $p_1 > p_2$ 时，管左端的 B 液面将升高而右端液面降低，出现如图 1-5 所示的高差 R。取左端液面的水平面为流体 A 的等压面，运用静力学方程可得

$$p_1 - p_2 = (\rho_B - \rho_A) g R \tag{1-17}$$

类似地，当 $\rho_B - \rho_A$ 减小时，R 值将被放大。

当指示剂 A 选用气体（一般为空气）时，由于 $\rho_B \gg \rho_A$，所以

$$p_1 - p_2 = \rho_B g R \tag{1-17a}$$

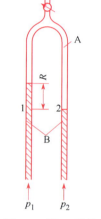

图 1-5　倒 U 形管压差计

可以思考一下，为什么不能取右端液面的水平面为流体 A 的等压面？在这一水平面上两点的压差是多少？

● **【例 1-5】**　如图 1-6 所示，常温下水在一水平等径管内以一定流量流过，用上述三种 U 形管压差计来测量 1、2 截面间的压差。普通 U 形管压差计与倾斜 U 形管压差计均使用水银作指示液，倒 U 形管压差计使用空气作指示剂。倾斜 U 形管压差计的倾角 α 为 $30°$。已知 $p_1 - p_2 = 2.472 \text{kPa}$，问三种压差计上的读数 R_i 各为多少？

解　常温下可取水银、水和空气的密度分别为 13600kg/m^3、1000kg/m^3 和 1.20kg/m^3。

① 用普通 U 形管压差计，按式（1-15）可得

$$R_1 = \frac{p_1 - p_2}{(\rho_A - \rho_B) g} = \frac{2472}{(13600 - 1000) \times 9.81} = 0.020 \text{m} = 20 \text{mm}$$

② 用倾斜 U 形管压差计，按式（1-16）可得

$$R_2 = \frac{R_1}{\sin\alpha} = \frac{20}{\sin 30°} = 40\text{mm}$$

③ 用倒 U 形管压差计，按式（1-17a）可得

$$R_3 = \frac{p_1 - p_2}{\rho_B g} = \frac{2472}{1000 \times 9.81} = 0.252\text{m} = 252\text{mm}$$

由以上计算结果可知，当被测液体系统的压差值用普通 U 形管水银柱压差计测得的读数较小时，为减小读数误差，可改用密度较小的指示液或采用倾斜 U 形管压差计，使读数放大；也可采用倒 U 形管压差计，此时使用空气作指示剂最为简便。

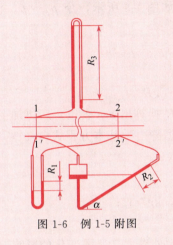

图 1-6 例 1-5 附图

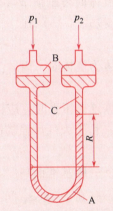

图 1-7 双液柱微差计

（4）双液柱微差计 当流体 B 的系统被测压差 $p_1 - p_2$ 值非常小时（一般为气体系统），用上述压差计测得的读数都将很小而不够精确，可在 U 形压差计顶部增加两个扩大室，在 U 形管下部装入指示液 A，上部装入指示液 C，构成如图 1-7 所示的双液柱微差计。指示液 A 与 C 互不相溶，且它们的密度关系满足：$\rho_A > \rho_C > \rho_B$。扩大室截面积比 U 形管的截面积要大得多，故当测量微压差 $p_1 - p_2$ 时，R 的变化对扩大室内 C 的液面高度的影响极小并可忽略，取 A 的低端液面为等压面，可得

$$p_1 - p_2 = (\rho_A - \rho_C) g R \tag{1-18}$$

读者可自行推导。显然，当 $p_1 - p_2$ 值很小时，为获得较大的读数 R，应当选择密度接近的指示液 A 和 C。

【例 1-6】 测量某空气管路中两点的压差值。采用普通 U 形管压差计，用水作指示液时读数为 10mm。现改用双液柱微差计来测量，选用的指示液为 40% 的酒精水溶液和煤油，其密度分别为 920kg/m³ 和 850kg/m³，问此时读数应为多少？读数的放大倍数是多少？

解 已知水的密度 $\rho = 1000\text{kg/m}^3$，40% 的酒精密度 $\rho_A = 920\text{kg/m}^3$，煤油的密度 $\rho_C = 850\text{kg/m}^3$。按式（1-15a）和式（1-18）可得

$$p_1 - p_2 = \rho g R = (\rho_A - \rho_C) g R'$$

已知 $R=10$ mm

于是
$$R' = \frac{\rho}{\rho_A - \rho_C} R = \frac{1000}{920-850} \times 10 = 143 \text{ mm}$$

则读数放大倍数为

$$\frac{R'}{R} = \frac{\rho}{\rho_A - \rho_C} = 14.3$$

（5）用液柱压差计测量流体压强 当U形管压差计一端与被测流体B的测压点相连，而另一端接通大气时，测得的指示液高差反映的是测点绝对压强 p 与当地大气压强 p_a 之差，即测点处流体的表压强 p（表压）的大小。如图1-3所示，令 $p_1=p$，而 $p_2=p_a$（当地大气压强），按式(1-15)有

$$p - p_a = p(\text{表压}) = (\rho_A - \rho_B)gR \tag{1-15b}$$

若被测流体为气体时，因 $\rho_A \gg \rho_B$，则

$$p(\text{表压}) \approx \rho_A g R \tag{1-15c}$$

当需要计算绝对压强时，应由测得的读数值 R 换算出 p（表压）后再加上当地大气压强 p_a。应当注意，由于大气压强随高度而变化，根据静力学基本方程式(1-14)应有

$$p_{a2} = p_{a1} + \rho_m g (z_1 - z_2)$$

式中　z_1、z_2——距基准面高度，m；

　　　ρ_m——在 z_1 与 z_2 间大气的平均密度，kg/m³；

　　　p_{a1}、p_{a2}——在 z_1、z_2 处的大气压强，Pa。

因此，在测量常压下的气体压强时，应当考虑外界大气压强变化的影响。

2. 液位的测定

化工生产中常常需要测定各种容器内液体物料的液位。图1-8所示是最简单的液位测量方法，其中图（a）是工厂中常见的一些常压容器或贮罐所使用的玻璃管液位计，它是运用单相静止液体连通器内同一水平面上各点压强相等的原理。图（b）是利用液柱压差计来测量液位的，在U形管底部装入指示液A，左端与被测液体B的容器底部相连（$\rho_A > \rho_B$），右端上方接一扩大室（平衡室），与容器液面上方的气相支管（气相平衡管）相连，平衡室中装入一定量的液体B，使其在扩大室内的液面高度维持在容器液面允许的最高位置。测量时，压差计中读数 R 指示容器内相应的液位高，显然容器内达到最高允许液位时，压差计读数 R 应为零；随容器内液位降低，读数 R 将随之增加。图（c）是一种浮球液面计，它是利用部分浸没在流体中的物体上受到浮力的作用来指示液面高度的。众所周知，物体上受到的浮力在数值上等于被物体排开的同体积液体的重力，实际上，浮力是由于静止流体中不同高度的压强作用于物体的结果。可做一简单的证明如下，若有一截面积为 A、高为 H 的圆柱体浸没在密度为 ρ_B 的液体中时，受到压强作用的情况如图1-9所示，在圆柱体侧面作用的静压力互相平衡，而在垂直方向上液体作用于该圆柱体上的静压力的合力即浮力，由静力学方程可得

$$p_2 = p_1 + \rho_B g (z_1 - z_2) = p_1 + \rho_B g H$$

则浮力
$$F_B = p_2 A - p_1 A = \rho_B g H A = \rho_B g V \tag{1-19}$$

式中　V——圆柱体的体积，m³，也就是被排开的液体B的体积。

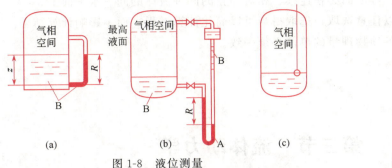
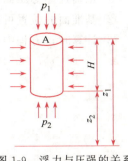

图 1-8 液位测量

图 1-9 浮力与压强的关系

对其他形状的物体，也可得出同样的结果。图 1-8(c) 中浮球的重力与作用于浮球上的浮力达到力平衡，调整浮球本身的质量使浮球稳定地漂浮在液面，并随液面的高低而起伏，即可在容器外部直接读出浮球（即液面）的高度位置。

3. 液封高度的计算

对于常压操作的气体系统，常采用称为液封的附属装置。根据液封的作用不同，大体可分为以下三类，它们都是根据流体静力学原理设计的。

（1）安全液封 如图 1-10(a) 所示，从气体主管道上引出一根垂直支管，插到充满液体（通常为水，因此又称水封）的液封槽内，插入口以上的液面高度 h 应足以保证在正常操作压强 p（表压）下气体不会由支管溢出，即有

$$h > \frac{p(\text{表压})}{\rho_L g} \tag{1-20}$$

式中　ρ_L——液体的密度，kg/m^3。

当由于某种不正常原因，系统内气体压强突然升高时，气体可由此处冲破液封泄出并卸压，以保证设备的安全。这种水封还有排除气体管中凝液的作用。

（2）切断水封 有些常压可燃气体贮罐前后安装切断水封以代替笨重易漏的截止阀，如图 1-10(b) 所示。正常操作时，水封不充水，气体可以顺利绕过隔板出入贮罐；需要切断时（如检修），往水封内注入一定高度的水，使隔板在水中的水封高度大于水封两侧最大可能的压差值。

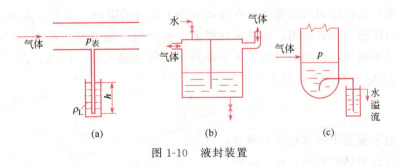

图 1-10 液封装置

（3）溢流水封 许多用水（或其他液体）洗涤气体的设备内，通常维持在一定压力 p 下操作，水不断流入同时必须不断排出，为了防止气体随水一起泄出设备，可采用图 1-10(c) 所示的溢流水封装置。这类装置的型式很多，都可运用静力学方程来进行设计估算。

在应用流体静力学方程时，应当注意以下几点：

① 正确选择等压面。等压面必在连续、相对静止的同种流体的同一水平面上。
② 基准面的位置可以任意选取,选取得当可以简化计算过程,而不影响计算结果。
③ 计算时,方程中各项物理量的单位必须一致。

▲ 学习本节后可做习题 1-2、1-5~1-8。

第三节　流体动力学

当流体发生运动时,流体既应满足质量守恒关系,也应满足机械能守恒关系。本节讨论不同流体在不同运动条件下这些关系的具体表达式以及实际流体的基本流动现象。化工生产中流体多在密闭管路内流动,本节以管流为主进行讨论。

一、流量与流速

(一) 流量

(1) 体积流量　单位时间内流经通道某一截面的流体体积,用 V_s 表示,其单位为 m^3/s(或 m^3/h)。

(2) 质量流量　单位时间内流经通道某一截面的流体质量,用 W_s 表示,其单位为 kg/s(或 kg/h)。

当流体密度为 ρ 时,体积流量 V_s 与质量流量 W_s 的关系为

$$W_s = V_s \rho \tag{1-21}$$

应当注意,气体的体积随温度、压强而变化,所以当使用体积流量时应注明所处的温度和压强值。

(二) 流速

(1) 流速　单位时间内流体微团在流动方向上流过的距离,其单位为 m/s。

(2) 平均流速　实验证明,当流体在通道内流动时,通道任一截面上径向各点的流速(局部流速)并不相等,在壁面处为零,至通道中心处达最大值。因此,在工程计算中常使用通道截面积上的平均流速,其表示式为

$$u = \frac{V_s}{A} \tag{1-22}$$

式中　u——通道截面上流体的平均流速,m/s;
　　　V_s——流体的体积流量,m^3/s;
　　　A——垂直于流向的通道径向截面积,m^2。

由式(1-21)、式(1-22) 可得

$$W_s = V_s \rho = uA\rho \tag{1-23}$$

(3) 质量流速　由于气体的体积流量随温度和压强而变化,气体的流速也将随之而变,

因此在工程计算中引入质量流速，即单位时间内流体流经通道单位径向截面积的质量，用 G 表示，其表示式为

$$G=\frac{W_s}{A}=\frac{V_s\rho}{A}=u\rho \tag{1-24}$$

其单位为 $kg/(m^2 \cdot s)$。

对内径为 d 的圆形管道，式(1-22)可改写为

$$u=\frac{V_s}{\frac{\pi}{4}d^2}=\frac{V_s}{0.785d^2} \tag{1-22a}$$

于是可得

$$d=\sqrt{\frac{V_s}{0.785u}} \tag{1-22b}$$

其单位为 m。

市场供应的管材均有一定的尺寸规格，所以在使用式(1-22b)求得管径 d 值后，应根据给定的操作条件圆整到管子的实际供应规格（参见第四节及附录十七）。

由式(1-22b)可知，对一定的生产任务，即 V_s 一定，管子直径 d 的大小取决于所选择的流速 u，流速选得愈大，所需管子的直径就愈小，即购买及安装管子的投资费用愈小，但输送流体的动力消耗和操作费用将增大，因此流速的选择要适当。生产中常用的流体流速范围列于表 1-1，可供参考选用。一般地，密度较大和黏度较大的流体，流速要取小一些。

表 1-1　某些流体在管道中的常用流速范围

流体的类别及情况	流速范围/(m/s)	流体的类别及情况	流速范围/(m/s)
自来水(3×10^5Pa 左右)	1~1.5	高压空气	15~25
水及低黏度液体(1×10^5~1×10^6Pa)	1.5~3.0	一般气体(常压)	12~20
高黏度液体	0.5~1.0	鼓风机吸入管	10~15
工业供水(8×10^5Pa 以下)	1.5~3.0	鼓风机排出管	15~20
锅炉供水(8×10^5Pa 以上)	>3.0	离心泵吸入管(水一类液体)	1.5~2.0
饱和蒸汽	20~40	离心泵排出管(水一类液体)	2.5~3.0
过热蒸汽	30~50	液体自流速度(冷凝水等)	0.5
蛇管、螺旋管内的冷却水	<1.0	真空操作下气体流速	<10
低压空气	12~15		

● **【例 1-7】** 有一通风管道输送 120kPa（绝压）、30℃、质量流量为 600kg/h 的空气。若选用流速为 15m/s，试计算其管内径和选择适宜的管子规格，并计算管内的实际流速和质量流量。

解 由给定的输送条件，可视空气为理想气体。已知 $p=120$kPa，$W_s=\frac{600}{3600}$kg/s，$T=303$K，$R=8314$J/(kmol·K)，$M=29$kg/kmol，所以空气的体积流量为

$$V_s=\frac{W_s RT}{pM}=\frac{\frac{600}{3600}\times 8314\times 303}{120\times 10^3 \times 29}=0.1206 \text{m}^3/\text{s}$$

由式(1-22b)得

$$d = \sqrt{\frac{V_s}{0.785u}} = \sqrt{\frac{0.1206}{0.785 \times 15}} = 0.1012\text{m}$$

对低压空气，可选用附录十七中的低压流体输送用焊接钢管，公称直径 D_g100mm（4in）不镀锌的普通管，其外径为 114.0mm，壁厚 4.0mm，则该管实际内径为 $114.0 - 2 \times 4.0 = 106$mm，此时

管内的实际流速
$$u = \frac{0.1206}{0.785 \times 0.106^2} = 13.7\text{m/s}$$

管内的质量流速
$$G = \frac{\frac{600}{3600}}{0.785 \times 0.106^2} = 18.9\text{kg/(m}^2 \cdot \text{s)}$$

● **【例 1-8】** 常温下密度为 870kg/m³ 的甲苯流经 $\phi108 \times 4$ 热轧无缝钢管送入甲苯贮罐。已知甲苯的体积流量为 10L/s，求：甲苯在管内的质量流量（kg/s）、平均流速（m/s）、质量流速 [kg/(m² · s)]。

解 甲苯的质量流量按式(1-23)得

$$W_s = V_s\rho = 10 \times 10^{-3} \times 870 = 8.70\text{kg/s}$$

无缝钢管的规格常用 ϕ 外径（mm）×壁厚（mm）表示，对 $\phi108 \times 4$ 的热轧无缝钢管，其内径为

$$d = 108 - 2 \times 4 = 100\text{mm} = 0.100\text{m}$$

按式(1-22)，甲苯在管内的平均流速为

$$u = \frac{V_s}{0.785d^2} = \frac{10 \times 10^{-3}}{0.785 \times 0.100^2} = 1.274\text{m/s}$$

按式(1-24)，甲苯在管内的质量流速为

$$G = u\rho = 1.274 \times 870 = 1108\text{kg/(m}^2 \cdot \text{s)}$$

二、流体定常流动过程的物料衡算——连续性方程

流体在管内（或通道内）流动时，任一截面（与流体流动方向相垂直的）上的流速、密度、压强等物理参数均不随时间而变，这种流动称为定常流动（即绪论中所述的定常操作情况）。

图 1-11 所示为一流体做定常流动的管路，流体充满整个管道，流入 1—1' 截面的流体的质量流量为 W_{s1}，流出 2—2' 截面的质量流量为 W_{s2}。以 1—1' 和 2—2' 截面间的管段为衡算系统，定常条件下系统内应无质量的积累。根据质量守恒定律，列出物料衡算式为

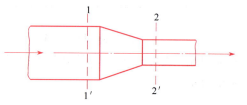

图 1-11 流体做定常流动的管路

$$W_{s1} = W_{s2} \tag{1-25}$$

由式(1-23)可得

$$u_1 A_1 \rho_1 = u_2 A_2 \rho_2 \qquad (1\text{-}25a)$$

推广到该管路系统的任意截面,则有

$$W_s = uA\rho = 常数 \qquad (1\text{-}26)$$

对不可压缩流体,$\rho =$ 常数,则可得

$$V_s = uA = 常数 \qquad (1\text{-}27)$$

故不可压缩流体在圆管内做连续定常流动时,应有

$$\frac{u_1}{u_2} = \frac{A_2}{A_1} = \frac{d_2^2}{d_1^2} \qquad (1\text{-}28)$$

式(1-25)~式(1-28)是流体定常流动的物料衡算式,也称为连续性方程,它们反映了定常流动的管路系统中,质量流量 W_s、体积流量 V_s、平均流速 u、流体的密度 ρ、流动截面 A(或管径 d)之间的相互关系。

● **【例 1-9】** 如图 1-11 所示的串联变径管路中,已知小管为 $\phi 57 \times 3.0$、大管为 $\phi 89 \times 3.5$ 的无缝钢管,水在小管内的平均流速为 2.5m/s,水的密度可取为 1000kg/m^3。试求:① 水在大管中的流速;② 管路中水的体积流量和质量流量(以小时计)。

解 ① 按式(1-28),$u_1 = u_2 \left(\dfrac{d_2}{d_1}\right)^2$,而 $d_2 = 57 - 2 \times 3.0 = 51\text{mm}$,$d_1 = 89 - 2 \times 3.5 = 82\text{mm}$,已知 $u_2 = 2.5 \text{m/s}$,于是得

$$u_1 = 2.5 \times \left(\frac{51}{82}\right)^2 = 0.967 \text{m/s}$$

② 按式(1-27)和式(1-23)可得

$$V_s = u_2 A_2 = 2.5 \times 0.785 \times 0.051^2$$
$$= 0.00510 \text{m}^3/\text{s} = 18.4 \text{m}^3/\text{h}$$
$$W_s = V_s \rho = 18.4 \times 1000 = 1.84 \times 10^4 \text{kg/h}$$

三、流体定常流动过程的机械能衡算——柏努利方程

(一)理想流体定常流动时的机械能衡算

无黏性的流体称为理想流体,因此,理想流体在流动过程中没有机械能的损失,这是为便于讨论而采用的一种假想流体模型。这里先讨论不可压缩的理想流体的流动系统中机械能形式及它们之间的转换关系。

1. 流动流体具有的机械能形式

在图 1-12 所示的理想流体的管路系统中,定常流动时有 m kg 流体从截面 1—1′ 流入,同时有等量流体由截面 2—2′ 流出。

划定 1—1′ 和 2—2′ 径向截面间的管路为衡算系统,选定任意水平面 0—0′ 为基准面。取:

u_1、u_2——1—1′、2—2′ 截面上流体的平均流速,m/s;

p_1、p_2——1—1′、2—2′ 截面上流体的压强,Pa;

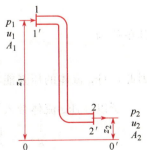

图 1-12 理想流体的管路系统

z_1、z_2——1—1′、2—2′截面中心至 0—0′面的垂直距离，m；

A_1、A_2——1—1′、2—2′径向截面的面积，m²；

v_1、v_2——1—1′、2—2′截面上流体的比体积，m³/kg。

m kg 流体带入 1—1′截面的机械能如下。

（1）位能 流体在重力场中，相对于基准面具有的能量。它相当于 m kg 流体自 0—0′面升举到 z_1 高度，为克服重力所需做的功，即

$$m \text{ kg 流体的位能} = mgz_1$$

其单位为 $kg \cdot \dfrac{m}{s^2} \cdot m = N \cdot m = J$。

因此，1kg 流体的位能 $= gz_1$，其单位为 J/kg。

位能是相对值，其大小随所选定的基准面的位置而定，但位能的差值与基准面的选择无关。

（2）动能 流体以一定流速流动时具有的能量。

$$m \text{ kg 流体的动能} = \frac{1}{2}mu_1^2$$

其单位为 $kg \cdot \left(\dfrac{m}{s}\right)^2 = N \cdot m = J$。

同样，1kg 流体的动能 $= \dfrac{1}{2}u_1^2$，其单位为 J/kg。

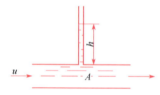

图 1-13　流动流体内部压强大小示意图

（3）压强能 在流动流体内部任一位置上都有其相应的压强。如图 1-13 所示的管路内，水以一定流速 u 流过，在管壁 A 处开一小孔，并连接一垂直玻璃管，便可在玻璃管中观察到水将上升至一定高度 h，此水柱高表示 A 点表压强的大小。

对图 1-12 管路系统，1—1′截面上具有的压强为 p_1，流体要流入 1—1′截面，必须克服该截面上的压力而做功，称为流动功。也就是说，流体在 p_1 下进入 1—1′截面时必然增加了与此流动功量相当的能量，流动流体具有的这部分能量称为压强能。

m kg 流体在 1—1′截面处的体积为 V_1，将此体积流体流过截面积为 A_1 的 1—1′截面走过的距离为 $\dfrac{V_1}{A_1}$，此过程的流动功，即进入该截面的压强能为

$$\text{力} \times \text{距离} = p_1 A_1 \times \frac{V_1}{A_1} = p_1 V_1$$

其单位为

$$\frac{N}{m^2} \cdot m^3 = N \cdot m = J$$

因此，1kg 流体的压强能为 $\dfrac{p_1 V_1}{m} = p_1 v_1$，其单位为 J/kg。

所以，1kg 流体带入 1—1′截面的机械能总和为

$$gz_1 + \frac{1}{2}u_1^2 + p_1 v_1$$

同理，1kg 流体由 2—2′截面带出的机械能总和为

柏努利方程的物理意义

$$gz_2 + \frac{1}{2}u_2^2 + p_2v_2$$

2. 理想流体的机械能衡算——理想流体的柏努利方程

由于理想流体流动过程无机械能的损失，因此，根据机械能守恒定律，在管路中没有其他外力作用和外加能量的条件下，1kg 理想流体带入与带出衡算系统的机械能总和应相等，即

$$gz_1 + \frac{1}{2}u_1^2 + p_1v_1 = gz_2 + \frac{1}{2}u_2^2 + p_2v_2$$

而 $v = \frac{1}{\rho}$，对不可压缩流体，$\rho_1 = \rho_2 = \rho$，则上式可写为

$$gz_1 + \frac{1}{2}u_1^2 + \frac{p_1}{\rho} = gz_2 + \frac{1}{2}u_2^2 + \frac{p_2}{\rho} \tag{1-29}$$

或

$$gz + \frac{u^2}{2} + \frac{p}{\rho} = 常数 \tag{1-29a}$$

式(1-29) 和式(1-29a) 称为**柏努利方程**，方程中各项的单位均为 J/kg。显然，柏努利方程适用的条件是不可压缩理想流体做定常流动，在流动管路中没有其他外力或外部能量的输入（出）。

3. 柏努利方程的讨论

① 式(1-29a) 说明理想流体做定常流动时，每千克流体流过系统内任一截面（与流体流动方向相垂直）的总机械能恒为常数，而每个截面上的不同机械能形式的数值却并不一定相等。这说明各种机械能形式之间在一定条件下是可以相互转换的，此减彼增，但总量保持不变。

• 【例 1-10】 若图 1-12 所示的理想流体定常流动系统为等径管路，试分析不同机械能形式可能会如何转化。

解 因为 $d_1 = d_2$，所以 $u_1 = u_2$，$\frac{1}{2}u_1^2 = \frac{1}{2}u_2^2$，按式(1-29) 可得

$$gz_1 + \frac{p_1}{\rho} = gz_2 + \frac{p_2}{\rho}$$

若 $z_1 > z_2$，即 $gz_1 > gz_2$ 时，则 $\frac{p_2}{\rho} > \frac{p_1}{\rho}$，且有 $gz_1 - gz_2 = \frac{p_2}{\rho} - \frac{p_1}{\rho}$。说明在等径管路中，若某截面上的位能降低，其压强能必升高，一部分位能转换为压强能。

• 【例 1-11】 有一变径水平通风管如图 1-14 所示。在锥形接头两端测压点处各引出测压连接管与 U 形管压差计相连。用水作指示液，测得读数 R 为 40mm。假设空气为不可压缩理想流体。试估计两截面上空气动能的变化。空气的密度可取为 1.2kg/m^3，水的密度为 1000kg/m^3。

解 对水平不等径管路，1—1′ 与 2—2′ 截面的中心点处于同一水平面，故其位能相等，可得

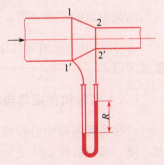

图 1-14 例 1-11 附图

$$\frac{u_1^2}{2}+\frac{p_1}{\rho}=\frac{u_2^2}{2}+\frac{p_2}{\rho}$$

对 U 形压差计及其连接管，静力学方程适用，有

$$p_1-p_2=\rho'gR=1000\times9.81\times0.040=392.4\text{Pa}$$

则两截面上的动能变化为

$$\frac{u_2^2}{2}-\frac{u_1^2}{2}=\frac{p_1-p_2}{\rho}=\frac{392.4}{1.20}=327\text{J/kg}$$

本例说明，由于管径缩小，动能增加，但机械能总量守恒，故动能增加是由压强能的降低转换而来的。

● **【例 1-12】** 如图 1-15 所示，一水槽底部开一小孔，若水槽液面维持恒定（即 H 为定值），忽略水流出时的机械能损失，问小孔出水速度为多少？

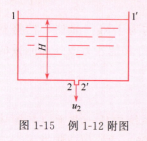

图 1-15 例 1-12 附图

解 水由液面向底部流动，水槽截面积比起小孔截面积要大得多，故可设 $u_1\approx0$。

两截面均与大气相通，$p_1=p_2=p_a$，两截面上压强能相等。

取槽底截面为基准面，则 $z_2=0$，$z_1=H$，由式(1-29) 可得

$$\frac{u_2^2}{2}=gz_1=gH,\quad u_2=\sqrt{2gH}$$

上式说明，在一定的条件下，位能可以转换为动能。

以上三例分别说明位能、动能、压强能之间的转换关系。转换是有条件的，管径的变化使动能发生转换，高度的变化使位能发生转换。

② 如果系统处于静止状态，任意两截面间的 $u_1=u_2=0$，则可得

$$gz_1+\frac{p_1}{\rho}=gz_2+\frac{p_2}{\rho}$$

此式即为静力学基本方程，可见柏努利方程也可反映静止流体的基本规律，静止流体是流动流体的特例。

③ 对于可压缩流体，若两截面间的绝压变化 $\frac{p_1-p_2}{p_1}\times100\%<20\%$，式(1-29) 中的 ρ 可用两截面间的平均密度 $\rho_m=\frac{\rho_1+\rho_2}{2}$，近似地作为不可压缩流体处理。

④ 方程中等式两端的压强能项中的压强 p 可以同时使用绝压或同时使用表压，视计算要求而定。

（二）实际流体定常流动时的机械能衡算

工程实际问题中遇到的都是实际流体，即流体具有黏性，在流动过程中要克服各种阻力，使一部分机械能转变为热能而无法利用，这部分损失掉的机械能称为阻力损失。

令 1kg 流体在通道的两截面间做定常流动的阻力损失用 $\sum h_f$ 表示，其单位为 J/kg。

如果在输送通道的两截面间有机械功的输入，例如安装有流体输送机械。令 1kg 流体流

经输送机械获得的机械能用 W_e 表示，其单位为 J/kg。

因此，在不可压缩的实际流体定常流动的管路系统（如图 1-16 所示）中，按机械能守恒，应有

机械能的输入 = 机械能的输出 + 机械能损失

任意两截面间的机械能衡算式为

$$gz_1 + \frac{u_1^2}{2} + \frac{p_1}{\rho} + W_e = gz_2 + \frac{u_2^2}{2} + \frac{p_2}{\rho} + \sum h_f \qquad (1-30)$$

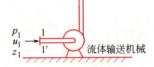

图 1-16 实际流体定常流动的管路输送系统

式(1-30)称为扩展了的柏努利方程，各项的单位均为 J/kg，它是以每千克流体为衡算基准的，习惯上也把式(1-30)称为扩展了的不可压缩流体的柏努利方程。

在式(1-30)的各种实际应用中，为计算方便，常可采用不同的衡算基准，得到如下不同形式的衡算方程。

（1）以单位体积流体为衡算基准 将式(1-30)中各项乘以 ρ，得

$$\rho g z_1 + \frac{\rho u_1^2}{2} + p_1 + \rho W_e = \rho g z_2 + \frac{\rho u_2^2}{2} + p_2 + \rho \sum h_f \qquad (1-30a)$$

式中各项单位为：$\frac{J}{m^3} = \frac{N \cdot m}{m^3} = \frac{N}{m^2} = Pa$，即单位体积不可压缩流体所具有的机械能量。

（2）以单位重量（重力）流体为衡算基准 将式(1-30)中各项除以 g，则得

$$z_1 + \frac{u_1^2}{2g} + \frac{p_1}{\rho g} + \frac{W_e}{g} = z_2 + \frac{u_2^2}{2g} + \frac{p_2}{\rho g} + \frac{\sum h_f}{g}$$

或

$$z_1 + \frac{u_1^2}{2g} + \frac{p_1}{\rho g} + H_e = z_2 + \frac{u_2^2}{2g} + \frac{p_2}{\rho g} + H_f \qquad (1-30b)$$

式中各项单位为：$\frac{J}{N} = \frac{N \cdot m}{N} = m$，既可理解为单位重量（重力）流体所具有的机械能量，又可理解为流体柱的某种高度。例如 $\frac{p_1}{\rho g}$ 就可理解为压强 p_1 使密度为 ρ 的流体升起的流体柱高度。因此，z、$\frac{u^2}{2g}$ 和 $\frac{p}{\rho g}$ 分别称为位头、速度头和压头（有的教材上也称为位头、动压头和静压头）；$H_e = \frac{W_e}{g}$ 可理解为流体输送设备所提供的压头（即输入压头），其所做的功可将流体升起的高度；$H_f = \frac{\sum h_f}{g}$ 称为压头损失。因而式(1-30b)也可理解为进入系统的各项压头之和等于离开系统（2—2′截面）的各项压头之和加上压头损失。

（三）柏努利方程的应用

扩展了的柏努利方程和连续性方程一起，是流体流动的基本方程，其应用范围很广，下面通过实例加以说明。

【例 1-13】 一敞口高位液槽（见图 1-17），其液面距输液管出口的垂直距离为 6m，液面维持恒定。输液管为 65mm$\left(2\frac{1}{2}\text{in}\right)$的镀锌焊接钢管（普通管），流动过程中的阻力损

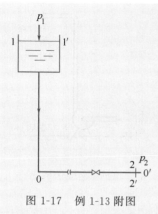

图 1-17 例 1-13 附图

失为 5.6m 液柱，液体的密度为 1100kg/m³。试求输液量（m³/h）。

解 ① 确定流动方向，选取衡算截面。

衡算截面应与流体流动方向垂直，这里液体是从高位槽液面流向输液管的，故取高位槽液面为 1—1′ 截面，管出口处为 2—2′ 截面（与管子相垂直）。1—1′ 和 2—2′ 截面间的系统为本题的衡算范围。

② 选取基准水平面。

取通过 2—2′ 截面管中心的水平面 0—0′ 为基准水平面。

③ 列出各截面上的已知和未知量，选取衡算方程的形式，进行计算。由于两侧截面上压强都是大气压强，故均取表压计算较方便。对于 1—1′ 截面：$z_1=6$m；$p_1=p_a$（大气压），p_1（表压）$=0$；1—1′ 截面积比 2—2′ 截面积大得多，故可取 $u_1 \approx 0$；管路系统中无流体输送机械输入外功，$W_e=0$。对于 2—2′ 截面：$z_2=0$；p_2（表压）$=0$；u_2 为所求流速；衡算范围内的总阻力损失已知为 5.6m 液柱，相当于已知式（1-30b）中的 $H_f=5.6$m 液柱，由于管路中的流体密度 $\rho=1100$kg/m³，则式（1-30a）中的 $\rho \sum h_f = 1100 \times 9.81 \times 5.6 = 60430Pa=60.43$kPa，而 $\sum h_f = \dfrac{60.43 \times 1000}{1100} = 54.9$J/kg。

若选用式(1-30)，可得

$$gz_1 = \frac{u_2^2}{2} + \sum h_f \tag{A}$$

若选用式(1-30b)，则得

$$z_1 = \frac{u_2^2}{2g} + H_f \tag{B}$$

式(A)或式(B)均表明在本例条件下流体的位能用于补偿管路中的阻力损失，剩余部分转换为动能。计算结果可得

$$u_2 = \sqrt{2g(z_1 - H_f)} = \sqrt{2 \times 9.81 \times (6-5.6)} = 2.80 \text{m/s}$$

由附录十七可得 $2\dfrac{1}{2}$in 管的外径为 75.5mm，壁厚为 3.75mm，故其内径为 $d = 75.5 - 2 \times 3.75 = 68$mm。

每小时输送液体的体积流量为

$$V_h = 3600Au_2 = 3600 \times 0.785 d^2 u_2 = 3600 \times 0.785 \times (68 \times 10^{-3})^2 \times 2.80 = 36.6 \text{m}^3/\text{h}$$

选用式(1-30a)的计算结果相同。

● **【例 1-14】** 一内径为 d 的水平等径管段，常温下水以流速 u 流过（见图 1-18），在 1 和 2 截面上开有小孔，连接普通 U 形管压差计，以水银为指示液，压差计上读数 R 为 30mm。试求：1、2 截面间水流动时的阻力损失为多少米水柱？

解 对于等径水平管段：$u_1=u_2$，$z_1=z_2$，$W_e=0$。取水的密度 $\rho=1000$kg/m³，水银的密度 $\rho_A=13600$kg/m³。

由式(1-30) 得

$$\sum h_{\mathrm{f}}=\frac{p_1-p_2}{\rho}$$

此式说明阻力损失是由压强能的降低来补偿的。在定常流动时，流经一定距离（即管长）的阻力损失为定值，所以 R 也为定值。由式(1-15) 可得

$$p_1-p_2=(\rho_{\mathrm{A}}-\rho)gR=(13600-1000)\times 9.81\times 0.030=3708\mathrm{Pa}$$

于是

$$\sum h_{\mathrm{f}}=\frac{p_1-p_2}{\rho}=\frac{(\rho_{\mathrm{A}}-\rho)gR}{\rho}=\frac{3708}{1000}=3.708\mathrm{J/kg}$$

相当于

$$H_{\mathrm{f}}=\frac{\sum h_{\mathrm{f}}}{g}=\frac{3.708}{9.81}=0.378\mathrm{mH_2O}$$

计算结果说明，在本例条件下，两测压点间的压差 p_1-p_2 相当于水从 1—1′ 截面流到 2—2′ 截面间克服的阻力，因此 $\rho\sum h_{\mathrm{f}}$ 又称为**阻力压降**，而测压计读数为 $R=\dfrac{\rho\sum h_{\mathrm{f}}}{(\rho_{\mathrm{A}}-\rho)g}$。

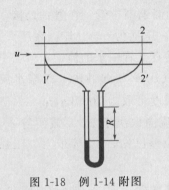

图 1-18　例 1-14 附图

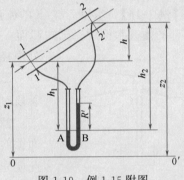

图 1-19　例 1-15 附图

● **【例 1-15】** 上题中若其他条件不变，仅使管子倾斜放置（见图 1-19）时，压差计上读数将有何变化？

解　由于管路情况不变，$u_1=u_2=u$，此时压差计中读数 R' 应仍为定常。测压连接管中均充满水，其密度为 ρ，指示液的密度为 ρ_{A}。

取等压面 A—B，即 $p_{\mathrm{A}}=p_{\mathrm{B}}$

而

$$p_{\mathrm{B}}=p_2+\rho g(h_2-R')+\rho_{\mathrm{A}}gR'$$

$$p_{\mathrm{A}}=p_1+\rho g h_1$$

因

$$h=h_2-h_1$$

则可得

$$p_1-p_2=\rho g h-\rho g R'+\rho_{\mathrm{A}}gR'=(\rho_{\mathrm{A}}-\rho)gR'+\rho g h \tag{A}$$

取 0—0′ 为基准面，$W_{\mathrm{e}}=0$，由式(1-30a) 得

$$\rho g z_1+p_1=\rho g z_2+p_2+\rho\sum h_{\mathrm{f}}$$

因 $z_2-z_1=h$，所以有

$$p_1 - p_2 = \rho g h + \rho \sum h_f \tag{B}$$

将式(A)=式(B)得

$$\rho \sum h_f = (\rho_A - \rho) g R'$$

由于水在同样管段内以同样速度流动，故管路的阻力损失应与上例相同，即 $\sum h_f$ 不变（将在第四节中讨论），故

$$R' = R = \frac{\rho \sum h_f}{(\rho_A - \rho)g}$$

即压差计上读数不变，它只反映管段间的阻力损失，而与管段放置的方向无关。但由式(B)可见，1、2两截面间的压强差比水平管时增加了一个 $\rho g h$ 的值，因此，如果 p_1 值不变，p_2 值将比水平时减小 $\rho g h$ 值。

例1-14和例1-15说明，等径管内定常流动时，U形压差计上测得的读数反映的是两截面间流动的阻力损失；只有当此管路水平放置时，R 值才同时反映两截面处压强的差值。

读者试将例1-14中管路垂直放置，流体流动方向改为上进下出，考察U形管压差计上读数及两截面的实际压强差会发生什么变化。

● **【例1-16】** 水以 $7\text{m}^3/\text{h}$ 的流量流过图1-20所示的渐缩渐扩管。在喉颈处接一支管插入下部的敞开水槽中。已知截面 1—1′ 处内径为 50mm，压强为 0.02MPa（表压），喉颈处内径为 15mm，试判断垂直支管中水的流向。

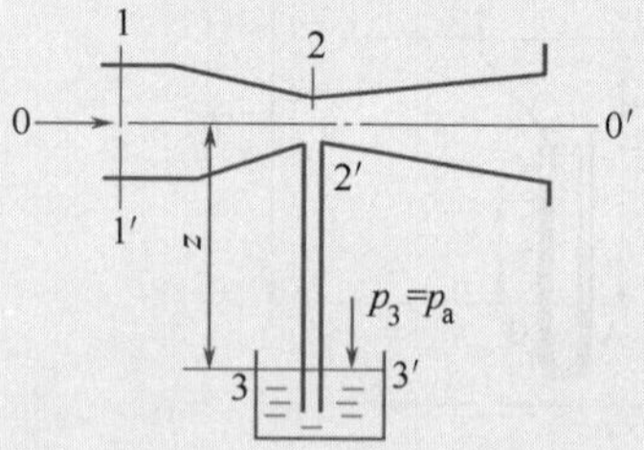

已知 $z = 3\text{m}$，当地大气压强为 100kPa，忽略水流过该管段时的阻力损失。水的密度可取为 1000kg/m^3。

解 垂直支管中水的流向取决于 2—2′ 截面与 3—3′ 截面上的压强差与位差。今位差已知，p_3 等于大气压强。因此应先求出喉颈处的压强 p_2 值。

图1-20 例1-16附图

取管中心处水平面为基准面 0—0′，列 1—1′ 面和 2—2′ 面间的柏努利方程，按式(1-30)有

$$\frac{p_1}{\rho} + \frac{u_1^2}{2} = \frac{p_2}{\rho} + \frac{u_2^2}{2} \tag{A}$$

式中 p_1(绝压) $= p_a + p_1$(表压) $= 100 + 20 = 120\text{kPa}$

$$u_1 = \frac{V_s}{0.785 d_1^2} = \frac{7/3600}{0.785 \times 0.05^2} = 0.991\text{m/s}$$

$$u_2 = u_1 \left(\frac{d_1}{d_2}\right)^2 = 0.991 \times \left(\frac{0.050}{0.015}\right)^2 = 11.0\text{m/s}$$

由式(A)解得

$$p_2(\text{绝压}) = p_1(\text{绝压}) - \frac{\rho}{2}(u_2^2 - u_1^2) = 120 \times 10^3 - \frac{1000}{2} \times (11.0^2 - 0.991^2) = 60\text{kPa}$$

故这时 p_2 低于大气压强。

如果支管内充满水且处于静止时，3—3′ 截面上支管内、外应为等压面，均等于大气压强 p_a，那么与该管喉颈连接处的静压强应为

$$p_2' = p_a - \rho g z = 100 \times 10^3 - 1000 \times 9.81 \times 3 = 70.6 \text{kPa}$$

由于 $p_2 < p_2'$，说明水应能被吸入。应当注意，这里是按静力学问题来判断水的流向的，一旦支管中水流动后，此处也应遵循柏努利方程，2-2'面上实际压强 p_2 也会变化。

● **【例 1-17】** 有一用水吸收混合气中氨的常压逆流吸收塔（见图 1-21），水由水池用离心泵送至塔顶经喷头喷出。泵入口管为 $\phi 108 \times 4$ 无缝钢管，管中流量为 $40 \text{m}^3/\text{h}$，出口管为 $\phi 89 \times 3.5$ 无缝钢管。池内水深为 2m，池底至塔顶喷头入口处的垂直距离为 20m。管路的总阻力损失为 40J/kg，喷头入口处的压强为 120kPa（表压）。设泵的效率为 65%。试求泵所需的功率（kW）。

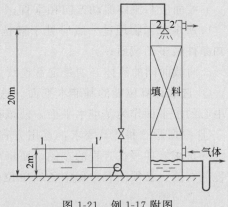

图 1-21 例 1-17 附图

解 取水池液面为 1—1' 截面，喷头入口处为 2—2' 截面，并取 1—1' 截面为基准水平面，在 1—1' 与 2—2' 截面间水呈定常连续流动，列出其柏努利方程，用式(1-30)：

$$gz_1 + \frac{p_1}{\rho} + \frac{u_1^2}{2} + W_e = gz_2 + \frac{p_2}{\rho} + \frac{u_2^2}{2} + \sum h_f$$

其中 $z_1 = 0$，$z_2 = 20 - 2 = 18\text{m}$，$u_1 \approx 0$

泵入口管内径 $d_1 = 108 - 2 \times 4 = 100\text{mm}$

泵出口管内径 $d_2 = 89 - 2 \times 3.5 = 82\text{mm}$

泵出口管内流速（即喷头入口处的流速）：

$$u_2 = \frac{V_s}{0.785 d_2^2} = \frac{40/3600}{0.785 \times 0.082^2} = 2.11 \text{m/s}$$

p_1（表）$= 0$，p_2（表）$= 120\text{kPa}$，$\sum h_f = 40\text{J/kg}$。

将上述已知量代入柏努利方程，压强均使用表压，得

$$W_e = g(z_2 - z_1) + \frac{p_2 - p_1}{\rho} + \frac{u_2^2 - u_1^2}{2} + \sum h_f$$

$$= 9.81 \times 18 + \frac{120 \times 10^3}{1000} + \frac{2.11^2}{2} + 40$$

$$= 176.6 + 120 + 2.2 + 40 = 338.8 \text{J/kg}$$

泵的效率是单位时间内流体从泵获得的机械能与泵的输入功率之比，则泵的功率为

$$N = \frac{W_e W_s}{\eta}$$

式中 $W_s = A_2 u_2 \rho = \frac{\pi}{4} d_2^2 u_2 \rho = 0.785 \times 0.082^2 \times 2.11 \times 1000 = 11.1 \text{kg/s}$

$\eta = 0.65$

所以

$$N = \frac{338.8 \times 11.1}{0.65 \times 1000} = 5.79 \text{kW}$$

通过上述实例，可对应用柏努利方程解题的步骤与要点小结如下。

① 根据题意，作出流动系统示意图，明确流体的流动方向，并注明必要的物理量。注意柏努利方程式(1-30)应用的条件是：定常、连续、流体充满通道，且流体近似不可压缩。

② 确定衡算系统（或衡算范围），正确选取上、下游截面。注意：

a. 截面应与流体流动方向相垂直；

b. 所求未知物理量一般应处于被选的一个截面上，为便于解题，另一被选截面应当是已知条件最多的截面；

c. 两截面间的流体必须是定常连续流动的，并充满整个衡算系统。

③ 选取计算位能的基准水平面。这种选择有任意性，为计算方便，常选取通过一个截面中心的水平面作为基准水平面，使该截面上的位能为零。

④ 根据题意和计算要求，选用方程式(1-30)、式(1-30a) 或式(1-30b)。习惯上将进入系统的机械能项写在方程的左侧，而将离开系统的（下游截面）的机械能项和阻力损失写在方程的右侧。必须注意方程中各项单位的一致性。各截面上的压强 p 可以用绝压或表压计算，但必须统一。

四、实际流体的基本流动现象

（一）流体的流动类型

（1）雷诺实验　在讨论牛顿黏性定律时，板间液体是分层流动的，互相之间没有宏观的扰动。实际上流体的流动形态并不都是分层流动的。1883年雷诺通过实验揭示了流体流动的两种截然不同的流动形态。

图 1-22 为雷诺实验装置示意图。贮水槽中液位保持恒定，水槽下部插入一根带喇叭口的水平玻璃管，管内水的流速可用下游阀门调节。染色液从高位槽通过沿玻璃管轴平行安装的针形细管在玻璃管中心流出，染色液的密度与水应基本相同，其流出量可通过小阀调节，使染色液流出速度与管内水的流速基本一致。

实验结果表明，在水温一定的条件下，当管内水的流速较小时，染色液在管内沿轴线方向成一条清晰的细直线，如图 1-23(a) 所示；当开大调节阀，水流速度逐渐增至某一定值时，可以观察到染色细线开始呈现波浪形，但仍保持较清晰的轮廓，如图 1-23(b) 所示；再继续开大阀门，可以观察到染色细流与水流混合，当水流速增至某一值以后，染色液体一进入玻璃管后即与水完全混合，如图 1-23(c) 所示。

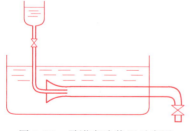

图 1-22　雷诺实验装置示意图

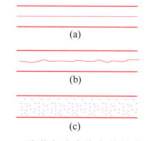

图 1-23　雷诺实验中染色线的变化情况

（2）两种流动类型

① **层流**（又称**滞流**）。流体质点沿管轴线方向做直线运动，与周围流体间无宏观的混合，所以实验中染色液体只沿管中心轴做直线运动，也可设想整个管内流体如同一层层的同心薄圆筒平行地分层流动着，这种分层流动状态称为层流。牛顿黏性定律就是在层流条件下得到的。层流时，流体各层间依靠分子的随机运动传递动量、热量和质量。自然界和工程上会遇到许多层流流动的情况，如管内的低速流动、高黏性液体的流动（如重油输送）、毛细管和多孔介质中的流体流动等。

② **湍流**（又称**紊流**）。在这类流动状态下，流体内部充满大小不一的、在不断运动变化着的旋涡，流体质点（微团）除沿轴线方向做主体流动外，还在各个方向上做剧烈的随机运动。在湍流条件下，既通过分子的随机运动，又通过流体质点的随机运动来传递动量、热量和质量，它们的传递速率要比层流时高得多，所以实验中的染色液与水迅速混合。化工单元操作中遇到的流动大都为湍流。

（3）雷诺数　当采用不同管径和不同种类液体进行实验时，可以发现影响流体流动类型的因素是管内径 d、流体的流速 u、流体的密度 ρ 和流体的黏度 μ 四个物理量，雷诺将这四个物理量组成一个数群，称作**雷诺数**，用 Re 表示

$$Re = \frac{du\rho}{\mu} \tag{1-31}$$

其量纲为

$$[Re] = \left[\frac{du\rho}{\mu}\right] = \frac{[L][L\theta^{-1}][ML^{-3}]}{[ML^{-1}\theta^{-1}]} = L^0 M^0 \theta^0$$

可见，Re 数是一个**无量纲数群**（或称**无因次数**）。当式中各物理量用同一单位制进行计算时，得到的是无单位的常数。

实验结果表明，对于圆管内的流动，当 $Re < 2000$ 时，流动总是层流；当 $Re > 4000$ 时，流动一般为湍流；当 $Re = 2000 \sim 4000$ 间时，流动为过渡流，即流动可能是层流，也可能是湍流，受外界条件的干扰而变化（如管道形体的变化、流向的变化、外来的轻微震动等都易促成湍流的发生）。所以，可用 Re 数的数值来判别流体的流动类型。显然，对于管内流动，$Re = 2000$ 是一个临界点。Re 数愈大，流体湍动程度愈剧烈，流体中的旋涡和流体质点的随机运动就愈剧烈。因此，Re 数的大小也是流体流动的湍动程度的一种判别准则。

● **【例 1-18】** 求 20℃时煤油在圆形直管内流动时的 Re 值，并判断其流动形态。已知管内径为 50mm，煤油在管内的流量为 $6m^3/h$，20℃下煤油的密度为 $810kg/m^3$，黏度为 $3mPa·s$。

解　已知 $d = 0.050m$，$\rho = 810kg/m^3$，$\mu = 3 \times 10^{-3} Pa·s$

煤油在管内的流速为

$$u = \frac{V_s}{0.785d^2} = \frac{6/3600}{0.785 \times 0.050^2} = 0.849 m/s$$

按式(1-31)得

$$Re = \frac{du\rho}{\mu} = \frac{0.050 \times 0.849 \times 810}{3 \times 10^{-3}} = 1.146 \times 10^4 > 4000$$

所以流动为湍流。

Re 数在许多单元操作的计算与分析中都要用到，必须熟练掌握其在不同条件下的计算方法与影响因素。例如，可分析下列这类问题：在一定直径的圆管中有气体流动，若其质量流量不变，但温度增加，管内的 Re 数是否变化；若在该圆管内分别以相同的体积流量流过同温常压下的水和空气，其 Re 数是否相同等。

（二）圆管内的速度分布

流体在圆管内作定常流动时，管截面上各点的速度随该点与管中心距离而变化，这种变化关系称作速度分布。不论管内是层流还是湍流，在静止管壁处流体质点的流速总为零，到管中心处达到最大。

（1）层流时管内的速度分布　层流时流体服从牛顿黏性定律，根据此定律可导出层流时圆管内的速度分布表达式[详见式(1-40)、式(1-41) 的推导]：

$$u_r = u_{\max}\left(1 - \frac{r^2}{R^2}\right) \tag{1-32}$$

式中　r——管截面上某处的半径，m；
　　　u_r——r 处的流速，m/s；
　　　$u_{\max}$——管中心处的最大流速，m/s；
　　　R——管子的内半径，m。

式(1-32) 表明，圆形直管内层流的速度分布曲线呈抛物线形，截面上各点速度是轴对称的，如图 1-24 所示，速度分布的图形表示称为速度侧形。在壁面处，$r=R$，$u_r=0$；在管中心处，$r=0$，$u_r=u_{\max}$。由此可推得截面上的平均速度 u_m [参见式(1-43) 的推导]的表达式为

$$u_m = \frac{1}{2}u_{\max} \tag{1-33}$$

（2）湍流时管内的速度分布　由于湍流流动时流体质点的运动情况要复杂得多，其速度侧形一般通过实验测定。如图 1-25 所示，靠近管壁处速度梯度较大，管中心附近（湍流核心）速度分布较均匀，这是由于湍流主体中质点的强烈碰撞、混合和分离，大大加强了湍流核心部分的动量传递，于是各点的速度彼此拉平。管内流体的 Re 值愈大，湍动程度愈高，曲线顶部愈平坦。在通常流体输送情况下，湍流时管内流体的平均速度为

$$u_m \approx 0.82 u_{\max} \tag{1-34}$$

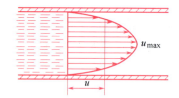
图 1-24　层流时圆管内的速度侧形

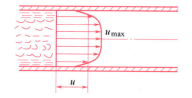
图 1-25　湍流时圆管内的速度侧形

由湍流时速度分布可知，靠近管壁处的流体薄层速度很低，仍保持层流流动，这个薄层称为层流内层（或称黏性内层），其厚度随 Re 值的增加而减小，从层流内层到湍流核心间还存在一个过渡层。层流内层的厚度对传热和传质过程都有很大的影响。

（三）流动边界层的基本概念

在实际流体以定常均匀流速 u_∞ 平行流过平板时，由于壁面的存在和流体黏性的影响，

紧贴板面的流体速度为零。在层间剪应力的影响下，产生了垂直于流体流动方向上的速度梯度，于是可将平板上方的流动分成以下两个区域。

① 板面附近流速变化较大（存在速度梯度）的区域，称为**流动边界层**（或简称**边界层**），流体阻力集中在此区域内。

② 边界层以外流速基本不变（等于 u_∞）的区域称为主流区，此区内速度梯度为零。

一般以主流流速的 99% 处作为两个区域的分界线，图 1-26 所示的虚线与平板间的区域即为边界层区域。因此，边界层的内侧速度为零，而外侧速度为 $0.99u_\infty$。

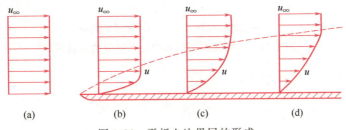

图 1-26　平板上边界层的形成

实验证明，从平板前缘开始的一段长度内，边界层内总是处于层流状态，称为**层流边界层**；随着与平板前缘的距离增加，层流边界层逐渐加厚，当距离达到某一临界值 x_0 时，边界层厚突然增加，壁面的阻力也突然增加，边界层的流动由层流转变为湍流，如图 1-27 所示。在湍流边界层中，离壁较远的区域为湍流，但靠近板面的一薄层流体的流速仍很小并保持层流，也就是**层流内层**。

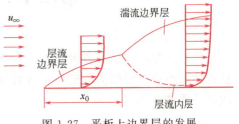

图 1-27　平板上边界层的发展

当实际流体以定常均匀流速平行流入圆管时，在其入口处也开始在壁面附近形成边界层，随入口距离的增大，边界层也逐渐增厚，所占从管壁开始的边界层环状区域也逐渐扩大，最后边界层在管中部汇合而占据了全部管截面。若汇合处的边界层为层流边界层，则以后发展的管流为定常层流；若汇合处流动已发展为湍流边界层，则此后的管流为定常湍流。从管入口至边界层汇合处的距离称为稳定段长度（或称进口段长度），此后的管内速度分布才发展成定常流动时的速度分布并不再随距离而变，如图 1-28 所示。

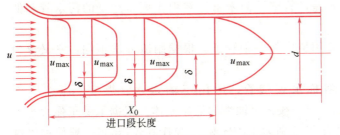

图 1-28　圆管入口段中边界层的发展（定常层流）

当定常均匀流动的流体流过流道逐渐扩大的壁面或流道形状和尺寸突然改变时，原来紧贴壁面前进（壁面处速度为零）的边界层会离开壁面，形成一个以零速度为标志的间断面，间断面的一侧为主流区，另一侧则会生成许多额外的旋涡并引起很大的机械能损失，这种现象称为边界层分离。

不同情况下的边界层分离并生成旋涡区的示意情况如图 1-29 所示。

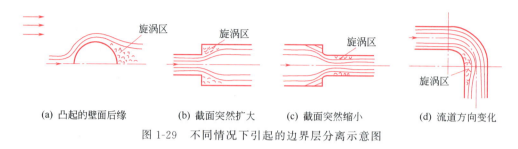

(a) 凸起的壁面后缘　　(b) 截面突然扩大　　(c) 截面突然缩小　　(d) 流道方向变化

图 1-29　不同情况下引起的边界层分离示意图

▲　学习本节后可做习题 1-9～1-14。

第四节　管内流动阻力

化工管路是由直管和各种部件（管件、阀门等）组合构成的。流体通过管内的流动阻力包括流体流经直管的阻力与流经各种管件、阀门的阻力两部分。因此，有必要了解化工管路构成的一些基本知识。

一、化工管路的构成

（一）化工用管

由于化工生产中的物料和所处的工艺条件各不相同，用于连接设备和输送物料的管子除满足强度和通过能力的要求外，还必须适应耐温（高温或低温）、耐压（高压或真空）、耐腐蚀（酸、碱等）、导热等性能的要求。这里简要介绍常见的化工用管的种类、用途及其连接方法。

1. 种类及用途

（1）铸铁管　价格低廉，但强度较差，管壁厚而笨重。常用作埋于地下的污水管和低压给水管等。

（2）普通（碳）钢管　是化工厂应用最广的一种管子。根据制造方法不同，它又分为焊接钢管和无缝钢管两大类。

① 低压流体输送用焊接钢管：俗称水煤气管，适用于输送水、煤气、压缩空气（<1MPa）、油和取暖蒸汽（<0.4MPa）等一般无腐蚀性的低压流体。根据承受压强大小不同，分为普通管和加厚管，其极限工作压强分别为 1MPa 和 1.6MPa（表压），一般使用温度为 0～140℃（随使用温度增高，极限工作压强将随之下降）。根据它是否镀锌，又分为镀锌管和黑管（不镀锌管）两种。其规格用公称口径 D_g 或 D_N(mm) 表示，它是内径的近似值，习惯上也用 in(英寸) 表示（附录十七中的 1.）。

② 无缝钢管：分为热轧和冷拔管两种，多用作较高压强和较高温度的无腐蚀性流体输送之用，其规格用外径×壁厚表示，单位为 mm（参见附录十七中的 2.）。

③ 合金钢管：主要用于高温或腐蚀性强烈的流体。合金钢管种类很多，以镍铬不锈钢管应用最为广泛。不同合金钢材对被输送流体的耐蚀性能是不同的，应慎重选择。

④ 紫铜管和黄铜管：重量较轻，导热性好，低温下冲击韧性高。宜作热交换器用管及低温输送管（但不能作为氨的输送管），适用温度≤250℃，黄铜管可用于海水处理，紫铜管也常用于压力传递（如液压部件用管）。

⑤ 铅管：性软，易于锻制和焊接，但机械强度差，不能承受管子自重，必须铺设在支承托架上，能抗硫酸、60%的氢氟酸、浓度小于80%的醋酸等，最高使用温度为200℃，多用于硫酸工业及其他工业部门作耐酸管道，但硝酸、次氯酸盐和高锰酸盐类等介质不宜使用。

⑥ 铝管：能耐酸腐蚀但不耐碱及盐水、盐酸等含氯离子的化合物，多用于输送浓硝酸、醋酸等，最高使用温度为200℃（在受压时应≤140℃），也可用于深冷设备。

这些有色金属管的规格一般也用外径和壁厚来表示。

⑦ 陶瓷管及玻璃管：耐腐蚀性好，但性脆，强度低，不耐压。陶瓷管多用于排除腐蚀性污水，而玻璃管由于透明，有时也用于某些特殊介质的输送。

⑧ 塑料管：种类很多，且应用日益广泛，常用的有聚氯乙烯（PVC）管、聚乙烯（PE）管、聚丙烯（PP）管、玻璃钢管等，质轻，抗腐蚀性好，易加工（可任意弯曲和拉伸），但一般耐热及耐寒性较差，强度较低，故不耐压。一般用于常压、常温下酸、碱液的输送，也用于蒸馏水或去离子水的输送以避免污染。近来，铝芯夹塑管由于性能较好、施工也较方便，已大量用作建筑上水管，取代了镀锌管。

⑨ 橡胶管：能耐酸、碱，抗腐蚀性好，且有弹性，能任意弯曲，但易老化，只能用作临时性管道。

2. 管路的连接

一般生产厂出厂的管子都有一定的长度，在管路的敷设中必然会涉及管路的连接问题，常见的管路连接方法有如下几种。

（1）螺纹连接 一般适用于管径≤50mm、工作压强低于1MPa、介质温度≤100℃的黑管、镀锌焊接钢管或硬聚氯乙烯塑料管的管路连接。

（2）焊接连接 适用于有压管道及真空管道，视管径和壁厚的不同选用电焊或气焊。这种连接方式简单、牢固且严密，多用于无缝钢管、有色金属管的连接。此外，塑料管也经常使用热熔胶。

（3）承插连接 适用于埋地或沿墙敷设的低压给、排水管，如铸铁管、陶瓷管、石棉水泥管等，采用石棉水泥、沥青玛蹄脂，水泥砂浆等作为封口。

（4）法兰连接 广泛应用于大管径、耐温耐压与密封性要求高的管路连接以及管路与设备的连接。法兰的型式和规格已经标准化，可根据管子的公称口径、公称压力、材料和密封要求选用。

（二）常用管件

管件主要用来连接管子以达到延长管路、改变流向、分支或合流等目的。部分最基本的管件如图1-30所示。

① 用以改变流向者有：90°弯头、45°弯头、180°回弯头等。
② 用以堵截管路者有：管帽、丝堵（堵头）、盲板等。
③ 用以连接支管者有：三通、四通，有时三通也用来改变流向，多余的一个通道接头用管帽或盲板封上，在需要时打开再连接一条分支管。
④ 用以改变管径者有：异径管（大小头）、内外螺纹接头（补芯）等。
⑤ 用以延长管路者有：管箍（束节）、螺纹短节、活接头、法兰等。在闭合管路上必须设置活接头或法兰，在需要维修或更换的阀门附近也宜适当设置，因为它们可以就地拆开，就地连接。法兰多用于焊接连接管路，而活接头多用于螺纹连接管路。

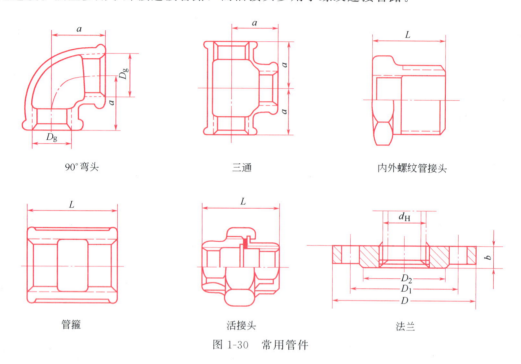

图 1-30　常用管件

（三）常用阀门

阀门是用来启闭或调节管路中流体流量的部件，种类繁多，在化工厂中被大量使用。必须根据流体特性和生产要求慎重选择阀门的材料和型式，选用不当，阀门会发生操作失灵或过早损坏，常会导致严重后果。此外，阀门常对流过的流体造成较大的阻力，增加了动力消耗和生产成本，因此，在可能条件下宜选用阻力较小、启闭方便的节能型阀门。常用的阀门有下列几种（如图 1-31）。

（1）闸阀　主要部分为一闸板，通过闸板的升降以启闭管路。这种阀门全开时流体阻力小，全闭时较严密，多用于大直径管路上作启闭阀，在小直径管路中也有用作调节阀的。但不宜用于含有固体颗粒或物料易于沉积的流体，以免引起密封面的磨损和影响闸板的闭合。

（2）截止阀　主要部分为阀瓣与阀座，流体自下而上通过阀座，其构造比较复杂，流体阻力较大，但密闭性与调节性能较好，也不宜用于黏度大且含有易沉淀颗粒的介质。

如果将阀座孔径缩小配以长锥形或针状阀瓣插入阀座，则在阀瓣上下运动时，阀座与阀瓣间的流体通道变化比较缓慢而均匀，即构成调节阀或节流阀，后者可用于高压气体管路的流量和压强的调节。

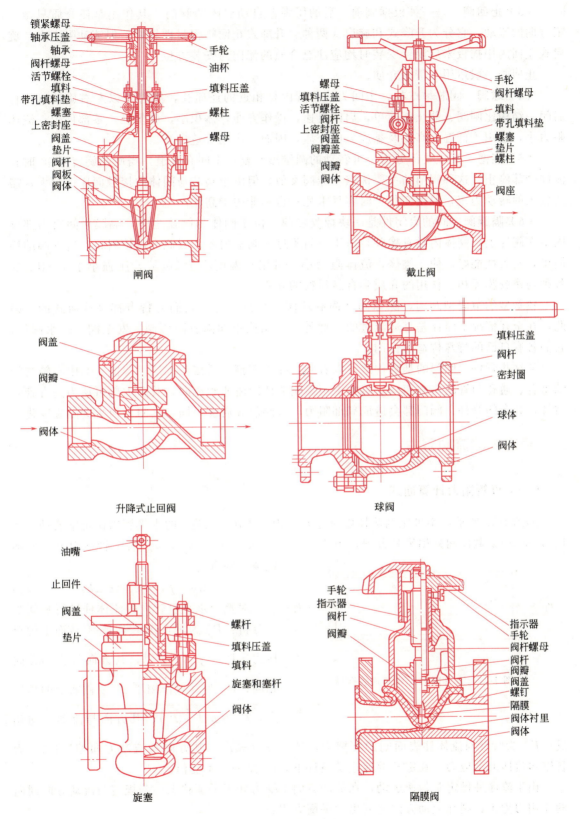

图 1-31 常用阀门

（3）**止回阀** 是一种根据阀前、后的压强差自动启闭的阀门，其作用是使介质只做一定方向的流动，它分为升降式和旋启式两种。升降式止回阀密封性较好，但流动阻力大；旋启式止回阀用摇板来启闭。安装时均应注意介质的流向与安装方位。

止回阀一般适用于清洁介质。

（4）**球阀** 阀芯呈球状，中间为一与管内径相近的连通孔，阀芯可以左右旋转以执行启闭，结构比闸阀、截止阀简单，启闭迅速，操作方便，体积小，质量轻，零部件少，流体阻力小，适用于低温、高压及黏度大的介质，因而，应用日益广泛。

（5）**旋塞** 其主要部分为一可转动的圆锥形旋塞，中间有孔道，当旋塞旋转至 90°时管流即全部停止。这种阀门的主要优点与球阀类似，但由于阀芯与阀体的接触面比球阀大，需要较大的转动力矩；温度变化大时容易卡死；也不能用于高压。

（6）**隔膜阀** 阀的启闭件是一块橡胶隔膜，位于阀体与阀盖之间，隔膜中间突出部分固定在阀杆上，阀体内衬有橡胶，由于介质不进入阀盖内腔，因此无需填料箱。这种阀结构简单，密封性能好，便于维修，流体阻力小，可用于温度小于 200℃、压强小于 10MPa 的各种与橡胶膜无相互作用的介质和含悬浮物的介质。

较新型的节能型阀门，除球阀外尚有蝶阀、套筒阀等，它们的特点都是旋启式的，因此，在全开情况下流体是直通流过的。此外，按用途不同尚有减压阀、安全阀、疏水阀等，它们各有自己的特殊构造与作用。

从这些管件、阀门的基本构造可以看到，除了管箍、活接头和法兰等由于其中心轴与管轴重合、通孔与管路基本相同、基本上不影响流体的流速和流向，其阻力仍可认为是直管阻力外，其余的管件、阀门都会造成局部阻力，且阀门开启度不同，其阻力值也会随之变化。

二、直管内的流动阻力

（一）直管阻力计算通式

如图 1-32 所示，不可压缩流体以流速 u 在内径为 d、长为 l 的水平管内做定常流动。在 1—1′和 2—2′截面间列柏努利方程，由于 $z_1=z_2$，$u_1=u_2=u_m$，u_m 表示管截面上的平均流速，则有

$$\Delta p = p_1 - p_2 = \rho \sum h_f \quad (1\text{-}35)$$

对整个水平直管内的流体柱进行瞬间受力分析：P_1 为垂直作用于 1—1′截面上的总压力，$P_1 = p_1\left(\dfrac{\pi}{4}d^2\right)$，其方向与流动方向相同；$P_2$ 为垂直作用于 2—2′截面上的总压力，$P_2 = p_2\left(\dfrac{\pi}{4}d^2\right)$，其方向与流动方向相反；$F_w$ 为管壁与流体柱表面间的摩擦力，$F_w = \tau_w(\pi d l)$，其方向与流动方向相反；τ_w 为管壁对流体的剪应力，在定常等速运动条件下，τ_w 是一个不变值。

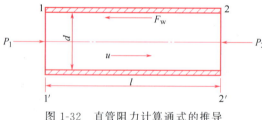

图 1-32 直管阻力计算通式的推导

由于流体柱做定常匀速运动，在流动方向上受力处于平衡状态。若规定与流动方向同向的作用力为正，则在流动方向上列出力平衡方程：

$$P_1 - P_2 - F_w = 0$$

经整理后得

$$p_1 - p_2 = \frac{4l}{d}\tau_w \tag{1-36}$$

且有

$$\frac{p_1-p_2}{l}=\frac{\rho\sum h_f}{l}=\frac{4\tau_w}{d} \tag{1-36a}$$

由式(1-35)、式(1-36) 可得

$$\sum h_f = \frac{4l}{\rho d}\tau_w \tag{1-37}$$

实验证明，同种流体在管长和管径相同的条件下，流体与管壁间的摩擦阻力随管内流体的速度头 $\frac{1}{2}u_m^2$ 的增大而增加，故可将式(1-37) 改写为

$$\sum h_f = \frac{8\tau_w}{\rho u_m^2} \times \frac{l}{d} \times \frac{u_m^2}{2} \tag{1-37a}$$

令

$$\lambda = \frac{8\tau_w}{\rho u_m^2} \tag{1-38}$$

则得

$$\sum h_f = \lambda \frac{l}{d} \times \frac{u_m^2}{2} \tag{1-39}$$

式(1-39) 为圆形直管内阻力损失的计算通式，对层流和湍流均适用。

根据柏努利方程的其他表示形式，也可列出

阻力压降：

$$\rho \sum h_f = \lambda \frac{l}{d} \times \frac{\rho u_m^2}{2} \tag{1-39a}$$

压头损失：

$$H_f = \lambda \frac{l}{d} \times \frac{u_m^2}{2g} \tag{1-39b}$$

由式(1-37) 和式(1-39) 可知，要算出直管阻力损失，关键是能求得 τ_w 或 λ 之值。λ 是一个无量纲系数，称为**摩擦系数**（或摩擦因数），其大小与流动类型（Re 数）、管壁状况有关。显然，只要 λ 能求出，即可按式(1-39) 计算管内的阻力损失，将在下两节详细讨论。

（二）层流时的摩擦系数

***(1) 层流时速度分布式的推导**　当流体在圆形直管内做定常等速层流流动，即 $Re \leqslant 2000$ 时，流体各同心圆薄层间都存在内摩擦力。如图 1-33 所示，在半径为 R、长为 l 的水平流体段中，画出半径为 r 的水平圆柱体，作用在此圆柱体两端的压强分别为 p_1 和 p_2，圆柱外表面处的速度为 u_r，距管中心为 $r+dr$ 的相邻薄层处的速度为 u_r+du_r，则圆柱外表面处沿半径方向

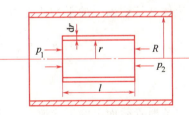

图 1-33　层流时管内速度分布式的推导

的速度梯度为 $\frac{du_r}{dr}$。因此，在流动方向上，相邻流体层发生相对运动而产生的内摩擦力 F 作用在圆柱表面上，由牛顿黏性定律可得

$$F = \mu A \frac{du_r}{dr} = \mu (2\pi r l) \frac{du_r}{dr}$$

注意到 $\dfrac{du_r}{dr}$ 是负值，故 F 是负值，即方向与流动方向相反。沿流动方向作用在圆柱体上的另一外力是由于压强差 p_1-p_2 产生的，由于 $p_1>p_2$，故其方向与流向相同。圆柱做等速运动，故这两个力应保持平衡，即合力为零：

$$(p_1-p_2)\pi r^2+\mu(2\pi rl)\dfrac{du_r}{dr}=0$$

分离变量进行积分：

$$\int_0^{u_r}du_r=\int_R^r\left(-\dfrac{p_1-p_2}{2\mu l}r\right)dr=-\dfrac{p_1-p_2}{2\mu l}\int_R^r r\,dr$$

可得

$$u_r=\dfrac{p_1-p_2}{4\mu l}(R^2-r^2) \tag{1-40}$$

式(1-40)为圆形等径直管内层流流动的速度分布式。

（2）层流时管中心的最大速度 u_{max} 由式(1-40)，当 $r=0$ 时，可得管中心处速度为

$$u_{r=0}=u_{max}=\dfrac{p_1-p_2}{4\mu l}R^2 \tag{1-41}$$

故有

$$u_r=u_{max}\left(1-\dfrac{r^2}{R^2}\right) \tag{1-42}$$

（3）层流时管内的平均速度 u_m 如图 1-33 所示，取 dr 环状截面，其截面积为 $dA=(2\pi r)dr$，则通过 dA 的体积流量为

$$dV_s=u_r dA=u_r(2\pi r)dr=\dfrac{p_1-p_2}{4\mu l}(R^2-r^2)(2\pi r)dr$$

分离变量进行积分：

$$\int_0^{V_s}dV_s=\int_0^R\dfrac{p_1-p_2}{4\mu l}(R^2-r^2)(2\pi r)dr$$

积分上式可得

$$V_s=\dfrac{\pi(p_1-p_2)}{2\mu l}\int_0^R(R^2-r^2)r\,dr=\dfrac{\pi(p_1-p_2)}{8\mu l}R^4$$

则流体在管截面上的平均速度为

$$u_m=\dfrac{V_s}{A}=\dfrac{\pi(p_1-p_2)}{8\mu l}R^4/(\pi R^2)=\dfrac{p_1-p_2}{8\mu l}R^2 \tag{1-43}$$

所以

$$u_m=\dfrac{1}{2}u_{max} \tag{1-33}$$

即层流时管截面上的平均速度是管中心速度的一半。

（4）层流时的摩擦系数 将 $R=d/2$ 代入式(1-43)，并用 u 表示平均速度，用 Δp_f 表示 p_1-p_2，结合式(1-35)，可得

$$\Delta p_f=\rho\sum h_f=\dfrac{32\mu lu}{d^2} \tag{1-44}$$

式(1-44)称为哈根-泊谡叶方程，是长度为 l 的圆形直管内层流流动阻力的实用计算式，Δp_f 是直管摩擦的阻力压降。式(1-44)也可改写为

$$\sum h_f = \frac{32\mu l u}{d^2 \rho} = \frac{64\mu}{du\rho} \times \frac{l}{d} \times \frac{u^2}{2} = \frac{64}{Re} \times \frac{l}{d} \times \frac{u^2}{2} \tag{1-44a}$$

将式(1-44a)与式(1-39)比较，可得层流时的摩擦系数计算式为

$$\lambda = \frac{64}{Re} \tag{1-45}$$

由式(1-44)可知，在层流时阻力压降或阻力损失与 u 的一次方成正比；至于其他因素的影响，读者可自行分析，例如，若流体的物性与体积流量不变，管径变小则单位长度的阻力压降将如何变化？

● **【例 1-19】** 20℃下，甘油以体积流量 0.5L/s 在 D_g 25mm（1in）的普通镀锌焊接管内流动，试计算每米管长的摩擦阻力损失。

解 由附录十七查得该管外径为 33.5mm，壁厚为 3.25mm，即管内径为

$$d = 33.5 - 2 \times 3.25 = 27.0 \text{mm} = 0.027 \text{m}$$

则管内流速为

$$u = \frac{V_s}{A} = \frac{0.5 \times 10^{-3}}{0.785 \times 0.027^2} = 0.874 \text{m/s}$$

由附录二查得 20℃下甘油的密度为 1261kg/m³，黏度为 1499mPa·s，即 1499×10^{-3}Pa·s，则管内甘油流动时的雷诺数为

$$Re = \frac{du\rho}{\mu} = \frac{0.027 \times 0.874 \times 1261}{1499 \times 10^{-3}} = 19.85 < 2000$$

故流动为层流，可由式(1-45)计算摩擦系数为

$$\lambda = \frac{64}{Re} = \frac{64}{19.85} = 3.224$$

每米管长的阻力损失为

$$\sum h_f = \lambda \frac{l}{d} \times \frac{u^2}{2} = 3.224 \times \frac{1}{0.027} \times \frac{0.874^2}{2} = 45.6 \text{J/kg}$$

由此而引起的阻力压降为

$$\Delta p_f = \rho \sum h_f = 1261 \times 45.6 = 57.5 \times 10^3 \text{Pa} = 57.5 \text{kPa}$$

（三）湍流时的摩擦系数

（1）湍流时的剪应力 流体湍流流动时，既有黏性剪应力的作用，又由于流体中旋涡的运动变化以及流体质点的无规运动，其实际剪应力与阻力损失比层流时要大得多，如仿照牛顿黏性定律的形式，将流动方向上的剪应力与速度梯度联系起来，则可得

$$\tau = (\mu + e)\frac{du}{dy} \tag{1-46}$$

式中 τ——湍流时作用于沿流动方向流体层的剪应力，N/m²；
μ——流体的黏度，Pa·s；
e——湍流黏度（涡流黏度），单位与 μ 相同。

湍流黏度 e 的数值不仅与流体的物性参数有关，也与截面上的位置和流动状况有关，到目前为止还不能直接从理论分析得出湍流流动的剪应力与阻力的实用计算式。因此，要运用

通式(1-39)，还需要通过其他的途径求取摩擦系数 λ。

*（2）量纲（因次）分析法 对于上述较复杂的实际问题，可采用下列步骤，通过实验研究建立经验关系式。

① 首先找出影响过程的各种主要因素，即各种有关的过程变量。

② 利用量纲分析，将变量组合成若干个无量纲数群。

③ 通过实验找出数群间的相互关系式。

这种方法就是量纲分析法。

量纲分析法的主要依据是量纲一致性原则（参见绪论），今以求取湍流摩擦系数为例说明量纲分析法的要点。

根据对湍流时直管内流体阻力现象的分析，可以认为影响阻力大小的主要因素为：管内径 d、管长 l、平均流速 u、流体密度 ρ、流体黏度 μ 以及管壁的绝对粗糙度 ε（即壁面凸出部分的平均高度），则湍流流动时由于摩擦引起的阻力压降 Δp_f 可表示为这些物理变量的函数

$$\Delta p_f = f(d, l, u, \rho, \mu, \varepsilon) \tag{1-47}$$

当采用幂函数形式表达上述函数关系时，式(1-47) 可写为

$$\Delta p_f = K d^a l^b u^c \rho^e \mu^f \varepsilon^g \tag{1-47a}$$

式(1-47a) 中的常数 K 和指数 a、b、c、e、f、g 均为待定值。

要了解这些物理量对阻力的影响，如果每次改变一个物理量，固定其他变量来进行实验，不仅工作量太大，而且也难以揭示这些物理变量彼此间的关系和联合影响。如能设法将这许多物理量之间的关系表示为较少几个无量纲数群（例如前述的 Re 数）间的关系，把一个数群当作一个变量，然后再进行实验，确定有关的经验常数和指数，就可较好地解决上述问题。

式(1-47a) 中各物理量的量纲均可用三个基本量纲即质量（M）、长度（L）、时间（T）表示，其中

$$[p] \text{ 或 } [\Delta p_f] = ML^{-1}T^{-2}$$
$$[d] \text{ 或 } [l] = L$$
$$[u] = LT^{-1}$$
$$[\rho] = ML^{-3}$$
$$[\mu] = ML^{-1}T^{-1}$$
$$[\varepsilon] = L$$

把各物理量的量纲代入式(1-47a) 得

$$ML^{-1}T^{-2} = K[L]^a [L]^b [LT^{-1}]^c [ML^{-3}]^e [ML^{-1}T^{-1}]^f [L]^g$$

按照量纲一致性原则，等式两边各基本量纲的指数应相等，可得：

对量纲 M $e + f = 1$

对量纲 L $a + b + c - 3e - f + g = -1$

对量纲 T $-c - f = -2$

上列三个方程中共有六个未知量，可采用其中三个量来表示另三个量，例如用 b、f、g 来表示 a、c、e，即有

$$c = 2 - f$$
$$e = 1 - f$$

$$a=-b-f-g$$

将这些关系式代入（1-47a）得

$$\Delta p_f = K d^{-b-f-g} l^b u^{2-f} \rho^{1-f} \mu^f \varepsilon^g$$

将指数相同的各物理量归并在一起，于是得

$$\frac{\Delta p_f}{\rho u^2} = K \left(\frac{l}{d}\right)^b \left(\frac{du\rho}{\mu}\right)^{-f} \left(\frac{\varepsilon}{d}\right)^g \tag{1-48}$$

式(1-47a)中涉及的变量有 7 个，它们的基本量纲数为 3，经量纲分析处理后得到了式(1-48)，其中包括了 4 个无量纲数群。这一事实反映了一个普遍性的定理：对一特定的物理过程，由量纲分析得到的无量纲数群的数目，必等于该物理过程所涉及的物理量数目与各物理量涉及的基本量纲数之差。这就是量纲分析中的 **π 定理**。由此可见，运用量纲分析法的关键在于正确地确定与过程真正有关的物理量。若引入了与物理过程无关或关系很小的物理量，将会增加无量纲数群的数目，增加实验工作量，并造成分析上的复杂性，反之，若遗漏了某些涉及过程的重要物理量，将会导致失败。

（3）湍流时的摩擦系数 由量纲分析法得到的函数关系式中有四个无量纲数群：

$\dfrac{\Delta p_f}{\rho u^2}$——欧拉数，以 Eu 表示，它表示摩擦阻力压降 Δp_f 与惯性力 ρu^2 之比；

$\dfrac{l}{d}$——管长与管径之比；

$\dfrac{du\rho}{\mu}$——雷诺数 Re，它反映惯性力与黏性力之比；

$\dfrac{\varepsilon}{d}$——管子的绝对粗糙度与管径之比，称为相对粗糙度。

只要通过实验，求出 K、b、f、g 即可得出求解 Δp_f 的关系式。

对照式(1-39a)，$\rho \sum h_f = \Delta p_f = \lambda \dfrac{l}{d} \times \dfrac{\rho u_m^2}{2}$，可以判断

$$\lambda = \phi(Re, \varepsilon/d)$$

于是可通过实验得出湍流时摩擦系数 λ 与反映流体流动状态的 Re 数和管壁的相对粗糙度 ε/d 之间的关系。

（4）摩擦系数图 在双对数坐标纸上，按实验结果将 λ、Re 和 ε/d 之间的相互关系进行标绘得到图 1-34（通称 Moody 图）。

根据 Re 数的不同，可在图 1-34 中分出以下四个不同的区域。

① 层流区 当 $Re<2000$ 时，$\lambda = \dfrac{64}{Re}$，λ 与 Re 为一直线关系，与相对粗糙度无关。阻力损失与 u 的一次方成正比。

② 过渡区 当 $Re=2000\sim4000$ 时，管内流动类型随外界条件影响而变化，λ 也随之波动。工程上一般均按湍流处理，λ 可从相应的湍流时的曲线延伸查取。

③ 湍流区 当 $Re>4000$ 且在图 1-34 中虚线以下区域时，对于一定的 ε/d，λ 随 Re 数的增大而减小；在一定 Re 下，λ 随 ε/d 增大而增大。

④ 完全湍流区 即图 1-34 中虚线以上的区域，λ-Re 曲线几乎成水平线，说明 λ 与 Re 数无关，只取决于 ε/d；当管子的 ε/d 一定时，λ 为定值。在这个区域内，阻力损失与 u^2

成正比，故又称为阻力平方区。由图可见，ε/d 愈大，达到阻力平方区的 Re 值愈低。

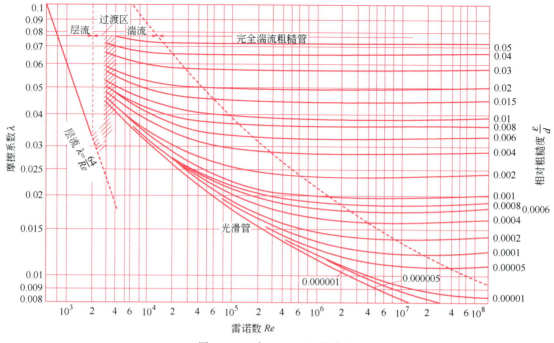

图 1-34 λ 与 Re、ε/d 的关系

（四）管壁粗糙度对摩擦系数 λ 的影响

各种化工用管的管壁粗糙度并不相同，从几何意义上可分为以下两类。
① 几何光滑管：如玻璃管、铜管、铝管、塑料管等。
② 粗糙管：如钢管、铸铁管、水泥管等。

实际上，即使是同一材质制成的管子，随着使用时间长短、腐蚀、结垢等情况的不同，管壁的粗糙度也会有变化，表 1-2 列出了某些工业管道的绝对粗糙度的参考数值。

表 1-2 某些工业管道的绝对粗糙度

分 类	管 道 类 别	绝对粗糙度 ε/mm
金属管	无缝黄铜管、铜管及铝管	0.01～0.05
	新的无缝钢管或镀锌铁管	0.1～0.2
	新的铸铁管	0.3
	具有轻度腐蚀的无缝钢管	0.2～0.3
	具有显著腐蚀的无缝钢管	0.5 以上
	旧的铸铁管	0.85 以上
非金属管	干净玻璃管	0.0015～0.01
	橡胶软管	0.01～0.03
	木管道	0.25～1.25
	陶土排水管	0.45～6.0
	整平的水泥管	0.33
	石棉水泥管	0.03～0.8

在层流时，因为管壁上凹凸不平的地方都被层流流体所掩盖，λ 与管壁粗糙度无关，只

与 Re 数有关。

湍流时，管壁上的凸出部分将对 λ 及阻力损失产生影响，它又可分为两种情况：当 Re 数较小，层流内层厚度 δ_L 较厚时，如图 1-35(a) 所示，管壁的凸起高度将埋在层流内层中，它对流动阻力的影响如 Moody 图上湍流区的光滑管曲线所示，与相对粗糙度无关。由于 δ_L 随 Re 的增加而减小，一旦管壁凸出部分暴露在层流内层以外，如图 1-35(b) 所示，较高流速的流体质点将冲击这些暴露的凸出部分产生额外的旋涡，必然增大流体阻力损失。在相同粗糙度下，Re 数愈大；或在同一 Re 数下，粗糙度愈大，暴露部分将愈多且愈高，阻力损失也将随之增加。当 Re 数增至阻力平方区时，流动阻力将主要由于流体质点对管壁凸出高度的撞击和湍动，壁面的黏性摩擦力退居非常次要的地位，于是，λ 只与 ε/d 有关而与 Re 数无关。当绝对粗糙度相同时，小直径管比大直径管受到的影响要大，所以在 Moody 图上采用相对粗糙度 ε/d 作为参数。

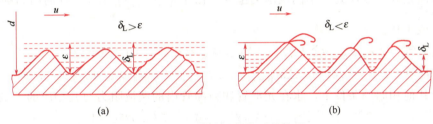

图 1-35　流体流过管壁面的情况

λ 值除可用 Moody 图查取外，不少作者还提出许多经验关系式，这里只介绍计算光滑管的 λ 值的**柏拉修斯公式**

$$\lambda = \frac{0.3164}{Re^{0.25}} \tag{1-49}$$

此式适用于 $Re = 5000 \sim 10^5$ 的光滑管，这时阻力损失约与 u 的 1.75 次方成正比。

● **【例 1-20】** 例 1-19 中的液体若改为 20℃ 的水，再进行计算：①设该管为光滑管；②若管子的绝对粗糙度为 0.2mm；③若流速增加一倍。

解 20℃ 下水的密度为 998.2kg/m³，黏度为 1.005mPa·s（或 cP），已知 $d = 0.027$m，$u = 0.874$m/s，则

$$Re = \frac{du\rho}{\mu} = \frac{0.027 \times 0.874 \times 998.2}{1.005 \times 10^{-3}} = 2.34 \times 10^4$$

① 对光滑管，λ 可用式(1-49) 计算

$$\lambda = \frac{0.3164}{Re^{0.25}} = \frac{0.3164}{(2.34 \times 10^4)^{0.25}} = 0.0256$$

于是：

$$\sum h_f = \lambda \frac{l}{d} \times \frac{u^2}{2} = 0.0256 \times \frac{1}{0.027} \times \frac{0.874^2}{2} = 0.362 \text{J/kg}$$

或

$$\Delta p_f = \rho \sum h_f = 998.2 \times 0.362 = 361 \text{Pa}$$

② 当 $\varepsilon = 0.2$mm 时，相对粗糙度 $\varepsilon/d = 0.2/27 = 0.00741$，由 Re、ε/d 值查图 1-34 得 $\lambda = 0.0375$，于是：

$$\sum h_\text{f} = 0.0375 \times \frac{1}{0.027} \times \frac{0.874^2}{2} = 0.530 \text{J/kg}$$

或
$$\Delta p_\text{f} = \rho \sum h_\text{f} = 998.2 \times 0.530 = 529.5 \text{Pa}$$

③ 当 $u' = 2u = 2 \times 0.874 = 1.748 \text{m/s}$, $Re' = 2Re = 4.68 \times 10^4$, 查得 $\lambda = 0.035$, 得

$$\sum h_\text{f} = 0.035 \times \frac{1}{0.027} \times \frac{(2 \times 0.874)^2}{2} = 1.980 \text{J/kg}$$

或
$$\Delta p_\text{f} = \rho \sum h_\text{f} = 1976 \text{Pa}$$

由例 1-19 和例 1-20 的计算结果可得如下结论。

(1) 相同条件下甘油和水在管内流动时，摩擦系数和流动阻力都相差很大，这是由于甘油和水的物性差异使流动处于不同流动类型区。由于 $\left(\frac{l}{d} \times \frac{u^2}{2}\right)$ 不变，此时阻力损失 $\sum h_\text{f}$ 只与相应的 λ 成正比。

对于光滑管：$\sum h_{\text{f(甘油)}} / \sum h_{\text{f(水)}} = \lambda_{\text{甘油}} / \lambda_{\text{水}} = 3.224 / 0.0256 = 126$

对于粗糙管：$\varepsilon/d = 0.0741$, $\sum h_{\text{f(甘油)}} / \sum h_{\text{f(水)}} = \lambda_{\text{甘油}} / \lambda_{\text{水}} = 3.224 / 0.0375 = 86$

(2) 在其他相同的条件下，水在光滑管和粗糙管内的湍流阻力与其相应的 λ 成正比，即

$$\sum h_{\text{f(粗)}} / \sum h_{\text{f(光)}} = \lambda_\text{粗} / \lambda_\text{光} = 0.0375 / 0.0256 = 1.46$$

可见，管壁粗糙度对流体流动阻力的影响较大。在实际管路计算中，应当考虑到管子在长期使用后粗糙度的变化。

(3) 当其他条件相同时，流速与 Re 数增加一倍，在湍流区，λ 略有减少，但阻力损失大为增加，这是由于式(1-39)中存在一个 u^2 项的关系。

● **【例 1-21】** 某油品以 $36 \text{m}^3/\text{h}$ 的流量通过一长 1000m 的水平输油管，管两端允许的压强降为 60kPa。已知该油品的密度为 800kg/m^3，黏度为 4.40mPa·s。设该管的绝对粗糙度为 0.20mm，试选用适宜的管子规格。

解 取管道的两端面 1—1′ 和 2—2′ 为衡算截面。对于水平等径管有：$z_1 = z_2$, $u_1 = u_2$, 列两截面间的柏努利方程，得：

$$\frac{p_1 - p_2}{\rho} = \sum h_\text{f} \tag{A}$$

由式(1-39)：

$$\sum h_\text{f} = \lambda \frac{l}{d} \times \frac{u^2}{2} \tag{B}$$

上式中管内流速：

$$u = \frac{V_s}{0.785 d^2} = \frac{36/3600}{0.785 d^2} = \frac{0.01274}{d^2} \tag{C}$$

式(B)中的 λ 应由 Re 和 ε/d 值查取，但 $Re = \frac{du\rho}{\mu}$ 中有未知量 d，所以本题需采用试差法进行计算，这是化工计算中常要用到的一种解算方法。

设 $d = 0.12 \text{m}$，进行初算

$$u=\frac{0.01274}{0.120^2}=0.885 \text{m/s}$$

$$Re=\frac{0.120\times 0.885\times 800}{4.4\times 10^{-3}}=1.93\times 10^4$$

$$\varepsilon/d=0.20/120=0.00167$$

查图 1-34 得
$$\lambda=0.028$$
由式(A) 得
$$\frac{p_1-p_2}{\rho}=\frac{60\times 10^3}{800}=75$$

代入式(B)，解得 $d=0.1462\text{m}$，大于假设值 0.120m。

第二次设 $d=0.125\text{m}$，则 $u=0.815\text{m/s}$，$Re=1.852\times 10^4$，$\varepsilon/d=0.0016$，查得 $\lambda=0.029$，再由式(B) 解得 $d=0.1284\text{m}$，与假设值接近，因而可选用外径 133mm、壁厚 4mm 的热轧无缝钢管。

（五）非圆形直管内的阻力损失

化工生产中的流体通道截面并非都是圆形的，有时流体在正方形、矩形或套管环隙（两不同直径的内、外管之间的通道）内流动，计算其阻力损失时仍可用式(1-39)，但应将该式中和 Re 数中的圆管直径 d 用非圆形管的<u>当量直径</u> d_e 来代替，流速仍按实际流道截面积计算。

非圆形管的当量直径 d_e 的定义为

$$d_e=4\times\text{水力半径}=4\times\frac{\text{流通截面积}}{\text{润湿周边长度}} \tag{1-50}$$

例如，对同心套管环隙中的流动，被流体润湿的周边长度包括环隙的外周边和内周边，故其当量直径 d_e 为

$$d_e=4\times\frac{\frac{\pi}{4}(d_2^2-d_1^2)}{\pi(d_2+d_1)}=d_2-d_1$$

式中 d_2——同心套管的外管的内径，m；
　　　d_1——同心套管的内管的外径，m。

读者可自行计算长为 a、宽为 b 的矩形通道的当量直径 d_e 的表示式。

一些实验研究表明，当量直径用于湍流阻力计算时结果较为可靠；对层流流动则误差较大，此时摩擦系数可按下式计算：

$$\lambda=\frac{c}{Re} \tag{1-51}$$

式中 c 值根据管道截面的形状而定，其值列于表 1-3 中。

表 1-3　某些非圆形管的常数 c 值

非圆形管的截面形状	正方形	等边三角形	环形	长方形	
				长:宽=2:1	长:宽=4:1
常数 c	57	53	96	62	73

三、局部阻力

流体在流动中由于流速的大小和方向发生改变而引起的阻力称为**形体阻力**，而流体与固体壁面间由于黏性而引起的阻力称为**摩擦阻力**。当流体流经管路上的局部部件，如各种管件、阀门、管入口、管出口等处时，必然发生流体的流速和流动方向的突然变化，流动受到干扰、冲击或引起边界层分离，产生旋涡并加剧湍动，使流动阻力显著增加，这类流动阻力统称为**局部阻力**，其中形体阻力占主要地位。

局部阻力一般有两种计算方法：阻力系数法和当量长度法。

（一）阻力系数法

克服局部阻力引起的机械能损失即局部阻力损失 h_f 可以表示为动能 $\dfrac{u^2}{2}$ 的倍数，即

$$h_\mathrm{f} = \zeta \frac{u^2}{2} \quad (\mathrm{J/kg}) \tag{1-52}$$

流体流过弯头

式中，u 表示管内平均流速；ζ 称为**局部阻力系数**，其值根据局部部件的具体情况由实验求得。常见的局部阻力系数值列于表 1-4。当部件发生截面变化时，式（1-52）中的 u 采用较小截面处的流速。

突然扩大和缩小

表 1-4　管件和阀件的局部阻力系数 ζ 值

管件和阀件名称	ζ 值									
标准弯头	$45°, \zeta=0.35$					$90°, \zeta=0.75$				
90°方形弯头	1.3									
180°回弯头	1.5									
活管接	0.04									
弯管	R/d \ φ	30°	45°	60°	75°	90°	105°	120°		
	1.5	0.08	0.11	0.14	0.16	0.175	0.19	0.20		
	2.0	0.07	0.10	0.12	0.14	0.15	0.16	0.17		
突然扩大	$\zeta=(1-A_1/A_2)^2 \quad h_\mathrm{f}=\zeta u_1^2/2$									
	A_1/A_2	0	0.1	0.2	0.3	0.4	0.5	0.6	0.7	0.8	0.9	1.0
	ζ	1	0.81	0.64	0.49	0.36	0.25	0.16	0.09	0.04	0.01	0
突然缩小	$\zeta=0.5(1-A_2/A_1) \quad h_\mathrm{f}=\zeta u_2^2/2$									
	A_2/A_1	0	0.1	0.2	0.3	0.4	0.5	0.6	0.7	0.8	0.9	1.0
	ζ	0.5	0.45	0.40	0.35	0.30	0.25	0.20	0.15	0.10	0.05	0
流入大容器的出口	$\zeta=1$（用管中流速）									

续表

管件和阀件名称	ζ 值								
入管口（容器→管）	ζ=0.5								
水泵进口	没有底阀	2～3							
	有底阀	d/mm	40	50	75	100	150	200	250	300
		ζ	12	10	8.5	7.0	6.0	5.2	4.4	3.7
闸阀	全开		3/4 开		1/2 开		1/4 开		
	0.17		0.9		4.5		24		
标准截止阀（球心阀）	全开 ζ=6.4				1/2 开 ζ=9.5				
蝶阀	α	5°	10°	20°	30°	40°	45°	50°	60°	70°
	ζ	0.24	0.52	1.54	3.91	10.8	18.7	30.6	118	751
旋塞	θ	5°	10°		20°		40°		60°
	ζ	0.05	0.29		1.56		17.3		206
角阀（90°）	5								
单向阀	摇板式 ζ=2				球形式 ζ=70				
水表（盘形）	7								

（二）当量长度法

此法是将流体的局部阻力损失折合成相当于流体流过直径相同的长度为 l_e 的直管时所产生的阻力损失，l_e 称为**当量长度**。于是局部阻力可表示为

$$h_f = \lambda \frac{l_e}{d} \times \frac{u^2}{2} \quad (J/kg) \tag{1-53}$$

l_e 之值由实验测定，有的实验结果也用 l_e/d 值来表示。图 1-36 列出了某些管件与阀门的当量长度共线图。表 1-5 列出了一些管件、阀门及流量计的 l_e/d 值。

表 1-5 各种管件、阀门及流量计等以管径计的当量长度

名 称	$\dfrac{l_e}{d}$	名 称	$\dfrac{l_e}{d}$
45°标准弯头	15	截止阀（标准式）（全开）	300
90°标准弯头	30～40	角阀（标准式）（全开）	145
90°方形弯头	60	闸阀（全开）	7
180°弯头	50～75	闸阀（3/4 开）	40
三通管（标准）	40	闸阀（1/2 开）	200
		闸阀（1/4 开）	800
		带有滤水器的底阀（全开）	420
流向	60	止回阀（旋启式）（全开）	135
		蝶阀（6″以上）（全开）	20
	90	盘式流量计（水表）	400
		文氏流量计	12
		转子流量计	200～300
		由容器入管口	20

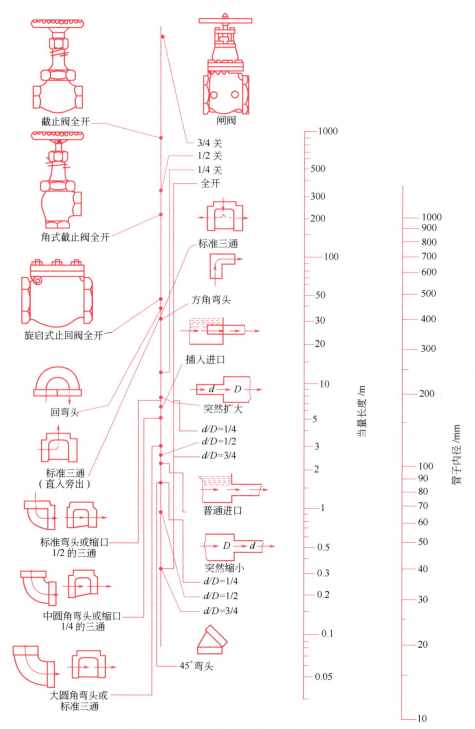

图 1-36　管件和阀件的当量长度共线图

四、流体在管内流动的总阻力计算

管路系统的总阻力包括了所取两截面间的全部直管阻力和所有局部阻力之和,即柏努利方程中的 $\sum h_f$、$\rho \sum h_f$ 或 H_f 项。

当为等径管路时,其总阻力计算式如下。

(1) 用阻力系数法计算局部阻力时:

$$\sum h_f = \left(\lambda \frac{l}{d} + \sum \zeta\right) \frac{u^2}{2} \tag{1-54}$$

(2) 用当量长度法计算局部阻力时:

$$\sum h_f = \lambda \frac{l + \sum l_e}{d} \times \frac{u^2}{2} \tag{1-55}$$

式(1-54)和式(1-55)中的 $\sum \zeta$、$\sum l_e$ 分别为等径管路中各局部阻力系数、当量长度的总和。
对于不同直径的管段组成的管路,需分段进行计算。

● **【例 1-22】** 常温水以 $20\text{m}^3/\text{h}$ 的流量流过一无缝钢管 $\phi 57 \times 3.5$ 的管路。管路上装有 $90°$ 标准弯头两个、闸阀(1/2 开度)一个,直管段长为 30m。试计算流经该管路的总阻力损失。

解 取常温下水的密度为 1000kg/m^3,黏度为 $1\text{mPa} \cdot \text{s}$。

管子内径为

$$d = 57 - 2 \times 3.5 = 50\text{mm} = 0.050\text{m}$$

水的管内的流速为

$$u = \frac{V_s}{0.785 d^2} = \frac{20/3600}{0.785 \times 0.050^2} = 2.83\text{m/s}$$

① 用式(1-54)计算。

管内流动时的 Re 数为

$$Re = \frac{du\rho}{\mu} = \frac{0.050 \times 2.83 \times 1000}{1 \times 10^{-3}} = 1.415 \times 10^5,\text{为湍流}。$$

查表 1-2,取管壁的粗糙度 $\varepsilon = 0.2\text{mm}$,则 $\varepsilon/d = 0.004$,由 Re 和 ε/d 值查图 1-34 得 $\lambda = 0.029$。

查表 1-4 得:$90°$ 标准弯头,$\zeta = 0.75$;闸阀(1/2 开度),$\zeta = 4.5$。所以

$$\sum h_f = \left(\lambda \frac{l}{d} + \sum \zeta\right) \frac{u^2}{2}$$

$$= \left[0.029 \times \frac{30}{0.050} + (0.75 \times 2 + 4.5)\right] \times \frac{2.83^2}{2} = 93.7\text{J/kg}$$

② 用式(1-55)进行计算。

查表 1-5 得:$90°$ 标准弯头,$l_e/d = 30$;闸阀(1/2 开度),$l_e/d = 200$。所以

$$\sum h_f = \lambda \frac{l+\sum l_e}{d} \times \frac{u^2}{2}$$

$$= 0.029 \times \frac{30+(30\times 2+200)\times 0.05}{0.05} \times \frac{2.83^2}{2} = 99.9 \text{J/kg}$$

用两种局部阻力计算方法的计算结果差别不很大，在工程计算中是允许的。

● **【例 1-23】** 按例 1-17 流程，若吸入管路直管总长为 10m，排出管路直管总长为 25m，吸入管路中装有底阀一个，排出管路中有 90°标准弯头两个，标准截止阀（1/2 开度）一个。试求该管路系统的总阻力损失。

解 由例 1-17 计算结果知

吸入管路：$d_1=100\text{mm}$，$u_1=1.415\text{m/s}$，若取 $\varepsilon_1=0.2\text{mm}$，水的密度 $\rho=1000\text{kg/m}^3$，水的黏度 $\mu=1\text{mPa}\cdot\text{s}$，则有：

$$Re_1 = \frac{d_1 u_1 \rho}{\mu} = \frac{0.1\times 1.415\times 1000}{1\times 10^{-3}} = 1.415\times 10^5$$

$$\frac{\varepsilon_1}{d_1} = \frac{0.2}{100} = 0.002$$

查图 1-34 得 $\lambda_1 = 0.025$。

底阀是一种止逆阀，一般装在水池中泵吸入管的管口，以防止吸入管中的水倒流入池；排出管路上的截止阀一般用于启闭管路或调节管路中的流量。查表 1-4 得底阀的 $\zeta=7.0$，所以吸入管路的阻力为

$$\sum h_{f1} = \left(\lambda_1 \frac{l_1}{d_1} + \sum \zeta_1\right)\frac{u_1^2}{2} = \left(0.025\times \frac{10}{0.1}+7.0\right)\times \frac{1.415^2}{2} = 9.5 \text{J/kg}$$

排出管路：$d_2=82\text{mm}$，$u_2=2.11\text{m/s}$

$$Re_2 = \frac{d_2 u_2 \rho}{\mu} = \frac{0.082\times 2.11\times 1000}{1\times 10^{-3}} = 1.73\times 10^5$$

$$\frac{\varepsilon_2}{d_2} = \frac{0.2}{82} = 0.0024$$

查图 1-34 得 $\lambda_2 = 0.0255$。

再查表 1-4 得 90°标准弯头的 $\zeta=0.75$，截止阀（1/2 开度）时的 $\zeta=9.5$，所以排出管路的阻力为

$$\sum h_{f2} = \left(\lambda_2 \frac{l_2}{d_2} + \sum \zeta_2\right)\frac{u_2^2}{2}$$

$$= \left(0.0255\times \frac{25}{0.082}+0.75\times 2+9.5\right)\times \frac{2.11^2}{2} = 41.4 \text{J/kg}$$

于是管路系统的总阻力（不包括喷头）为

$$\sum h_f = \sum h_{f1} + \sum h_{f2} = 9.5+41.4 = 50.9 \text{J/kg}$$

▲ 学习本节后可做习题 1-15～1-20。

第五节 管路计算

一、简单管路与复杂管路

从管路计算的角度看,化工生产中管路可分为简单管路和复杂管路两类。复杂管路是简单管路的不同形式的组合。

(一) 简单管路

全部流体从入口到出口只在一根管道中连续流动。它又可分为两种管路。

(1) 等径管路 它是最简单的一种管路,流体流动的总阻力可直接应用式(1-54)或式(1-55)进行计算。

(2) 串联管路 由不同管径的管道串联组成的管路。如图 1-37 所示,在定常流动下,其特点如下。

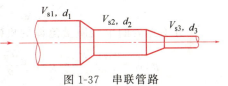

图 1-37 串联管路

① 连续性方程成立,通过各管段的质量流量不变,对于不可压缩流体且有:

$$V_{s1}=V_{s2}=V_{s3}=V_s \tag{1-56}$$

即

$$u_1A_1=u_2A_2=u_3A_3 \tag{1-56a}$$

② 整个管路的总阻力等于各段直管阻力与局部阻力之和,即

$$\sum h_f=\sum h_{f1}+\sum h_{f2}+\sum h_{f3}+\cdots+\sum h_{fn}=\sum_{i=1}^{n}(\sum h_{fi}) \tag{1-57}$$

式中 $\sum h_{fi}$ ——各等径直管段的总阻力(包括该段中各种局部阻力)。

*(二) 复杂管路

是指并联管路、分支管路和汇合管路以及这三种形式管路的进一步组合。

(1) 并联管路 如图 1-38 所示,这是在主管 A 点处分成几支,然后在 B 点又汇合到一根主管中去的管路。其特点如下。

① 主管的质量流量等于并联的各支管质量流量之和。对于不可压缩流体有

$$V_s=V_{s1}+V_{s2}+V_{s3} \tag{1-58}$$

② 流经各分支管路的阻力可认为相等,即

$$\sum h_{f1}=\sum h_{f2}=\sum h_{f3}=\sum h_{f,AB} \tag{1-59}$$

因此,在计算并联管路的阻力 $\sum h_{f,AB}$ 时,可任选其中一根管进行计算。

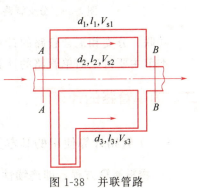

图 1-38 并联管路

③ 在定常条件下，通过各支管的流体流量按式(1-59) 自动进行分配，即满足

$$\lambda_1 \frac{l_1+\sum l_{e1}}{d_1} \times \frac{u_1^2}{2} = \lambda_2 \frac{l_2+\sum l_{e2}}{d_2} \times \frac{u_2^2}{2} = \lambda_3 \frac{l_3+\sum l_{e3}}{d_3} \times \frac{u_3^2}{2} \tag{1-59a}$$

于是，由 $V_s = \frac{\pi}{4}d^2 u$ 可推得

$$V_{s1} : V_{s2} : V_{s3} = \sqrt{\frac{d_1^5}{\lambda_1(l_1+\sum l_{e1})}} : \sqrt{\frac{d_2^5}{\lambda_2(l_2+\sum l_{e2})}} : \sqrt{\frac{d_3^5}{\lambda_3(l_3+\sum l_{e3})}} \tag{1-60}$$

式中，l_1、l_2、l_3 与 l_{e1}、l_{e2}、l_{e3} 为各支管中的直管长与局部阻力的当量长度。

（2）分支管路 流体由一条总管分流至几根支管，各支管出口处的情况并不相同（如图 1-39 所示）。其特点如下。

① 主管流量等于各支管流量之和。对不可压缩流体，有：

$$V_s = V_{s1} + V_{s2}, \quad V_{s2} = V_{s3} + V_{s4}$$

则
$$V_s = V_{s1} + V_{s3} + V_{s4} \tag{1-61}$$

② 由于支管的存在，主管经各分支点后的流量发生变化，因此主管的阻力损失必须分段进行计算，如：

$$\sum h_{f,AG} = \sum h_{f,AB} + \sum h_{f,BD} + \sum h_{f,DG} \tag{1-62}$$

③ 分支点处的单位质量流体的机械能总和为一定值。如

$$gz_D + \frac{u_D^2}{2} + \frac{p_D}{\rho} = gz_F + \frac{u_F^2}{2} + \frac{p_F}{\rho} + \sum h_{f,DF} = gz_G + \frac{u_G^2}{2} + \frac{p_G}{\rho} + \sum h_{f,DG} \tag{1-63}$$

显然，分支管路中，支管愈多，计算愈复杂。可在分支点处将每根支管作为简单管路，依次进行计算。

（3）汇合管路 如图 1-40 所示，由几条支管汇合于一条总管。其特点与分支管路类似，即支管流量之和等于总管流量，汇合点 K 处单位质量流体的机械能总和为一定值。

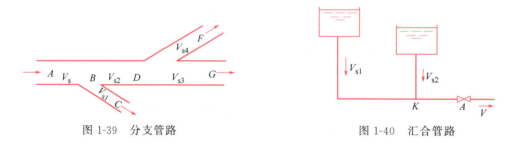

图 1-39 分支管路　　　　　图 1-40 汇合管路

并联、分支和汇合管路的计算常常需要多次试差。

本节主要讨论简单管路的计算。

二、简单管路的计算

（一）管路计算使用的基本关系式

① 物料衡算方程，即连续性方程［式(1-25)～式(1-28)］。
② 机械能衡算方程，即扩展了的柏努利方程［式(1-30)、式(1-30a)、式(1-30b)］。
③ 流动阻力损失计算式［式(1-54)、式(1-55)］。

此外，还要用到直管摩擦系数 λ 的算图（图 1-34）或式(1-45)、式(1-49)等以及求算局部阻力系数 ζ 或 l_e/d 的有关图表。

（二）管路的两类计算问题

（1）设计型计算 对于给定的输送任务，如给定流体的性质和输送量、管路的起点和终点的位置（距离、高差）和压强，根据现场的实际情况，选择适宜的管径，设计管路的走向，确定管路中需配置的管件和阀门以及各段直管长度，计算出管路的总阻力损失及需要的输送功率。最终设计出既经济又便于操作和检修的管路。

从技术经济观点看，这类计算的关键是选择适宜的管内流速（参见表 1-1）。当管路系统流量一定时，选用较小的管内流速，由式(1-22b)可知，所需管内径 d 较大，管路的固定投资费用（即设备费）将增大，但由式(1-54)或式(1-55)可知，管路的流动阻力损失必减小，也即泵输送流体的动力消耗费用（即操作费）减小，由于管径的变化对设备费和操作费的影响相反，故必在某一管径时，两种费用之和达到极小值，如图 1-41 所示的最适宜管径。不同的输送任务其最适宜管径并不相同。所以，这里存在一个优化问题，原则上应通过计算确定最适宜的流速与管径，使年操作费和设备费用（指按使用年限计算的设备折旧费用）的总和尽可能最小。但最适宜的流速还要受到工艺要求和实际管子的供应情况的制约，例如对于含有固体悬浮物的某些流体，流速不宜太低，以免固体悬浮物在管内沉积，但也不宜过高，因为易引起管路的磨损。

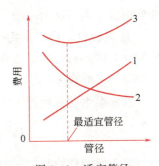

图 1-41 适宜管径
1—设备费；2—动力费；3—总费用

（2）操作型计算 对已有的管路系统，核算在给定条件下的输送能力或某项操作指标（如压强降、位差等）是否符合要求以及某项操作参数（如压强、流量、阀门开度等）的变化可能引起的后果，都属于操作型计算。

灵活运用基本关系式，也可以定性分析和判断管路上可能出现的情况和故障。例如，在某连续流动的管路上任意两点设有测压点，如果发现这两测压点的压差值比正常操作时增加了，这时可能发生哪些情况？又如管路两端的压强和位差没有变化，当把管路中的阀门关小时，则该阀门前后的压强值会有什么变化？流量又会有什么变化？读者还可自行考虑一些其他情况进行分析作为练习。

【例 1-24】 一水塔供水系统，采用 $\phi 114 \times 4$ 的无缝钢管，管路总长（包括管路上的全部管件、阀门、管出口等局部阻力的当量长度）为 600m，水塔内水面维持恒定，且高于出水口 10m，如图 1-42 所示。求管路的输水量（m^3/h）。

解 本例为操作型计算。取水塔水面为 1—1' 截面，出水管口截面为 2—2' 截面。取过管出口中心的水平面 0—0' 为基准面。

列 1—1' 和 2—2' 截面间的柏努利方程：

$$gz_1 + \frac{u_1^2}{2} + \frac{p_1}{\rho} = gz_2 + \frac{u_2^2}{2} + \frac{p_2}{\rho} + \sum h_f \quad (A)$$

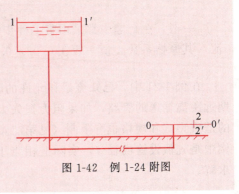

图 1-42 例 1-24 附图

式中，$z_1=10\text{m}$，$z_2=0$，$u_1\approx0$，$u_2=u$，$p_1=p_2=0$（表压）。

按式(1-55)计算，已知$l+\sum l_e=600\text{m}$，$d=114-2\times4=106\text{mm}=0.106\text{m}$，则

$$\sum h_f=\lambda\frac{l+\sum l_e}{d}\times\frac{u^2}{2}=\lambda\frac{600}{0.106}\times\frac{u^2}{2}$$

将各已知值代入式(A)得

$$9.81\times10=\frac{u^2}{2}+\lambda\frac{600}{0.106}\times\frac{u^2}{2}$$

整理上式得
$$u=\sqrt{\frac{196.2}{5660\lambda+1}} \tag{B}$$

由于$\lambda=\phi(Re,\varepsilon/d)$，而$Re=\dfrac{du\rho}{\mu}$中包含了未知量$u$，因此本题需用试差法求解。这里采用以下两种试差步骤。

① 先假设λ值，由式(B)求出u，然后计算出Re和ε/d值，由图1-34查得λ，若与原假设λ值不符，则需重新假设λ，直至查得的λ值与假设值基本相符为止。

第一次假设$\lambda=0.02$，代入式(B)得$u=1.31\text{m/s}$。

取常温水和密度为1000kg/m^3，黏度为1cP，则

$$Re=\frac{du\rho}{\mu}=\frac{0.106\times1.31\times1000}{1\times10^{-3}}=1.39\times10^5$$

取普通钢管的绝对粗糙度$\varepsilon=0.2\text{mm}$，则有

$$\frac{\varepsilon}{d}=\frac{0.2}{106}=0.00189$$

由图1-34查得$\lambda=0.024$，此值大于第一次假设值，需重新试算。

第二次假设$\lambda=0.024$，代入式(B)得$u=1.20\text{m/s}$，$Re=\dfrac{du\rho}{\mu}=\dfrac{0.106\times1.20\times1000}{1\times10^{-3}}=1.272\times10^5$，则查得$\lambda=0.024$，与第二次假设值相符。

因此，计算结果应为：$u=1.20\text{m/s}$。管路中输水量为

$$V_s=3600\times\frac{\pi}{4}d^2u=3600\times\frac{\pi}{4}\times0.106^2\times1.20=38.1\text{m}^3/\text{h}$$

② 按下列步骤计算（读者可自己进行）：

$$\text{假设}\,u(\text{参考表1-1})\longrightarrow Re\xrightarrow[\varepsilon/d]{\text{图1-34}}\lambda\xrightarrow{\text{式(B)}}u\text{的计算值}$$

一般，在解题中常采用第①种步骤进行试差计算，因为工业管路中流体的流动多为湍流，其摩擦系数λ值一般在$0.02\sim0.03$之间，变化范围不大，试算选值较为方便。

在例1-21中，已知流量和允许的阻力损失来求算管径，属于设计型计算。对于这种长期远距离输送的管路，如果阻力损失太大，动力消耗将很大；而且，可选用的流体输送设备的适宜型式和规格也有限制（见第二章）。因此，有时需要对允许阻力损失予以规定。在该例中是先假设管内径d，实际上相当于先假设流速u进行试差，当然也可先假设λ来试差求解。

例 1-13 和例 1-17 也都是简单管路计算的例子，在这些例子中可以看到，简单管路（或复杂管路）计算中，中心问题是如何灵活地运用柏努利方程。应当再一次强调，在一个定常连续流动的管路中，任意截面上动能（或速度头）是否变化只取决于该处截面积是否变化，位能（或位头）是否变化只取决于该截面的高度是否变化，在管路的中间部分，它们的变化都会转化为压强能的变化。管路的阻力损失也导致或表现为压强能的减少，而流体输送设备加入的机械能一般也转化为压强能。因此，它们之间的关系可简单表示为图 1-43。

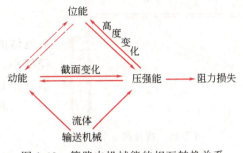

图 1-43 管路中机械能的相互转换关系

只有在实际管路的两端部都处于同一压强、并且只考察两端截面的机械能关系时才可能发生"位能⇌动能"的转换。

▲ 学习本节后可做习题 1-21、1-24、1-25。

第六节 流量的测定

在化工生产过程中，常常需要测定流体的流速和流量。测量装置的型式很多，这里介绍的是以流体机械能守恒原理为基础、利用动能变化和压强能变化的关系来实现测量的装置，因而本节也是柏努利方程的某种应用实例。这些装置又可分为两类：一类是定截面、变压差的流量计或流速计，它的流道截面是固定的，当流过的流量改变时，通过压强差的变化反映其流速的变化，皮托测速管、孔板流量计和文丘里流量计均属此类；另一类是变截面、定压强差式的流量计，即流体通道截面随流量大小而变化，而流体通过装置流道截面的压强降则是固定的，如常用的转子流量计。

一、皮托测速管（简称皮托管）

（一）结构

如图 1-44 所示，是由两根弯成直角的同心圆管组成，管子的直径很小。同心圆管的内管前端敞开，正对流体流动方向（即其轴向与流体流动方向平行）；外管前端封死，在离端点一定距离 B 处开有若干测压小孔，流体从小孔旁流过；内外管的另一端分别与 U 形管压差计的两端相连接。

（二）测量原理及流速计算

若在水平管路截面上任一点（如图 1-44 所示为管中心）处安装皮托管，内外管中均充满被测流体。压强 p 的流体以局部流速 u 流向皮托管，当流体流至前端点 A 时，流体被截，使 $u_A=0$，于是流体的动能 $\dfrac{u^2}{2}$ 在 A 点全部转化为压强能，A 点的压强 p_A 将通过皮托管的内

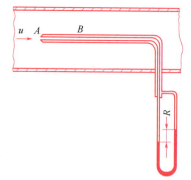

图 1-44 皮托测速管

管传至 U 形压差计的左端。A 点处单位质量流体的压强能可表示为

$$\frac{p_A}{\rho}=\frac{p}{\rho}+\frac{u^2}{2} \tag{1-64}$$

而流体沿皮托管外壁平行流过测压小孔时，由于皮托管直径很小，u 可视为未变，压强 p 通过外管侧壁小孔传至 U 形管压差计的右端。若连接管内充满被测流体，则 U 形压差计上的读数反映的是 p_A 和 p 的差值，即

$$\frac{p_A}{\rho}-\frac{p}{\rho}=\frac{(\rho_A-\rho)gR}{\rho} \tag{1-65}$$

式中　ρ_A——指示液的密度，kg/m³；

　　　ρ——被测流体的密度，kg/m³；

　　　R——U 形压差计上的读数，m。

由式(1-64)、式(1-65)可得该处的局部流速为

$$u=\sqrt{\frac{2(\rho_A-\rho)gR}{\rho}} \tag{1-66}$$

考虑到皮托管尺寸和制造精度等原因，式(1-66)应适当修正为

$$u=C\sqrt{\frac{2(\rho_A-\rho)gR}{\rho}} \tag{1-66a}$$

式中，$C=0.98\sim1.0$，称为皮托管校正系数，由实验标定。估算时，可认为 $C\approx1.0$。

（三）讨论

① 测速管所测的速度是管路中管道截面上某一点的轴向线速度（图 1-44 测得的为管中心处的最大速度 $u_c=u_{max}$），所以它可以用来测定管截面上的速度分布。

② 要想得到管截面上的平均速度时，可先测出管中心处的最大速度 u_c 后，利用图 1-45 的关系求出平均速度 $u=u_m$。

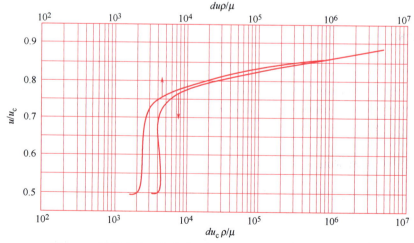

图 1-45　平均速度 u 与管中心速度 u_c 之比随 Re 而变的关系

【例 1-25】 20℃空气在一内径为 300mm 的钢管中流过。U 形压差计中的指示液为水,用皮托管在管中心处测得读数 R 为 20mm,测点处的压强为 4kPa(表压),求管截面上的平均流速 u_m。已知当地大气压强为 100kPa。

解 20℃、104kPa 下空气的密度由式(1-3)可得

$$\rho = \frac{pM}{RT} = \frac{104 \times 10^3 \times 29}{8314 \times 293} = 1.238 \text{kg/m}^3$$

取水的密度 $\rho_A = 1000 \text{kg/m}^3$,$C=1$,由式(1-66a)得管中心处的最大流速为

$$u_c = \sqrt{\frac{2(\rho_A - \rho)gR}{\rho}} = \sqrt{\frac{2 \times (1000 - 1.238) \times 9.81 \times 0.020}{1.238}} = 17.8 \text{m/s}$$

由附录四查得 20℃下空气的黏度为 1.81×10^{-5} Pa·s,计算管中心处的 Re_c 为

$$Re_c = \frac{du_c\rho}{\mu} = \frac{0.300 \times 17.8 \times 1.238}{1.81 \times 10^{-5}} = 3.65 \times 10^5$$

由图 1-45 查得 $u/u_c = 0.84$,则可得管内的平均流速为

$$u = u_m = 0.84 u_c = 0.84 \times 17.8 = 15.0 \text{m/s}$$

③ 用皮托管测定某点流速或管截面上的速度分布时,在皮托管前、后均应保证一定的直管长度(称为稳定段),以保证测量截面的流速达到正常的稳定分布,前、后稳定段的长度要求最好在 50 倍管径以上,至少也应有 8~12 倍直径以上的直管段。

④ 为减少测量误差,皮托管必须按标准设计、精密加工、正确安装(皮托管管口截面必须垂直于流体流动方向)。测速管的外径 d_0 不大于被测管内径的 1/50,尽量减小对流动的干扰。

⑤ 皮托管装置简单,引起的额外流动阻力小,适用于测量大直径气体管道内的流速(一般测得的压强差读数较小,在测小流速时需设法将读数放大);但不适用于含固体杂质的流体,因皮托管上的小孔容易被堵塞。

二、孔板流量计

(一)结构

在管道中装有一块中央开有圆孔的金属板(与流体流动方向相垂直),孔口经精密加工呈刀口状,在厚度方向上沿流向以 45°角扩大,称为锐孔板(如图 1-46 所示)。孔板通常用法兰固定于管道中。

(二)测量原理与计算

在图 1-46 所示的水平管路中,流体由管道截面 1—1′以平均流速 u_1 流过锐孔板,因流道的突然缩小,使流体的流速增大而压强降低。由于惯性作用,流体经锐孔流出后,流动截面会继续收缩至截面 2—2′处,此处流速最大而压强则最小,称为缩脉。

若先不考虑流体流经锐孔的阻力损失,且视流体为不可压缩,在 1—1′和 2—2′截面间列柏努利方程可得

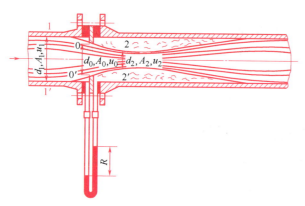

孔板流量计流动状态

图 1-46 孔板流量计

$$\frac{p_1}{\rho}+\frac{u_1^2}{2}=\frac{p_2}{\rho}+\frac{u_2^2}{2} \tag{1-67}$$

设管截面积为 A_1，直径为 d_1，孔口截面积为 A_0，直径为 d_0，缩脉处截面积为 A_2。但 A_2 无法直接测取，所以只能近似地用孔口处的流速 u_0 代替缩脉处的流速 u_2。根据不可压缩流体的连续性方程式可得到 $u_1 A_1 = u_0 A_0$，则式（1-67）可改写为

$$\frac{p_1-p_2}{\rho}=\frac{u_2^2-u_1^2}{2}\approx\frac{u_0^2}{2}\left[1-\left(\frac{A_0}{A_1}\right)^2\right] \tag{1-68}$$

上式经整理后得流体通过孔口的流速为

$$u_0 \approx \frac{1}{\sqrt{1-\left(\frac{A_0}{A_1}\right)^2}}\sqrt{\frac{2(p_1-p_2)}{\rho}} \tag{1-68a}$$

如果考虑通过孔口的局部阻力损失，用系数 c_1 校正，则式（1-68a）可写为

$$u_0 = \frac{c_1}{\sqrt{1-\left(\frac{A_0}{A_1}\right)^2}}\sqrt{\frac{2(p_1-p_2)}{\rho}} \tag{1-69}$$

式中的压降值虽然可用 U 形管压差计来测定，但缩脉处压强 p_2 的引出位置实际上也难以确定。一种做法是在孔板前后的两法兰上引出两个测压管 a 和 b，所以压差计上的读数也不能真实反映 p_1-p_2 值，于是式（1-69）还需用系数 c_2 再加以校正，得

$$u_0 = \frac{c_1 c_2}{\sqrt{1-\left(\frac{A_0}{A_1}\right)^2}}\sqrt{\frac{2(p_a-p_b)}{\rho}}=c_0\sqrt{\frac{2(p_a-p_b)}{\rho}} \tag{1-70}$$

式中　p_a、p_b——分别为孔板前、后引出的测压点的压强，Pa；
　　　c_0——孔板流量计的孔流系数。

$$c_0 = \frac{c_1 c_2}{\sqrt{1-\left(\frac{A_0}{A_1}\right)^2}} = \frac{c_1 c_2}{\sqrt{1-\left(\frac{d_0}{d_1}\right)^4}} \tag{1-71}$$

p_a-p_b 值可按式（1-15）由 U 形管压差计上读数 R 求得，即

$$u_0 = c_0 \sqrt{\frac{2(\rho_A-\rho)gR}{\rho}} \tag{1-72}$$

于是管内流体的体积流量为

$$V_s = c_0 A_0 \sqrt{\frac{2(\rho_A - \rho)gR}{\rho}} = c_0 \frac{\pi}{4} d_0^2 \sqrt{\frac{2(\rho_A - \rho)gR}{\rho}} \tag{1-73}$$

（三）讨论

① 一般孔板两侧测压口的引出有两种连接方法，如图 1-46 所示由孔板前后法兰上引出，称为角接法；另一种称为径接法，即上游测压口与孔板的距离为 $2d_1$，下游测压口距孔板为 $d_1/2$。不同引出法的孔流系数并不相同。因为法兰和孔板可以配套供应，故角接法较为常用。

② 由式(1-71)，孔流系数 c_0 不仅与流体流经孔板的流动状况、测压口的引出位置、孔口形状及加工精度有关，更与 A_0/A_1（或 d_0/d_1）值有关。一般不同的孔板流量计的 c_0 均由实验测定，图 1-47 为角接法孔板流量计的孔流系数 c_0 与管内 Re_1 和 A_0/A_1 间的关系曲线图（在一些手册中 $\frac{A_0}{A_1}$ 常用 m 来表示）。由图 1-47 可知如下内容。

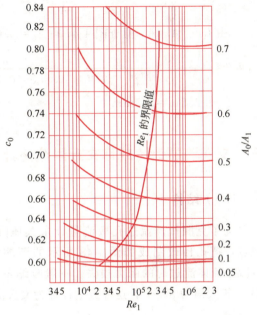

图 1-47 孔流系数 c_0 与 Re_1 及 A_0/A_1 的关系

a. 对于一定的 A_0/A_1，c_0 值随 Re 数的增加而减小，至 Re 数达到某一临界值后，c_0 趋于定值。孔板流量计的测量范围，应该是 c_0 处于定值的区域（为什么）。

b. 对于一定的 Re 值，c_0 随 A_0/A_1 增加而增加。A_0/A_1（或 d_0/d_1）是选用孔板的一个关键参数。流体流经孔板前后的突缩和突扩的阻力损失很大，当流体流过孔板一段距离后，流速虽可恢复，而压强不能复原，即通过孔板的阻力损失引起了"永久压降"，A_0/A_1 愈小即孔径愈小，阻力损失就愈大。但另一方面，若 A_0/A_1 太大，同样流速下压差计读数 R 将减小，随流速 u 的变化 $\frac{dR}{du}$ 也将减少，因而孔板流量计的准确度和灵敏度都将降低。一般选用的 c_0 值为 $0.6 \sim 0.7$，据此可确定孔板的主要规格。

③ 孔板流量计的结构简单，制造、安装、使用均较方便，在工程上被广泛采用。由式(1-73)可知，当 c_0 一定时，流量与压差计上的读数 R 的 1/2 次方成正比。通过标定，可直接读出相应的流量值。

④ 孔板流量计在安装时，上、下游也需有一定直管段作稳定段，通常要求上游直管长为 $(15 \sim 40)d_1$，下游为 $5d_1$。

● 【例 1-26】 20℃水以 1.5m/s 流速在内径为 150mm 钢管内流过，选择孔径为 83.5mm 的孔板流量计。采用角接法测压，U 形压差计中指示液为水银。试求压差计中的读数 R 值。

解 管内水的体积流量为

$$V_s = \frac{\pi}{4}d^2 u = \frac{\pi}{4} \times 0.150^2 \times 1.5 = 0.0265 \text{ m}^3/\text{s}$$

取 20℃水的密度 $\rho = 1000 \text{ kg/m}^3$，黏度 $\mu = 1 \text{ mPa·s}$，水银的密度 $\rho_A = 13600 \text{ kg/m}^3$。计算管内水流动时的雷诺数：

$$Re = \frac{du\rho}{\mu} = \frac{0.150 \times 1.5 \times 1000}{1 \times 10^{-3}} = 2.25 \times 10^5$$

孔截面积与管截面积之比为

$$\frac{A_0}{A_1} = \left(\frac{d_0}{d_1}\right)^2 = \left(\frac{83.5}{150}\right)^2 = 0.31$$

由 Re、A_0/A_1 值查图 1-47 得 $c_0 = 0.635$，将已知值代入式(1-73) 得

$$R = \left(\frac{V_s}{c_0 A_0}\right)^2 \times \frac{\rho}{2(\rho_A - \rho)g} = \left(\frac{0.0265}{0.635 \times 0.785 \times 0.0835^2}\right)^2 \times \left[\frac{1000}{2 \times (13600-1000) \times 9.81}\right]$$
$$= 0.235 \text{ m} = 235 \text{ mm}$$

三、文氏流量计（或称文丘里流量计）

（一）结构

为了克服流体流过孔板流量计永久压降很大的缺点，把孔板改制成如图 1-48 所示的渐缩渐扩管，以减小流体流过时的阻力损失。一般收缩角为 15°～25°，扩大角为 5°～7°，这种流量计称为文氏流量计。

文氏流量计
流动状态

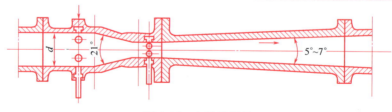

图 1-48 文氏流量计

（二）测量原理与计算

文氏流量计的测量原理与孔板流量计相同，流体经渐缩管至喉颈处，一部分压强能逐渐转化为动能。在喉颈处，压强值最小，与入口截面间的压强差最大。然后经渐扩管，其中大部分动能又可转化为压强能，故机械能损失比孔板流量计要小得多，这是由于流体在文氏流量计中流速变化平缓、涡流较少的缘故。

文氏流量计的流量计算式与式(1-73) 相似，即

$$V_s = C_v A_0 \sqrt{\frac{2(\rho_A - \rho)gR}{\rho}} \tag{1-74}$$

式中　C_v——文氏流量计的流量系数；
　　　A_0——喉颈处的截面积，m^2。

(三) 讨论

① 文氏流量计的阻力损失较小，更适用于低压气体输送管道中的流量测量。
② 流量系数 C_v，一般由实验测定，它也随管内 Re 数而变化，一般 C_v 值为 0.98~0.99。
③ 渐缩渐扩管的加工精度要求高，因而文氏流量计的造价较高，且流量计安装时要占据一定的长度，前后也必须保证足够的稳定段。

【例 1-27】 若改用文氏流量计来测量例 1-26 中的流量，喉管直径为 75mm。已知其流量系数为 0.98，求压差计上的读数 R' 值。

解 由式(1-73) 和式(1-74) 比较可得

$$R' = R\left(\frac{c_0 A_0}{c_v A_0'}\right)^2 = R\left(\frac{c_0 d_0^2}{c_v d_0'^2}\right)^2$$

$R=0.235\text{m}$，$c_0=0.635$，$d_0=83.5\text{mm}$，$c_v=0.98$，$d_0'=75\text{mm}$，代入上式得

$$R' = 0.235 \times \left(\frac{0.635 \times 83.5^2}{0.98 \times 75^2}\right)^2 = 0.235 \times 0.645 = 0.152\text{m} = 152\text{mm}$$

四、转子流量计

(一) 结构

如图 1-49 所示，转子流量计是一自下而上其截面积渐扩的垂直锥形的玻璃管，管内装有一由金属或其他材料制成的转子（或称浮子），转子材料的密度应大于被测流体的密度。

(二) 测量原理与计算

当流量为零时，转子处于玻璃管底部。当有一定流量流过时，流体自下而上流过转子与玻璃管壁间的环隙截面，由于转子上方截面较大，环隙截面积较小，此处流速增大，压强降低，使转子上下端间产生了压强差，对转子产生了一个向上的推力；当此力超过转子的重力与浮力之差值时，转子将上移，由于玻璃管是下小上大的锥形体，故流体的通道截面（即环隙截面）随之增加，在同一流量下，环隙流速减小，两端压差也随之降低。当转子上升到某一高度时，转子两端的压差造成向上推力等于转子所受重力与浮力之差，在这个流量下，转子将稳定地悬浮于该高度位置上。流量愈大，转子的平衡位置愈高，故转子上升位置的高低可以直接反映流体流量的大小。如果流体流量继续增大，通过原来位置的环隙截面的流速会增大，这样作用于转子上、下端的压差也将随之增加，但转子所受的重力和浮力之差并不变化，因而转子必上浮

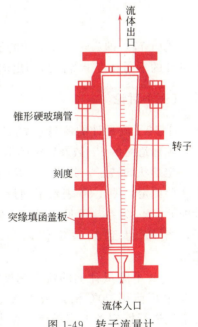

图 1-49　转子流量计

至一个新的高度，直至达到新的力平衡条件为止。因此转子流量计是定压差变截面的流量计。流量的大小可以通过玻璃管表面不同高度上的刻度直接读取。

转子流量计的流量计算式可由转子的力平衡关系导出。如图 1-49 所示，设 V_f 为转子体积（m^3）；A_f 为转子最大部分的横截面积（m^2）；ρ_f 为转子材料的密度（kg/m^3）；ρ 为流体的密度（kg/m^3）；p_1-p_2 表示转子上、下方的平均压强差，则在垂直方向上作用于转子上的力平衡方程为

$$(p_1-p_2)A_f = V_f(\rho_f - \rho)g \tag{1-75}$$

上式也可写为

$$p_1 - p_2 = \frac{V_f}{A_f}(\rho_f - \rho)g \tag{1-75a}$$

当转子稳定于某一位置时，环隙面积也为某一固定值，流体流经环隙通道的流量与压差间的关系可仿照流体通过孔板流量计孔口时的情况来表示，即

$$V_s = C_R A_R \sqrt{\frac{2(p_1-p_2)}{\rho}} \tag{1-76}$$

式中　C_R——转子流量计的流量系数；

A_R——转子处于该一定位置上的环隙截面积，m^2。

将式(1-75a) 代入式(1-76) 得

$$V_s = C_R A_R \sqrt{\frac{2gV_f(\rho_f - \rho)}{A_f \rho}} \tag{1-77}$$

式(1-77) 即为转子流量计的流量计算式。由于环隙面积与锥体高度成正比，于是可在流量计的不同高度上等距离刻出流量的线性变化值。

（三）讨论

① 转子流量计的流量系数 C_R 与流体流过环隙通道时的 Re 数及转子的形状有关。对于一定形状的转子，其 C_R 与 Re 数的关系可由实验测定，图 1-50 表示不同形状转子流量计的 C_R-Re 关系。可见，对某一定形状的转子，当 Re 达到某一定值以后，C_R 也为定值。

② 转子流量计上的流量刻度 V_s 值一般是在出厂前用 20℃ 清水或 20℃、101.3kPa 的空气进行标定的。当被测流体与标定条件不相符时，应对原刻度值加以校正。

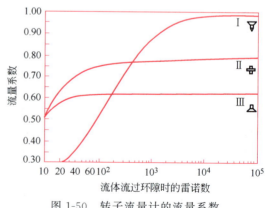

图 1-50　转子流量计的流量系数

若流量系数 C_R 可视为常数，对于一定的转子流量计，其 V_f、A_f、ρ_f 均为一定值。用下标 1 表示标定流体（水或空气），下标 2 表示被测流体，则在同一刻度下（即在同一转子位置，其环隙截面积一定）的流量关系由式(1-77) 可得

$$\frac{V_{s2}}{V_{s1}} = \sqrt{\frac{\rho_1(\rho_f - \rho_2)}{\rho_2(\rho_f - \rho_1)}} \tag{1-78}$$

对于气体，在同一刻度下，由于固体转子材质的密度 ρ_f 比任何气体的密度要大得多，上式可简化为

$$\frac{V_{s2}}{V_{s1}} \approx \sqrt{\frac{\rho_1}{\rho_2}} \tag{1-78a}$$

由式(1-78)、式(1-78a)得出的 V_{s2} 是操作条件下被测流体的实际体积流量。

③ 转子流量计读数方便，可以直接读出体积流量，阻力损失较小，测量范围较宽，对不同流体的适应性也较强，流量计前后不需要很长的稳定段，玻璃管的化学稳定性也较好。但玻璃管不能承受高温和高压，且易破碎。所以在选用时应当注意使用条件，操作时也应缓慢启闭阀门，以防转子的突然升降而击碎玻璃管。

④ 转子流量计必须垂直安装在管路上，而且流体必须下进上出。为便于检修，管路上应设置如图 1-51 所示的旁路。

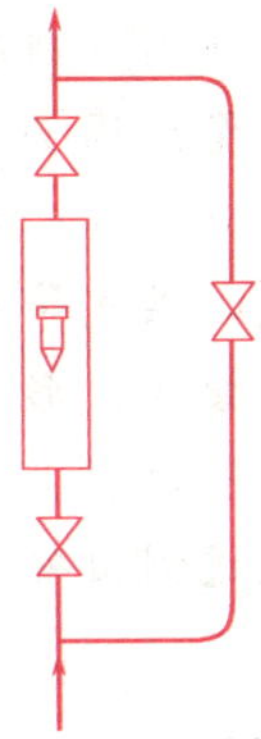

图 1-51 转子流量计安装示意图

▲ 学习本节后可做习题 1-22、1-23。

【案例 1-1】 减阻的重要性

南水北调、西气东输等均为长距离流体输送工程。根据阻力计算方程（1-55）知，长距离输送流体的阻力损失很大，需要在沿程设置泵站提供机械能以克服阻力。工艺要求的流体输送距离无法改变，在某些流体中添加减阻剂，可以降低流体流动的阻力损失。

减阻剂（drag reducing agent，简称 DRA），多为水溶性或油溶性的高分子化合物。例如，水溶性的聚环氧乙烷，只用 25mg/kg 就能使水在管道中所受阻力下降 75%，用于工业热水输送或者消防灭火。油溶性的聚异丁烯用量为 60mg/kg 时，即可使原油在管道中的输送能力大大提高。目前，减阻剂在世界 20 条输油管线中的应用，平均减阻可达 37%。

减阻剂呈连续相分散在流体中，靠本身特有的黏弹性，分子长链顺流向伸展。减阻剂的扭曲、旋转变形使一部分摩擦力转化为顺流向的推动力，得到了减少摩擦阻力损失的效果。根据阻力计算方程(1-55)，减小了阻力系数 λ。减阻剂通常在湍流情况下使用，层流流动是不需要加减阻剂的。减阻剂的研究、生产和应用是一个具有挑战性的课题。

【案例 1-2】 转子流量计的使用

某企业输送介质为表压 40kPa，温度 60℃ 的氨气。选用 AJLZZ-DN50 远传式金属转子流量计，其标示流量范围为 18～180m³/h。该流量计的实际量程范围为多少？当转子流量计的读数为 100m³/h 时，请问实际氨气流量为多少？（该转子流量计流量系数 C_R 为常数，当地大气压为 101.3kPa）

解 气体转子流量计在出厂前用 20℃、101.3kPa 的空气（密度为 1.2kg/m³）进行标定，当测定条件与标定条件不相符时，应对原刻度值加以校正。

操作条件下氨气的密度 $\rho_2 = \dfrac{pM}{RT} = \dfrac{(101.3+40) \times 17}{8.314 \times (273+60)} = 0.8676 \text{kg/m}^3$

由式(1-77)知

$$\dfrac{V_{s2}}{V_{s1}} \approx \sqrt{\dfrac{\rho_1}{\rho_2}} = \sqrt{\dfrac{1.2}{0.8676}} = 1.176$$

即同一刻度下，氨气的流量应是空气流量的 1.176 倍。所以，该转子流量计对氨气的流量范围为 21～210m³/h。当转子流量计的读数为 100m³/h 时，实际氨气流量为 117.6m³/h。提示：指针型金属管转子流量计可测量甲烷、丙烷、乙炔、氨气、氢气、氮气、煤气等多种气体，具有体积小、压损小、量程比大（10∶1）、安装维护方便等特点，按输出形式分，有就地指示型、远传输出型、控制报警型；按防爆要求分类，又可分为普通型、本质安全型、隔离防爆型三种。新型转子流量计不限于必须垂直安装，也有侧进侧出安装式、底进侧出安装式、水平安装式等安装方式可选。

思考题

1-1 说明下列概念的意义。

定常流动　理想流体　不可压缩流体　连续介质　密度　比体积　牛顿黏性定律　速度梯度　体积流量　质量流量　质量流速　位能　动能　层流　湍流　边界层　层流内层　边界层分离　管壁的绝对粗糙度与相对粗糙度　速度分布与速度侧形

1-2 说明下列概念的定义、物理意义及影响因素（包括温度、压强的影响）。

动力黏度与运动黏度　热膨胀系数　阻力损失　阻力压降　压头损失　压强能与流动功　雷诺数

1-3 分析与比较下列各组中有关概念的定义及它们之间的共同点与区别。

$\begin{cases}压强\\剪应力\end{cases}$　$\begin{cases}等压面\\位能基准面\\流动截面\end{cases}$　$\begin{cases}绝压\\表压\\真空度\end{cases}$　$\begin{cases}层流与层流剪应力\\湍流与湍流剪应力\end{cases}$　$\begin{cases}局部阻力\\形体阻力\\摩擦阻力\end{cases}$　$\begin{cases}局部流速\\最大流速\\平均流速\end{cases}$

$\begin{cases}重力\\浮力\end{cases}$　$\begin{cases}流动阻力压降\\流动压强差\\压差计读数\end{cases}$　$\begin{cases}串联管路\\并联管路\\分支管路\end{cases}$

1-4 静力学方程的依据和使用条件是什么？应如何选择等压面？

1-5 连续性方程和柏努利方程的依据和应用条件是什么？应用柏努利方程时，为什么要选取计算截面和基准面？应如何选取？方程中动能与位能的转化条件是什么？

1-6 本章中哪些地方用到了力平衡关系，其中作用力的方向应满足什么条件？

1-7 计算直管摩擦阻力系数的方法及其影响因素是什么？为什么在不同区域影响因素不同？不同区域的摩擦阻力损失与速度 u 的关系是什么？

1-8 为什么流量计的应用范围都应当处于流量系数为常数的区域？它们的安装各有什么基本要求？

1-9 用 U 形管压差计测量一楼处某常压氢气管道中某点的压强。为了操作方便，将 U 形管压差计安装在三楼，这时应如何根据该压差计读数计算测点的实际绝对压强？

1-10 若设备内为真空系统，既要使设备底部液体不断排出，又要防止外界空气漏入以维持设备内的真空度。此时应当如何设计水封？试画出示意图。

1-11 虹吸是一种常用来在大气压强下，将容器 A 中的液体转移到容器 B 中的手段。产生虹吸的必要条件是：a. A 容器中的液面应比虹吸管出口截面高；b. 虹吸管内必须充满被输送液体。

试分析：①上述两个条件为什么必须满足？②如图 1-52 所示，判断一下沿虹吸管各高度位置上压强的可能变化。③在相同水平面上，a—a'与b—b'两截面是否是等压面？

1-12 在生产中常通过改变管路上的阀门的开启度来调节设备间的流量大小，能根据柏努利方程说明其原理吗？对闸阀来说，是在开启度较大时还是较小时调节比较灵敏？

1-13 在计算圆形管的直管阻力损失时用到了一个当量直径的概念，在计算局部阻力时又用到了一个当量长度的概念，这种当量化的思路有什么特点和优点？

1-14 对孔板流量计，为什么A_0/A_1愈大，c_0值也愈大？

1-15 若空气转子流量计中通以温度为t、压强为p的氢气，这时在相同读数下，体积流量值应如何换算？

1-16 有一转子流量计，原来用钢制的转子，现改用形状相同的塑料转子代替，此时，同刻度下的流量是增加还是减少？

图 1-52　思考题 1-11 附图

 习题

1-1 试计算氨在 2.55MPa（表压）和 16℃下的密度。已知当地大气压强为 100kPa。

[答：18.75kg/m³]

1-2 某气柜内压强为 0.075MPa（表压），温度为 40℃，混合气体中各组分的体积分数为：

v_i	H_2	N_2	CO	CO_2	CH_4
%	40	20	32	7	1

试计算混合气的密度。当地大气压强为 100kPa。

[答：1.25kg/m³]

1-3 在大气压强为 100kPa 地区，某真空蒸馏塔塔顶的真空表读数为 90kPa。若在大气压强为 87kPa 地区，仍要求塔顶绝压维持在相同数值下操作，问此时真空表读数应为多少？

[答：77kPa]

1-4 计算 20℃下苯和甲苯等体积混合时的密度及平均相对分子质量。设苯-甲苯混合液为理想溶液。

[答：873kg/m³，84.4]

1-5 用普通 U 形管压差计测量原油通过孔板时的压降，指示液为汞，原油的密度为 860kg/m³，压差计上测得的读数为 18.7cm。计算原油通过孔板时的压强降（汞的密度可取为 13600kg/m³）。

[答：23.37kPa]

1-6 一敞口烧杯底部有一层深度为 51mm 的常温水，水面上方有深度为 120mm 的油层，大气压强为 745mmHg 柱，温度为 30℃，已知油的密度为 820kg/m³。试求烧杯底部所受的绝对压强。

[答：100.8kPa]

1-7 如图 1-53 所示，用连续液体分离器分离互不相溶的混合液。混合液由中心管进入，依靠两液体的密度差在器内分层，密度为 860kg/m³ 的有机液体通过上液面溢流口流出，密度为 1050kg/m³ 的水溶液通过 U 形水封管排出。若要求维持两液层分界面离溢流口的距离为 2m，问液封高度 z_0 为多少？（忽略液体的流动阻力）

[答：1.638m]

1-8 双液柱微差计用来测量气体导管中某截面上的压强。压差计的一侧与导管测点相连，另一侧敞口。已知大气压强为 750mmHg，指示液为水和轻油，它们的密度分别为 1000kg/m³ 和 860kg/m³，压差计读数为 150mm。试求被测气体导管截面上的绝对压强。

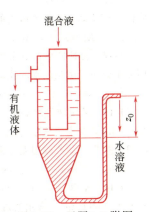

图 1-53　习题 1-7 附图

[答：100.2kPa]

1-9 一异径串联管路，小管内径为50mm，大管内径为100mm。水由小管流向大管，其体积流量为15m³/h。试分别求出水在小管和大管中的：①质量流量；②平均流速；③质量流速。

[答：小管中，15000kg/h，2.123m/s，2123kg/(m²·s)；大管中，15000kg/h，0.531m/s，530.8kg/(m²·s)]

1-10 水以17m³/h的流量经一水平扩大管段，小管内径$d_1=40$mm，大管内径$d_2=80$mm。如图1-54所示的倒U形压差计上的读数R为170mm。求水流经1、2截面间扩大管段的阻力损失为多少。

[答：4.96J/kg]

1-11 如图1-55所示，有一输水系统，高位槽水面高于地面8m，输水管为普通无缝钢管$\phi 108\times 4.0$，埋于地面以下1m处，出口管管口高出地面2m。已知水流动时的阻力损失可用下式计算：$\sum h_f = 45\left(\dfrac{u^2}{2}\right)$，式中u为管内流速。试求：①输水管中水的流量；②欲使水量增加10%，应将高位槽液面增高多少？（设在两种情况下高位槽液面均恒定。）

[答：①45.2m³/h；②1.26m]

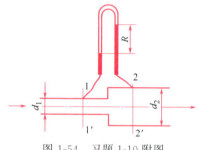

图1-54 习题1-10附图

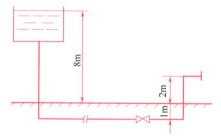

图1-55 习题1-11附图

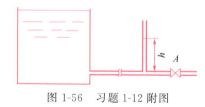

图1-56 习题1-12附图

1-12 如图1-56所示水槽，液面恒定，底部引出管为$\phi 108\times 4$无缝钢管。当阀门A全闭时，近阀门处的玻璃管中水位高h为1m，当阀门调至一定开度时，h降为400mm，此时水在该系统中的阻力损失（由水槽至玻璃管接口处）为300mm水柱，试求管中水的流量。

[答：68.7m³/h]

1-13 25℃的水在$\phi 76\times 3$的无缝钢管中流动，流量为30m³/h。试判断其流动类型；若要保证管内流体做层流流动，则管内最大的平均流速应为多少？

[答：$Re=1.69\times 10^5$，为湍流；0.0256m/s]

1-14 套管换热器由无缝钢管$\phi 25\times 2.5$和$\phi 76\times 3.5$组成，今有50℃、流量为2000kg/h的水在套管环隙中流过，试判断水的流动类型。

[答：$Re=1.37\times 10^4$，为湍流]

1-15 某输液管路输送20℃某有机液体，其密度为1022kg/m³，黏度为4.3cP。管子为热轧无缝钢管$\phi 57\times 3.5$，要求输液量为1m³/h，管子总长为10m（包括局部阻力的当量长度在内）。试求：①流过此管的阻力损失；②若改用无缝钢管$\phi 25\times 2.5$，阻力损失为多少？钢管的绝对粗糙度可取为0.2mm。

[答：①$7.65\times 10^{-2}$J/kg；②9.79J/kg]

1-16 水以2.7×10^{-3}m³/s的流量流过内径为50mm的铸铁管。操作条件下水的黏度为1.09mPa·s，密度为992kg/m³。求水通过75m水平管段的阻力损失。

[答：65.7J/kg]

1-17 某液体流过普通热轧无缝钢管$\phi 273\times 11.0$，管壁粗糙度为2.5mm，管长为150m，允许阻力损失为5.3m液柱。已知该液体的运动黏度为2.3×10^{-6}m²/s，试确定其体积流量。

[答：381m³/h]

1-18 原油以28.9m³/h流过一普通热轧无缝钢管，总管长为530m（埋于地面以下），允许阻力损失为80J/kg，原油在操作条件下的密度为890kg/m³，黏度为3.8mPa·s。管壁粗糙度可取为0.5mm。试选择适宜的管子规格。

[答：热轧无缝钢管 $\phi114\times4$]

1-19 如图1-57所示，用泵将贮槽中的某油品以40m³/h的流量输送到高位槽。两槽的液位差为20m。输送管内径为100mm，管子总长为450m（包括各种局部阻力的当量长度在内）。试计算泵所需的有效功率。设两槽液面恒定。油品的密度为890kg/m³，黏度为0.187Pa·s。

[答：6.17kW]

1-20 用玻璃虹吸管将槽内某酸溶液自吸出来，如图1-58所示。溶液密度为1200kg/m³，黏度为6.5cP。玻璃虹吸管内径为25mm，总长为4m，其上有两个90°标准弯头。若要使输液量不小于 0.5×10^{-3} m³/s，高位槽液面至少要比出口高出多少？设高位槽内液面恒定。

[答：0.545m]

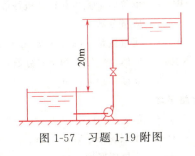
图1-57 习题1-19附图

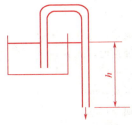
图1-58 习题1-20附图

1-21 一简单管路系统，其总管长为40m，管路中装有四个90°标准弯头和一个全开截止阀，选用普通焊接钢管 $\phi114\times4$（4in）。已知该管路进、出口截面间允许压差为0.04MPa。当管路输送10℃水时，水流量可达多少？

[答：60.5m³/h]

1-22 在 $\phi273\times8$ 的无缝钢管的管中心处装有一皮托管，用以测定管中心处的空气流速，空气温度为40℃，压强为 9×10^4 Pa（绝压）。采用双液柱微差计测量皮托管两端的压差值，指示液为水和油，其密度分别为1000kg/m³和800kg/m³。已知压差计上读数为150mm，求此时管内空气的质量流量。

[答：1.005kg/s]

1-23 如图1-59所示输送水的系统，水池与高位容器均为敞口，假设两液面维持恒定。水流量用孔板流量计测量，其孔径为20mm，孔流系数为0.61，管子均为无缝钢管 $\phi57\times3.5$，管长为250m（包括孔板在内的所有局部阻力的当量长度），管壁的绝对粗糙度可取为0.2mm。U形管压差计中指示液为汞。水温为20℃。试求：当水流量为6.86m³/h时，①由离心泵获得的机械能量；②此时压差计上的读数 R。

[答：①173.5J/kg；②400mm]

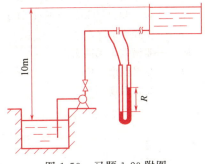
图1-59 习题1-23附图

1-24 某流体在光滑圆形直管内做湍流流动，若管长和管径均不变，而流量增加为原来的两倍，问因流动阻力而产生的阻力损失为原来的多少倍？摩擦系数可用柏拉修斯公式计算。

[答：3.36倍]

1-25 30℃空气从风机送出后以10m/s的流速流经一段内径为200mm、管长为20m的无缝钢管，然后在内径各为150mm的两根并联无缝钢管内分为两股，一根管长为40m，另一根管长为80m；此后两管合拢再流经一段内径为 200mm、长 30m 的管段，最后排入大气。试求：①两段并联管中的流速；②风机出口处的空气压强（表压）。忽略管路中分支与汇合处的局部阻力。

[答：①7.36m/s，10.41m/s；②632Pa]

本章主要符号说明

英文字母

A——面积，m^2；
C_0——孔板流量计的孔流系数，无因次；
C_v——文氏流量计的流量系数，无因次；
C_R——转子流量计的流量系数，无因次；
d、D——直径，m；
d_e——当量直径，m；
e——涡流黏度，Pa·s；
F——力，N；
G——质量流速，$kg/(m^2·s)$；
g——重力加速度，m/s^2；
H——高度，m；
H_e——输入压头，m；
H_f——压头损失，m；
h——距离、高度，m；
l——长度，m；
l_e——当量长度，m；
M——物质的千摩尔质量，kg/kmol；
m——物体的质量，kg；
N——功率，W(或 J/s)；
P——压力，N；
p——压强，N/m^2（即 Pa）；
Δp_f——阻力压降，N/m^2（即 Pa）；
R——U 形管压差计上读数，m；通用气体常数，8314J/(kmol·K)；管子半径，m；
r——半径，m；
Re——雷诺数，无因次；
T——绝对温度，K；
t——摄氏温度，℃；
u——流速、平均流速，m/s；
u_c——管中心最大速度，m/s（或用 u_{max} 表示）；
u_m——平均速度，m/s；
u_r——管半径 r 处的速度，m/s；
V——体积，m^3；
V_s——体积流量，m^3/s（或 m^3/h）；
v——比体积，m^3/kg；
W_e——单位质量流体获得的机械能量，J/kg；
w——质量分数；
W_s——质量流量，kg/s（或 kg/h）；
$x(y)$——液体（气体）的摩尔分数；
z——高度、距离，m。

希腊字母

α——角度，(°)；
β——体积膨胀系数，$℃^{-1}$；
δ——边界层厚度，m；
ε——管壁的绝对粗糙度，m；
ζ——局部阻力系数，无因次；
η——泵的效率，%；
λ——摩擦系数，无因次；
μ——流体的黏度，Pa·s；
ν——流体的运动黏度，m^2/s；
ρ——流体的密度，kg/m^3；
τ——剪应力，N/m^2。

下标

l——液体；
g——气体；
m——混合物；
i——第 i 个组分。

第二章 流体输送机械

学习要求

1. 熟练掌握的内容

离心泵的基本结构和工作原理、主要性能参数、特性曲线及其应用；离心泵的工作点，流量调节、安装高度、选型以及操作要点；离心通风机的性能参数、特性曲线及其选用。

2. 理解内容

影响离心泵性能的主要因素；往复泵的基本结构、工作原理与性能参数。

3. 了解的内容

其他化工用泵的工作原理与特性；鼓风机、真空泵的工作原理。

第一节 概 述

一、流体输送机械的作用

在化工生产中，常需将流体从一个设备送至另一个设备，从一个位置输送到另一个位置。进行设备布置时，应尽可能利用流体的压差和液面的位差来克服流动阻力，使流体从高压区流向低压区，从高液位流向低液位，即实现流体的"自流"。但当根据具体工艺要求需将一定量的流体进行远距离输送、从低处送向高处、从低压设备向高压设备输送时，依据柏努利方程，就必须使用各种流体输送机械从外部对流体做功，以增加流体的机械能。人们也常将流体输送机械比喻为使过程正常进行的"心脏"。流体输送机械用量既多，又要依靠各种能源（如电能、高压水蒸气等）来进行驱动，它是化工生产中动力消耗的大户，有的价格也比较昂贵。因此，正确地进行管路计算并选用适宜的流体输送机械，对于降低投资和生产成本都是非常重要的。

二、流体输送机械的分类

化工生产中被输送流体的物性（如密度、黏度、腐蚀性、可燃性和毒性等）和操作条件

（如流量、温度、压强等）都有很大的差异，有时还会遇到多相流体的输送，为了适应不同的需要，发展了许多种结构与操作特性各不相同的流体输送机械。总的来说，可分为液体输送机械（如各种输送液体的泵）和气体输送机械（如通风机、压缩机、真空泵等）两大类。按工作原理不同又可分为离心式、正位移式（或称容积式）和流体动力作用式三类。

本章按液体输送机械和气体输送机械分别进行讨论。以离心式输送机械为重点。要求能根据流体的物性和输送任务（管路和设备情况、输送能力及其可能的变化范围）以及各类输送机械的工作原理和结构特性，正确选择适当的流体输送机械的型式，确定其适宜的型号、规格和消耗功率，以达到既能满足生产要求，又较经济合理的目的。此外，通过本章的例题和习题，要进一步熟练掌握和灵活运用柏努利方程。

第二节　离心泵

离心泵属于离心式液体输送机械，应用较为广泛，其特点是结构简单、流量均匀、适应性强、易于调节。

一、离心泵的工作原理与主要部件的结构

（一）工作原理

图 2-1 是从池内吸入液体的离心泵装置系统的示意图。叶轮安装在泵壳内，紧固于泵轴上，泵轴一般由电机直接带动。吸入口位于泵壳中央，并与吸入管连接，由于直接从池内吸入液体，故液体经滤网、底阀由吸入管进入泵内，由泵出口流至排出管。

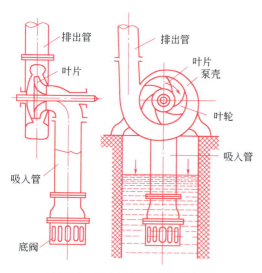

图 2-1　离心泵装置系统示意图

离心泵

离心泵启动前，必须先将所送液体灌满，吸入管路、叶轮和泵壳，这种操作称为灌泵。电

机启动后,泵轴带动叶轮高速旋转,转速一般为1000~3000r/min,在离心力作用下,液体由叶轮中心被甩向边缘并获得机械能,以15~25m/s的线速度离开叶轮进入蜗形泵壳,在壳内由于流道不断扩大,液体流速渐减而压强渐增,最终以较高的压强沿泵壳的切向流至排出管。图2-2为液体在泵内的流动情况。液体由旋转叶轮中心向外缘运动时在叶轮中心形成了低压区(真空),在吸入侧液面压强与泵吸入口及叶轮中心区之间的压强差的作用下,液体流向叶轮。只要叶轮不断转动,液体就会连续地吸入和排出,完成一定的送液任务。

图 2-2 液体在泵内的流动

值得注意的是,在泵启动前,如果吸入管路、叶轮和泵壳内没有完全充满液体而存在部分空气时,由于空气的密度远小于液体,叶轮旋转时对气体产生的离心力很小,气体又会产生体积变化,既不足以驱动前方的液体在蜗壳中流动,又不足以在叶轮中心处形成使液体吸入所必需的低压,于是液体就不能正常地被吸入和排出,这种现象称为**气缚**。因此,在离心泵启动前必须进行灌泵。为了便于启动,可在吸入管端部安装一个如图2-1所示的单向底阀(止回阀)防止液体漏回池内,单向阀下部装有滤网,滤网的作用是可以阻拦液体中的固体杂质吸入而引起堵塞和磨损。若将泵的吸入口置于吸入侧设备中的液位之下,液体就会自动流入泵中,启动前就不需人工灌泵了。

(二)主要部件的构造

离心泵的部件很多,其中叶轮、泵壳和轴封装置是三个主要功能部件,它们的形状和构造对泵的基本功能、提高泵的工作效率有重要影响。

离心泵的气缚

(1)叶轮 叶轮是将电动机的能量传给液体的部件。叶轮的类型如图2-3所示,分为开式(敞式)、半开式和闭式三种。叶轮上一般有6~12片后弯叶片,即叶片的弯曲方向与叶轮的旋转方向相反。开式叶轮在叶片两侧无盖板,这种叶轮结构简单、制造容易、清洗方便,适用于输送含较多固体悬浮物或带有纤维的液体,但由于叶轮与泵壳之间间隙较大,液体易从泵壳和叶片的高压区侧通过间隙流回低压区和叶轮进口处,即产生内泄,故其效率较低。半开式叶轮在吸入口一侧无盖板(只有一块后盖板),它适用于输送易于沉淀或含固体悬浮物的液体,但其效率也较低。闭式叶轮在叶片两侧有前后盖板,适用于输送不含固体杂质的清洁液体,其结构虽较复杂,但内泄较少,效率较高。一般离心泵大多采用闭式叶轮。

(a) 开式 (b) 半开式 (c) 闭式

图 2-3 叶轮的类型

闭式或半开式叶轮在运行时，离开叶轮的高压液体由于同叶轮后盖板与泵壳间的空隙处连通，使盖板后侧也受到较高压强作用，而叶轮前盖板的吸入口附近为低压，故液体作用于叶轮前后两侧的压强不等，便产生指向叶轮吸入口方向的轴向推力，引起泵轴上轴承等部件处于不适当的受力状态，并会使叶轮推向吸入侧，与泵壳接触而产生摩擦，严重时会引起泵的震动和运转不正常。为减小轴向推力，可在叶轮后盖板上钻一些小孔（称为平衡孔），使一部分高压液体漏向低压区，以减小叶轮两侧的压强差，但泵的效率也会有所降低。

按吸液方式不同，叶轮还可分为单吸式和双吸式，如图 2-4 所示。双吸式叶轮是从叶轮两侧同时吸入液体，因而具有较大的吸液能力，且可以消除轴向推力，但其构造比较复杂，常用于大流量的场合。

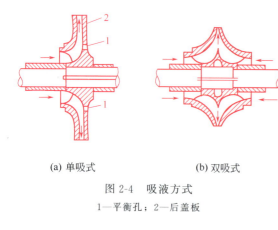

(a) 单吸式　　　(b) 双吸式

图 2-4　吸液方式

1—平衡孔；2—后盖板

（2）泵壳　离心泵的外壳是蜗壳形的，如图 2-5 所示，叶轮在壳内旋转时吸入和排出液体，叶轮的旋转方向与蜗壳流道逐渐扩大的方向一致，它使由叶轮甩出的高速液体的大部分动能随流道扩大转换为压强能，因此蜗壳不仅作为汇集和导出液体的通道，同时又是一个能量转换装置。

对较大的离心泵，为减小叶轮甩出的高速液体与泵壳之间的碰撞而产生的阻力损失，可在叶轮与泵壳间安装一个如图 2-5 所示的导轮，它是一个固定不动而带有叶片的圆盘，液体由叶轮 1 甩出后沿导轮 2 的叶片间的流道逐渐发生能量转换，使能量损失尽量减少。

（3）轴封装置　泵轴与泵壳之间的密封称为轴封。其作用是防止高压液体沿轴外泄，又要防止外界空气反向漏入泵的低压区内。常用的轴封装置有填料密封和机械密封两种。

① 填料密封。如图 2-6 所示，它主要由填料函壳、软填料和填料压盖组成。软填料可选用浸油及涂石墨的方形石棉绳，缠绕在泵轴上，然后将压盖均匀上紧，使填料紧压在填料函壳和转轴之间，以达到密封的目的。它的结构简单，加工方便，但功率消耗较大，且沿轴仍会有一定量的泄漏，需要定期更换维修。

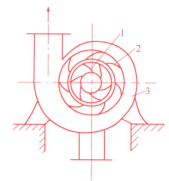

图 2-5　泵壳与导轮

1—叶轮；2—导轮；3—蜗壳

② 机械密封。输送易燃、易爆或有毒、有腐蚀性液体时，对于轴封要求严格，一般采用机械密封装置，图 2-7 为其示意图。主要的密封元件是装在轴上随轴转动的动环和固定在泵体上的静环组成的密封对（一般动环用硬质耐蚀金属材料、静环用浸渍石墨或耐蚀塑料制作以便更换），两个环的环形端面由弹簧使之平行贴紧，当泵运转时，两个环端面发生相对运动但保持贴紧而起到密封作用，因此机械密封又称为端面密封。

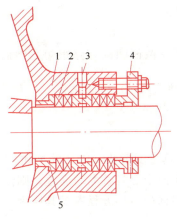

图 2-6 填料密封

1—填料函壳；2—软填料；3—液封圈；
4—填料压盖；5—内衬套

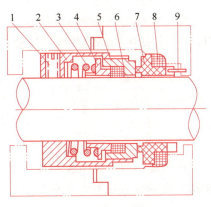

图 2-7 机械密封

1—螺钉；2—传动座；3—弹簧；4—推环；
5—动环密封圈；6—动环；7—静环；
8—静环密封圈；9—防转销

与填料密封相比，机械密封的密封性能好，结构紧凑，使用寿命长，功率消耗少，现已较广泛地应用于各种类型的离心泵中，但其加工精度要求高，安装技术要求严，价格较高，维修也较麻烦。

二、离心泵的主要性能参数

离心泵的主要性能参数包括流量、扬程、轴功率、有效功率、效率等。

（一）离心泵的流量 Q

以体积流量表示的送液能力，其单位为 m^3/s 或 m^3/h。其大小主要取决于泵的结构形式、尺寸（叶轮直径和流道尺寸）、转速以及液体黏度。

（二）离心泵的扬程（又称压头）H

离心泵对单位重量（重力）液体提供的有效机械能量，也就是液体从泵实际获得的净机械能量，即式（1-30b）中的输入压头 H_e，其单位为 J/N 即 m（指米液柱）。其大小取决于泵的结构型式、尺寸（叶轮直径、叶片的弯曲程度等）、转速及流量，也与液体的黏度有关。

对于一定的离心泵，在一定转速下，H 和 Q 的关系目前尚不能从理论上做出精确计算，一般均用实验方法测定，图 2-8 为离心泵扬程测定的实验装置示意图。在泵的入、出口截面的中心水平位置上分别装有真空表和压强表，在此两截面 1、2 间列柏努利方程，按式（1-30b）可得

$$H = H_e = (z_2 - z_1) + \frac{u_2^2 - u_1^2}{2g} + \frac{p_2 - p_1}{\rho g} + H_f \quad (2-1)$$

式中 $z_2 - z_1 = h_0$——泵出、入口截面间的垂直距离，m；

u_2、u_1——泵出、入管中的液体流速，m/s；

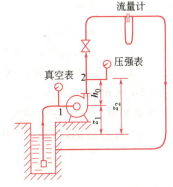

图 2-8 离心泵扬程测定装置示意图

p_2、p_1——泵出、入口截面上的绝对压强，Pa；

H_f——两截面间管路中的压头损失，m。

H_f 中不包括泵内部的各种机械能损失。由于两表所在截面间的管路很短，因而 H_f 值很小。此外，动能差项 $\dfrac{u_2^2-u_1^2}{2g}$ 也很小，均可忽略不计，故式(2-1)可简化为

$$H=h_0+\frac{p_2-p_1}{\rho g} \tag{2-1a}$$

式中，p_2-p_1 可视为压强表读数（Pa）与真空表上真空度读数（Pa）的加和。

要注意的是，如果压强表和真空表安装位置同测压截面中心有较大的高差，则读出的表压强和真空度的数值并不代表测压截面上的实际值，试根据静力学方程考虑其原因。

• **【例 2-1】** 用 20℃清水测定某离心泵的扬程 H。泵的转速为 2900r/min，测得流量为 $10m^3/h$ 时，泵吸入口处真空表上的读数为 21.3kPa，泵出口压强表上的读数为 170kPa。已知出入管截面间垂直距离为 0.3m。

解 查附录五得 20℃清水的密度 $\rho=998.2kg/m^3$。

已知 $h_0=0.3m$，$p_1=p_a-$真空度$=p_a-21.3$(kPa)

$$p_2=p_a+\text{表压}=p_a+170 \text{(kPa)}$$

所以 $p_2-p_1=170+21.3=191.3kPa$

将上述数据代入式(2-1a)得泵的扬程

$$H=h_0+\frac{p_2-p_1}{\rho g}=0.3+\frac{191.3\times 10^3}{998.2\times 9.81}=0.3+19.5=19.8m$$

一般泵的出入口间的高差也不大，在这种情况下，泵的扬程可近似等于泵出口与泵入口的静压头之差或静压头的增量；另一方面，扬程也可理解为将 1N 液体升举到 H 高度所做的功。

（三）离心泵的功率与效率

（1）泵的有效功率 N_e 是指单位时间内液体经离心泵所获得的实际机械能量，也就是离心泵对液体做的净功率，由于单位时间流过的流体质量为 $Q\rho$，故其表达式为

$$N_e=Q\rho g H \tag{2-2}$$

式中 N_e——泵的有效功率，W；

Q——泵的流量，m^3/s；

H——泵的扬程，m；

ρ——液体的密度，kg/m^3。

（2）泵的轴功率 N 是指单位时间内通过泵轴传入泵的机械能量，用来提供泵的有效功率并克服单位时间在泵内发生的各种机械能损失，其单位同 N_e。

（3）离心泵的效率 η 其表示式为

$$\eta=\frac{N_e}{N}\times 100\% \tag{2-3}$$

η 值反映了离心泵运转时机械能损失的相对大小。一般大泵可达 85% 左右，小泵为

50%～70%。

泵轴转动所做的功不能全部为液体所获得，这是由于泵在运转时存在容积损失（由泵的内泄引起）、水力损失（由于液体在泵壳和叶轮内流向、流速的不断改变与产生冲击和摩擦而引起）和机械损失（由于泵轴与轴承、泵轴与填料之间或机械密封的动、静环之间的摩擦损失以及液体与叶轮的盖板之间的摩擦损失而引起）。η 与泵的构造、大小、制造精度及被送液体的性质、流量均有关。

考虑到离心泵启动或运转时可能超过正常负荷以及原动机通过转轴传送的功率也会有损失，因此所配原动机（通常为电动机）的功率应比泵的轴功率要大些。

● **【例 2-2】** 若例 2-1 中同时测得该泵的轴功率为 1.05kW，试求该次实验时泵的有效功率 N_e 和泵的效率 η。

解 泵的有效功率为

$$N_e = Q\rho gH = \frac{10}{3600} \times 998.2 \times 9.81 \times 19.8 = 539\text{W}$$

泵的效率为

$$\eta = \frac{N_e}{N} = \frac{539}{1050} = 0.513，即 51.3\%$$

三、离心泵的特性曲线及其影响因素分析

（一）离心泵的特性曲线及其测定

离心泵出厂前，在规定条件下由实验测得的 H、N、η 与 Q 之间的相互关系曲线称为**离心泵的特性曲线**。图 2-9 表示某离心泵在转速 n 为 2900r/min 下，用 20℃清水测得的特性曲线，它包括以下几条曲线。

（1）H-Q 曲线 表示离心泵的扬程与流量的关系。通常离心泵的扬程 H 随流量 Q 的增大而下降。不同型号的离心泵，其 H-Q 曲线的形状也有所不同。常用的离心泵的 H-Q 曲线下降比较平缓，具有下降陡峭曲线的离心泵用于输出点处的压强容易变化，但又要求流量变化不大的特殊场合，如锅炉的给水泵。

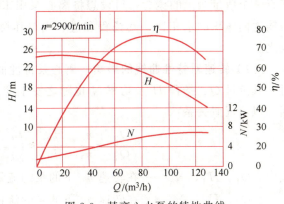

图 2-9 某离心水泵的特性曲线

（2）N-Q 曲线 表示离心泵的轴功率 N 随流量 Q 的关系。N 总随 Q 的增大而增加。由图 2-9 可知，当流量 Q 为零时，轴功率 N 为最小，而常用电机的启动电流是全速运转时的 4～5 倍以上，因此，在离心泵启动时，应当关闭泵的出口阀，使电机的启动电流减至最小，待电机达到规定转速时，再开启出口阀调节到所需流量。

（3）η-Q 曲线 表示离心泵效率 η 随流量 Q 的变化关系，由图 2-9 可见，开始 η 随 Q 增加而上升，并达到一个最大值，此后 η 随 Q 的增大反而下降，说明离心泵在一定转速下

有一最高效率点,称为泵的设计点,在该点下运行时最为经济。离心泵铭牌上标明的性能参数就是该泵在这一最佳工况下的参数。在选定离心泵的规格时,应使泵在设计点附近工作,正常操作时泵的效率应不低于最高效率的92%。

测定离心泵特性曲线时,应先关闭离心泵的出口阀,灌泵后启动离心泵,在恒定转速下测出零流量下的泵的入口真空表和出口压强表的读数,用功率仪测出轴功率;然后逐渐开启出口阀,逐一测出各流量 Q 下的对应的 H 值和 N 值,再按式(2-2)与式(2-3)计算出相应的 N_e 值和 η 值;绘出 H-Q、N-Q、η-Q 曲线。

(二) 影响离心泵性能的主要因素

(1) 液体物性对特性曲线的影响 前已述及,离心泵生产厂提供的特性曲线是在一定转速下用20℃清水测得的,当被送液体的物性与水有较大差异时,必须对特性曲线加以校正。

① 黏度的影响。当液体黏度增大时,液体通过叶轮与泵壳的能量损失将随之增大,从而使扬程、流量减小,效率下降,轴功率增大,于是特性曲线将随之发生变化,对小型泵尤为显著。通常,当液体的运动黏度 $\nu < 20 \times 10^{-6} \mathrm{m}^2/\mathrm{s}$ 时(如汽油、煤油等)可不进行校正;否则可参考有关手册予以校正。

② 密度的影响。离心泵的流量与叶轮的几何尺寸及液体在叶轮周边上的径向速度有关,而与密度无关;离心泵的扬程与液体密度也无关。按扬程 H 的定义式,$H \propto \dfrac{p_2 - p_1}{\rho g}$,当液体密度增大时,在相同转速下,单位体积流体所受的离心力也加大,并使进、出口压强差增加,它和密度的增加是同步的,故 H 值不随 ρ 而变化。一般,离心泵的 H-Q 曲线和 η-Q 曲线不随液体的密度 ρ 而变化,只有 N-Q 曲线在液体密度变化时需按式(2-2)进行校正。为了有一个数量级上的概念,可设想将离心泵用来输送空气,空气的密度为 $1.205 \mathrm{kg/m}^3$,则与输送同体积的水相比,其扬程和进、出口压强差和有效功率各变化多少?读者可自行比较之。

(2) 转速对特性曲线的影响 离心泵特性曲线是在一定转速下测定的,当转速 n 变化时,其流量 Q、扬程 H 及功率 N 也随之发生变化。设泵的效率基本不变,Q、H、N 与 n 间有以下近似关系:

$$\frac{Q_2}{Q_1} \approx \frac{n_2}{n_1}, \quad \frac{H_2}{H_1} \approx \left(\frac{n_2}{n_1}\right)^2, \quad \frac{N_2}{N_1} \approx \left(\frac{n_2}{n_1}\right)^3 \tag{2-4}$$

式中 Q_1、H_1、N_1——在转速 n_1 下的泵的流量、扬程、功率;

Q_2、H_2、N_2——在转速 n_2 下的泵的流量、扬程、功率。

式(2-4)称为比例定律。当转速变化小于20%时,利用式(2-4)可由一种转速下的 Q、H、N 计算出不同转速下的相应值。

(3) 叶轮直径对特性曲线的影响 当转速 n 一定时,对某一型号的离心泵,将其原叶轮的外周进行切削,如果外径变化不超过5%且叶轮车削前后出口宽度基本不变时,泵的 Q、H、N 与叶轮直径 D 之间有如下近似关系:

$$\frac{Q_2}{Q_1} \approx \frac{D_2}{D_1}, \quad \frac{H_2}{H_1} \approx \left(\frac{D_2}{D_1}\right)^2, \quad \frac{N_2}{N_1} \approx \left(\frac{D_2}{D_1}\right)^3 \tag{2-5}$$

四、离心泵的工作点与流量调节

当离心泵安装在一定的管路系统中以一定转速定常运转时,其输液量即为管路中的液体流量。在此流量下,离心泵所提供的扬程 H 应当正好等于单位质量液体在此管路中流动并完成规定的流动任务所需获得的机械能量 H_e[式(2-1)]。因此,离心泵的实际工作情况是由泵的特性和管路本身的特性共同决定的。应当注意,离心泵的特性曲线只是泵本身的特性,与管路情况无关。

(一) 管路特性曲线

如图 2-10 所示的管路输液系统,若两槽液面维持恒定,管内径一定,列 1—1′和 2—2′截面间的柏努利方程,可得到

$$H_e = \Delta z + \frac{p_2 - p_1}{\rho g} + \frac{\Delta u^2}{2g} + H_f \tag{2-6}$$

上式中,$\Delta z + \dfrac{p_2 - p_1}{\rho g}$ 对一定管路系统为固定值,令

$$A = \Delta z + \frac{p_2 - p_1}{\rho g} \tag{2-7}$$

它与 Q 无关,只是由管路两端实际条件决定的常数。H_f 是管路系统的总压头损失,由式(1-55)可表示为

$$H_f = \frac{\sum h_f}{g} = \lambda \frac{l + \sum l_e}{d} \times \frac{u^2}{2g} \tag{2-8}$$

式(2-8)中的 $u = \dfrac{Q}{\frac{\pi}{4}d^2}$,代入上式得

$$H_f = \lambda \frac{8}{\pi^2 g} \times \frac{l + \sum l_e}{d^5} Q^2 \tag{2-8a}$$

式中 $l + \sum l_e$——管路中的直管长度与局部阻力的当量长度之和,m;
  d——管子的内径,m;
  Q——管路中的液体流量,m³/s;
  λ——摩擦系数,对一定的管路,它是 Re 数的函数,也即为 Q 的函数,当管路中液体流动的湍流程度较高时,λ 变化很小可视为常数。

式(2-6)中的 $\dfrac{\Delta u^2}{2g} = \dfrac{u_2^2 - u_1^2}{2g}$。

由上式和式(2-8a)可知,对于一定的管路状况,有

$$\frac{\Delta u^2}{2g} + H_f = BQ^2 \tag{2-9}$$

这里,B 可认为是由管路情况决定的常数,于是,式(2-6)可改写为

$$H_e = A + BQ^2 \tag{2-10}$$

式(2-10)称为**管路特性方程**,它在 H-Q 坐标图上是 Q 的二次曲线,称为管路特性曲线(参见图 2-11)。显然,当 $Q=0$ 时,曲线在纵轴上的截距 $H_e = A = \Delta z + \dfrac{\Delta p}{\rho g}$,随 Q 增加,H_e

增加。曲线的陡峭程度主要随管路情况而异,即由 B 值决定。

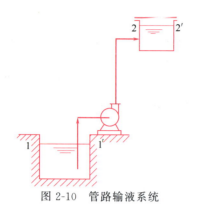

图 2-10 管路输液系统

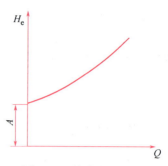

图 2-11 管路特性曲线

• 【例 2-3】 如图 2-10 所示管路系统,离心泵将密度为 1200kg/m^3 的液体由敞口贮槽送至高位槽,高位槽内液面上方的表压强为 120kPa,两槽液面恒定,其间垂直距离为 10m,管路中液体为高度湍流。已知当 $Q=38.7\text{L/s}$ 时 $H_e=50\text{m}$,求管路的特性方程。

解 列 1—1′ 和 2—2′ 截面间的柏努利方程,设槽截面很大,故 $\dfrac{\Delta u^2}{2g}$ 可忽略,则有

$$H_e = (z_2 - z_1) + \frac{p_2 - p_1}{\rho g} + H_f = \left(10 + \frac{120 \times 10^3}{1200 \times 9.81}\right) + BQ^2 = 20.2 + BQ^2$$

此时,$BQ^2 = \lambda \dfrac{8}{\pi^2 g} \times \dfrac{l + \sum l_e}{d^5} Q^2$,由于液体处于高度湍动,$\lambda$ 为常数,l、$\sum l_e$、d 为定值,故 B 为常数。

管路中 $Q = 38.7 \times 10^{-3} \text{m}^3/\text{s}$ 时,$H_e = H = 50\text{m}$,代入上式解得 $B = 1.99 \times 10^4 \text{s}^2/\text{m}^5$,所以管路特性方程为

$$H_e = 20.2 + 1.99 \times 10^4 Q^2$$

式中,Q 的单位为 m^3/s。

(二)离心泵的工作点

离心泵使用时总是安装于某一特定的管路之中,它提供了液体在管路中流动所需的机械能量。若把离心泵的特性曲线与管路特性曲线标绘于同一坐标图中即得图 2-12。由图可见,两曲线的交点 P 即为离心泵在管路中的工作点。P 点所对应的流量 Q 和 H_e 是在特定管路情况下完成指定输送任务所需要的,而这个流量 Q 和 $H = H_e$ 又是这个特定的离心泵所可能提供的。也就是说,对于某特定的管路系统和一定的离心泵只能有一个工作点,它是需要和可能的结合。因此,当输送任务已定时,应当选择工作点 P 处于高效率区的离心泵。

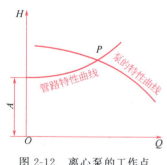

图 2-12 离心泵的工作点

【例 2-4】 在例 2-3 的管路上,选用另一台离心泵,泵的特性曲线可用 $H=27.0-15Q^2$ 表示,式中 Q 的单位为 m^3/min。求此时离心泵在管路中的工作点。

解 泵在管路中的工作点是管路特性曲线与泵的特性曲线的交点。由例 2-3 得到的管路特性方程中 Q 的单位为 m^3/s,而本例给出的泵的特性方程中 Q 的单位为 m^3/min,应换算为一致单位,即有:

$$H=27.0-15\times(60Q)^2=27.0-5.4\times10^4 Q^2$$

管路特性方程与泵特性无关,故仍保持不变。在泵的工作点处必有 $H=H_e$,即 $27.0-5.40\times10^4 Q^2=20.2+1.99\times10^4 Q^2$,可解得 $Q=9.59\times10^{-3}\,m^3/s$,此流量下泵的扬程为 $H=27.0-5.4\times10^4\times(9.59\times10^{-3})^2=22m$。

由于泵的特性与原泵不同,所以在同一管路条件下流量及扬程均发生了变化,因为工作点的位置发生了改变。

(三) 离心泵的流量调节

在实际生产的管路系统中,离心泵的流量调节实际上就是设法改变泵的工作点。其方法不外乎是改变管路特性和改变泵的特性两大类。

(1) 改变管路特性 在离心泵的出口管路上通常都装有流量调节阀门,改变阀门的开度就可改变管路中的局部阻力。由图 2-13 可见,原阀门开度下工作点为 A,若关小阀门,相当于式(2-8)中 $\sum l_e$ 大大增加,使 B 值增加,于是管路特性曲线变得更为陡峭(见图 2-13 的管路特性曲线Ⅱ),工作点则移至 B 点;反之,开大阀门,管路特性曲线变为Ⅲ,工作点移至 C 点。

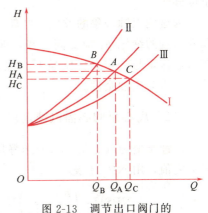

图 2-13 调节出口阀门的开度改变管路中的流量

用调节出口阀门的开度改变管路特性来调节流量是十分简便灵活的方法,在生产中广为应用。对于流量调节幅度不大,且需要经常调节的系统是较为适宜的。其缺点是用关小阀门开度来减小流量时,增加了管路中的机械能损失,并有可能使工作点移至低效率区,也会使电机的效率降低。

(2) 改变泵的特性 由式(2-4)、式(2-5)可知,对同一个离心泵改变其转速或叶轮直径可使泵的特性曲线发生变化,从而使其与管路特性曲线的交点移动。这种方法不会额外增加管路阻力,并在一定范围内仍可使泵处在高效率区工作。一般来说,改变叶轮直径显然不如改变转速简便,且当叶轮直径变小时,泵和电机的效率也会降低,可调节幅度也有限。所以常用改变转速来调节流量,近年来广泛使用的变频无级调速装置,利用改变输入电机的电流频率来改变转速,调速平稳,也保证了较高的效率,是一种节能的调节手段,但价格较贵。

五、离心泵的汽蚀现象与安装高度

（一）汽蚀现象

在图 2-14 中，离心泵由槽中向上吸液的推动力是贮液槽上方液面与离心泵入口截面处的压强差 p_0-p_1。当 p_0 一定，若向上吸液高度 H_g 愈高、流量愈大、吸入管路的各种阻力愈大，则 p_1 愈小，p_0-p_1 值增加，但 p_1 的下降是有限度的。当叶轮入口处压强下降至被送液体在工作温度下的饱和蒸气压时，液体将会发生部分汽化，生成的气泡将随液体从低压区进入高压区，在高压区气泡会急剧收缩、凝结，使其周围的液体以极高的流速冲向原气泡所占的空间，产生高强度的冲击波，冲击叶轮和泵壳，发生噪声，并引起振动，长时间受到这种冲击力反复作用以及液体中微量溶解氧对金属的化学腐蚀作用，叶轮的局部表面会出现斑痕和裂纹，甚至呈海绵状损坏，这种现象，称为**汽蚀**。离心泵在汽蚀条件下运转时，还会由于泵体内气泡的存在导致液体流量、扬程和效率的急剧下降，破坏正常操作。

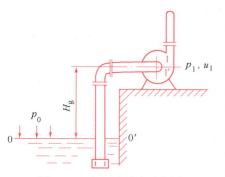

图 2-14 离心泵吸液示意图

为避免汽蚀现象的发生，叶轮入口处的绝压必须高于工作温度下液体的饱和蒸气压 p_v，泵入口处的绝压 p_1 应更高一些，即 $p_1 > p_v$。一般离心泵在出厂前都需通过实验，确定泵在一定流量与一定大气压强下汽蚀发生的条件，并规定一个反映泵的抗汽蚀能力的特性参数——必需汽蚀余量。

（二）离心泵的必需汽蚀余量

汽蚀余量为离心泵入口处的静压头与动压头之和超过被送液体在操作温度下的饱和蒸气压头之值，用 NPSH 表示

$$\text{NPSH} = \left(\frac{p_1}{\rho g} + \frac{u_1^2}{2g}\right) - \frac{p_v}{\rho g} \quad (2\text{-}11)$$

离心泵的汽蚀

式中 p_1——泵吸入口处的绝对压强，Pa；
　　u_1——泵吸入口处的液体流速，m/s；
　　p_v——输送液体在工作温度下的饱和蒸气压，Pa；
　　ρ——液体的密度，kg/m³。

管路上实际发生的汽蚀余量称为有效汽蚀余量，用 $(\text{NPSH})_a$ 表示。当液体及其流量一定时，$(\text{NPSH})_a$ 只与入口管路条件有关，而与泵的特性无关。

离心泵的必需汽蚀余量，它是对指定液体、在给定的泵转速和流量下，为避免发生汽蚀，生产现场所必须保证达到的最低汽蚀余量值，用 $(\text{NPSH})_r$ 表示。

$$(\text{NPSH})_r = \left(\frac{p_{1,r}}{\rho g} + \frac{u_1^2}{2g}\right) - \frac{p_v}{\rho g} \quad (2\text{-}11\text{a})$$

式（2-11a）中的 $p_{1,r}$ 是这台泵入口处最低允许的静压强。$(\text{NPSH})_r$ 是泵的特性，与管

路条件无关，它是流体从泵入口处到叶轮间各种流体阻力的函数，这部分阻力愈小；则允许入口静压强愈低，(NPSH)$_r$ 也愈小，说明这台泵的抗汽蚀能力愈好。因此，实际操作中泵入口静压强 p_1 愈高于 $p_{1,r}$，即 (NPSH)$_a$ 愈高于 (NPSH)$_r$，避免汽蚀的安全性就愈高。一般要求高出 0.5m 以上，即有

$$(NPSH)_a \geqslant (NPSH)_r + 0.5m$$

离心泵样本上列出的 (NPSH)$_r$，是泵出厂前于 101.3kPa、20℃ 下用清水测得的。当被送液体与此不同时，特殊情况下应予校正，可参阅有关资料。

(三) 离心泵的允许安装高度

它是指泵的吸入口高于贮槽液面最大允许的垂直高度，用 H_g 表示。由图 2-14 可知，当 $p_{1,r}$ 为泵入口处允许的最低压强时，列贮槽液面 0—0′ 和泵入口 1—1′ 截面间的柏努利方程可得

$$H_{g,r} = \frac{p_0 - p_{1,r}}{\rho g} - \frac{u_1^2}{2g} - H_{f(0-1)} \tag{2-12}$$

式中 p_0——贮槽液面上方的压强，Pa（当贮槽敞口时，p_0 即为当地大气压强）；

u_1——泵入口处液体流速（按操作流量计），m/s；

$H_{f(0-1)}$——吸入管路的压头损失，m；

$H_{g,r}$——泵的允许安装高度，m。

将泵的必需汽蚀余量的关系式 (2-11a) 代入式 (2-12) 可得泵的允许安装高度的表示式为

$$H_{g,r} = \frac{p_0}{\rho g} - \frac{p_v}{\rho g} - (NPSH)_r - H_{f(0-1)} \tag{2-13}$$

泵的实际安装高度必须低于此值，否则在操作时，将有发生汽蚀的危险。对于一定的离心泵，(NPSH)$_r$ 一定，若吸入管路阻力愈大，液体的蒸气压愈高或外界大气压强愈低，则泵的允许安装高度愈低。由此可以理解，为什么管路调节是使用出口管路上的阀门而不使用泵入口管路上的阀门。

● **【例 2-5】** 型号为 IS65-40-200 的离心泵，转速为 2900r/min，流量为 25m³/h，扬程为 50m，必需汽蚀余量为 2.0m。此泵用来将敞口水池中 50℃ 的水送出。已知吸入管路的总阻力损失为 2m H$_2$O，当地大气压强为 100kPa。求泵的允许安装高度。

解 查附录五，得 50℃ 水的饱和蒸气压为 12.31kPa，水的密度为 998.1kg/m³，已知 $p_0 = 100$kPa，由式 (2-13) 可得

$$H_{g,r} = \frac{p_0}{\rho g} - \frac{p_v}{\rho g} - (NPSH)_r - H_{f(0-1)}$$

$$= \frac{100 \times 10^3}{998.1 \times 9.81} - \frac{12.31 \times 10^3}{998.1 \times 9.81} - 2.0 - 2.0 = 5.04m$$

故泵的实际安装高度应低于此值，即不应超过液面 5.04m。

● **【例 2-6】** 若例 2-5 中的泵安装处的大气压强为 85kPa，输送的水温增加至 80℃，问此时泵的允许安装高度为多少？

解 查附录五，得 80℃ 下水的饱和蒸气压为 47.38kPa，水的密度为 971.8kg/m³，则

$$H_{g,r} = \frac{85 \times 10^3}{971.8 \times 9.81} - \frac{47.38 \times 10^3}{971.8 \times 9.81} - 2 - 2 = -0.05 \text{m}$$

说明此泵应安装在水池液面以下至少 0.05m 处才能正常工作。

单从泵的操作角度看，实际安装高度取负值（即泵装在吸入设备的液面以下）是有利的，既可避免汽蚀，又能避免灌泵操作。实际安装高度要从工业要求和现场设备布置情况来确定，但必须保证小于上面计算的 $H_{g,r}$ 值。

【例 2-7】 用离心泵将密闭容器中的有机液体抽出外送，容器液面上方的压强为 350kPa，已知吸入管路的阻力损失为 1.5m 液柱，在输送温度下液体的密度为 580kg/m³，饱和蒸气压为 314kPa，所用泵的必需汽蚀余量为 3m，问此泵能否正常操作？已知泵的吸入口位于容器液面以上的最大可能垂直距离（容器中液面处于最低位置时）为 2.5m。

解 已知 $p_0 = 350 \text{kPa}$，$p_v = 314 \text{kPa}$，$(\text{NPSH})_r = 3 \text{m}$，$H_{f(0-1)} = 1.5 \text{m}$，按式(2-13)得

$$H_{g,r} = \frac{p_0}{\rho g} - \frac{p_v}{\rho g} - (\text{NPSH})_r - H_{f(0-1)}$$

$$= \frac{(350-314) \times 10^3}{580 \times 9.81} - 3 - 1.5 = 1.83 \text{m}$$

计算表明，当实际安装高度大于 1.83m 时，将可能发生汽蚀现象，为保证该泵的正常运转，应将泵的安装位置至少降低 2.5−1.83=0.67m。

六、离心泵的安装、运转、类型与选用

（一）离心泵的安装与运转

为避免泵运转时发生汽蚀现象，泵的实际安装高度应低于式(2-13)计算得到的允许安装高度值；同时应当尽量缩短吸入管路的长度和减少其中的管件，泵吸入管的直径通常均大于或等于泵入口直径，以减小吸入管路的阻力。向高位或高压区输送液体的泵，在泵出口应设置止回阀，以防止突然停泵时大量液体从高压区倒冲回泵造成水锤而破坏泵体。

泵启动前要灌泵；启动时应关闭出口阀，待电机运转正常后，再逐渐打开出口阀调节所需流量，停泵前应先关闭出口阀。离心泵在运转时还应注意有无不正常的噪声，随时观察真空表和压强表指示是否正常，并应定期检查轴承、轴封等发热情况，保持轴承润滑。也要注意轴封处的泄漏情况，既要防止外泄，又要防止因从此处吸入气体而降低泵的抽送能力。

（二）离心泵的类型与规格

根据实际需要，离心泵发展了不同的类型。按被送液体性质不同可分为清水泵、油泵、耐腐蚀泵、屏蔽泵、杂质泵等；按安装方式可分为卧式泵、立式泵、液下泵、管道泵等；按吸入方式不同可分为单吸泵（中、小流量）和双吸泵（大流量）；按叶轮数目不同可分为单级泵和多级泵（高扬程）等。上述各类泵已经系列化和标准化了，并以一个或几个汉语拼音字母作为系列代号。在每一系列内，又有各种不同的规格。下面介绍几种主要类型的离心泵。

1. 清水泵

（1）IS型单级单吸式离心泵（轴向吸入） 供输送不含固体颗粒的水或物理、化学性质类似于水的液体，适用于工业和城市给、排水和农业排灌。全系列共有29个品种，结构可靠、振动小、噪声低、效率高，输送介质温度不超过80℃，吸入压强不大于0.3MPa，全系列流量范围6.3～400m³/h，扬程范围5～125m，结构如图2-15所示。

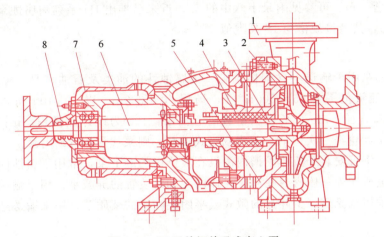

图2-15 IS型单级单吸式离心泵
1—泵体；2—叶轮；3—密封圈；4—护轴套；5—后盖；6—轴；7—托架；8—联轴器部件

现以IS50-32-200为例说明其型号和规格的表示方法。其中，IS表示国际标准单级单吸清水离心泵；50表示泵吸入口直径，mm；32表示泵排出口直径，mm；200表示叶轮的名义直径，mm。

在泵的性能表或样本上列出了该泵的流量、扬程、转速、必需汽蚀余量、效率、功率（轴功率与电机功率）、叶轮直径等参数（每个规格列出三个流量点，参见附录十八中的1.）。

（2）S型单级双吸离心泵 当输送液体的扬程要求不高而流量较大时，可以选用单级双吸式离心泵，其叶轮厚度较大，有两个吸入口，如图2-16所示。系列代号为S，它可提供较大的输液量，其具体规格参见附录十八中的3.。以100S90A为例，其中，100为泵入口直径，mm；S表示单级双吸式；90为设计点扬程值，m；A表示叶轮经一次切削。

（3）D、DG型多级离心泵 当要求扬程较高时，可采用多级离心泵，其示意图如图2-17所示，在一根轴上串联多个叶轮，被送液体在串联的叶轮中多次接受能量，最后达到较高的扬程，参见附录十八中的2.。以D155-67×3为例，D为多级泵代号；155为设计点流量，m³/h；67为设计点单级扬程值，m；3表示泵的级数，即叶轮数。

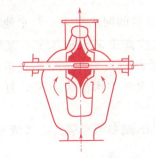

图2-16 S型单级双吸泵示意图

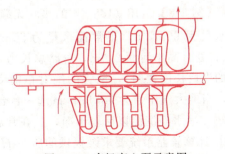

图2-17 多级离心泵示意图

2. F型耐腐蚀泵

耐腐蚀泵有几种类型，应根据腐蚀介质不同采用不同材质。其中F型泵为单级单吸悬臂式耐腐蚀离心泵。用于输送不含固体颗粒，有腐蚀性的液体，输送介质温度为 $-20\sim 105℃$，适合于化工、石油、冶金、合成纤维、医药等部门。全系列流量为 $3.6\sim 360 m^3/h$，扬程为 $6\sim 103m$。以 150F-35 为例，150 为泵入口直径，mm；F 为悬臂式耐腐蚀离心泵；35 为设计点扬程，m。可参见附录十八中的5。近来已推出 IH 系列耐腐蚀泵，平均效率比 F 型泵提高 5%，其型号规格与 IS 泵类似。

3. 油泵

Y型离心油泵用于输送不含固体颗粒、无腐蚀性的油类及石油产品，输送介质温度为 $-20\sim 400℃$，流量范围 $6.25\sim 500 m^3/h$，扬程 $60\sim 600m$。以 80Y100 和 80Y100×2A 为例，80 为泵入口直径，mm；Y 表示单吸离心油泵；100 为设计点扬程，m；×2 表示该泵为2级；A 表示叶轮经一次切削。若为双吸式油泵，则泵代号用 YS 代替。

此外还有：垂直安装于液体贮槽内浸没在液体中的液下泵，常用于腐蚀性液体或油品的输送；叶轮与电机连为一体密封在同一壳体内无轴封装置的屏蔽泵，用于输送易燃易爆或有剧毒的液体；采用宽流道、少叶片的敞式或半闭式叶轮的杂质泵，用来输送悬浮液和稠厚浆状液体等。

（三）离心泵的选用

化工工艺技术人员的任务不是去设计一台泵，而是要根据输送液体的物理化学性质、操作条件、输送要求和设备布置方案等实际情况，选择适用的泵的型号和规格。下面简单介绍根据实际工况选用离心泵的步骤。

① 收集各种基础数据，包括输送液体的物性（输送条件下的密度、黏度、蒸气压、腐蚀性、毒性、固体颗粒的大小及含量等）、操作条件（温度、压强、输液量及其可能的变化范围）、管路系统的情况与管路特性、泵的安装条件和安装方式。

② 根据管路系统的输液量，计算管路要求的扬程、有效功率和轴功率。一般以生产上的最大流量为泵的计算流量。

③ 选定离心泵的类型、材料以及规格，正常情况下的流量和扬程应处于泵最高效率处。根据安装高度核算汽蚀余量或由 $(NPSH)_r$ 确定 $H_{g,r}$，并进行必要的调整，选定配套电机或其他原动机的规格。

若几种型号的泵都能满足操作要求，应当选择经济且在高效区工作的泵。一般情况下均采用单泵操作，在重要岗位可设置备用泵。

● **【例 2-8】** 用 $\phi 108\times 4$ 的热轧无缝钢管将经沉淀处理后的河水引入一贮水池，最大输水量为 $60 m^3/h$，正常输水量为 $50 m^3/h$，池中最高水位高于河水面 15m，泵中心（吸入口处）高出河面 2.0m，管路总长为 140m，其中吸入管路总长为 30m（均包括局部阻力的当量长度在内），钢管的绝对粗糙度取为 0.4mm。河水冬季水温为 10℃，夏季为 25℃，当地大气压强为 98kPa。试选一台合适的离心泵。

解 河水经沉淀以后较干净，且在常温下输送，可选用 IS 型单级单吸离心式清水泵。

① 计算管路系统要求泵提供的压头 H_e

列河水面与池水面间的柏努利方程，得

$$H_e = \Delta z + \frac{\Delta p}{\rho g} + \frac{\Delta u^2}{2g} + H_f$$

式中，$\Delta z = 15\text{m}$，$\Delta p = 0$，$\Delta u^2 \approx 0$，$H_f = \lambda \frac{l + \sum l_e}{d} \times \frac{u^2}{2g}$。

取 10℃水的密度 $\rho \approx 1000\text{kg/m}^3$，黏度 $\mu = 1.3\text{mPa·s}$，水在管内的流速为 $u = \frac{V_s}{0.785d^2} = \frac{60/3600}{0.785 \times 0.10^2} = 2.12\text{m/s}$，则水在管内的 Re 为：

$$Re = \frac{du\rho}{\mu} = \frac{0.10 \times 2.12 \times 1000}{1.3 \times 10^{-3}} = 1.63 \times 10^5，\text{为湍流}。$$

管壁的相对粗糙度为 $\varepsilon/d = 0.4/100 = 0.004$，查图 1-34 得 $\lambda = 0.028$，则

$$H_f = 0.028 \times \frac{140}{0.10} \times \frac{2.12^2}{2 \times 9.81} = 9.0\text{m}$$

所以
$$H_e = 15 + 9 = 24\text{m}$$

由 Q、H_e 值查附录十八中的 1.，可选 IS80-65-160 或 IS100-80-125 清水泵，其性能参数为：

	流量 Q /(m³/h)	扬程 H /m	必需汽蚀余量 $(NPSH)_r$/m	效率 η /%	轴功率 N /kW	电机功率 /kW
IS80-65-160	50	32	2.5	73	5.97	7.5
	60	29	3.0	72	6.59	7.5
IS100-80-125	60	24	4.0	67	5.86	11.0

显然，选用 IS80-65-160 更为适宜，其原因是：a. 在泵正常流量与最大流量下效率都较高；b. 流量和扬程有一定裕度，调节余地大；c. 电机功率匹配适当，可长期在较高的功率因数下运转。然后还应当校核泵的安装高度是否满足要求。

② 校核安装高度 要求安装高度为 2.0m，按式(2-13)，允许安装高度为

$$H_{g,r} = \frac{p_0}{\rho g} - \frac{p_v}{\rho g} - (NPSH)_r - H_{f(0-1)}$$

式中，$p_0 = 98\text{kPa}$，由附录五，按 25℃查得水的饱和蒸气压为 3.167kPa，$(NPSH)_r = 3.0\text{m}$，$H_{f(0-1)} = \lambda \left(\frac{l + \sum l_e}{d}\right)_{\text{吸}} \times \frac{u^2}{2g} = 0.028 \times \frac{30}{0.10} \times \frac{2.12^2}{2 \times 9.81} = 1.92\text{m}$，则允许安装高度为

$$H_{g,r} = \frac{98 \times 10^3}{1000 \times 9.81} - \frac{3.167 \times 10^3}{1000 \times 9.81} - 3.0 - 1.92 = 4.75\text{m} > 2.0\text{m}$$

故此型号的泵合用，但其进口内径为 80mm，出口内径为 65mm，因此进出口都应使用锥形管同 $\phi 108 \times 4$ 管相连接。问如果选用 IS100-80-125 泵时，安装高度能否满足要求？读者可自行计算。

● 【例 2-9】 某水溶液以 62m³/h 流量由一敞口贮槽经泵送至高位槽，两槽液面间距

为 12m，泵的排出管路采用 4in 镀锌焊接加厚钢管，管长为 120m（包括局部阻力的当量长度在内），管子的摩擦系数可取为 0.03，吸入管路的阻力损失不大于 1m 液柱。现工厂库房有四台离心泵，其性能见表 2-1。

试选一台较合适的泵。

表 2-1　例 2-9 附表

序号	型号	$Q/m^3 \cdot h^{-1}$	H/m	$n/r \cdot min^{-1}$	$(NPSH)_r/m$	$\eta/\%$	N/kW	$N_电/kW$	参考价格/元
$1^\#$	IS125-100-400	60	52	1450	2.5	53	16.1	30	1570
		100	60		2.5	65	21		
		120	48.5		3.0	67	23.6		
$2^\#$	IS125-100-250	60	21.5	1450	2.5	63	5.59	11	1380
		100	20		2.5	76	7.17		
		120	18.5		3.0	77	7.84		
$3^\#$	IS125-100-200	60	14	1450	2.5	62	3.83	7.5	1150
		100	12.5		2.5	76	4.48		
		120	11.0		3.0	75	4.79		
$4^\#$	IS100-80-125	60	24	2900	4.0	67	5.86	11	810
		100	20		4.5	78	7.00		
		120	16.5		5.0	74	7.28		

解　4in 加厚镀锌焊接钢管的外径为 114mm，壁厚为 5mm，其内径为 $d=114-2\times 5=104$mm。

从所输送流量看，四台泵均可用。其管内流速为

$$u=\frac{Q}{0.785d^2}=\frac{62/3600}{0.785\times 0.104^2}=2.03\text{m/s}$$

管路所需提供的压头为

$$H_e=\Delta z+\frac{\Delta p}{\rho g}+H_f$$

式中，$\Delta z=12$m，$\Delta p=0$，$H_f=H_{f1}+H_{f2}$，其中吸入管路阻力损失为 $H_{f1}=1$m 液柱，排出管路阻力损失为 $H_{f2}=\lambda\dfrac{l+\sum l_e}{d}\times\dfrac{u^2}{2g}$。

已知取 $\lambda=0.03$，$l+\sum l_e=120$m，代入得

$$H_{f2}=0.03\times\frac{120}{0.104}\times\frac{2.03^2}{2\times 9.81}=7.3\text{m}$$

则　　　　　　　　$H_e=12+7.3+1.0=20.3$m

由 $H=H_e$ 值知，除 $3^\#$ 泵不能满足要求外，其余三台泵均可采用；但 $1^\#$ 泵 H 与 N 均过大，不经济；而 $2^\#$、$4^\#$ 泵的 H 能满足要求，功率相近，效率也差别不大，均可选用；考虑到 $4^\#$ 泵价格较低，扬程又有一定裕量，故选 $4^\#$ 泵较宜。但此泵的必需汽蚀余量值较大，故在规定的操作要求下，允许安装高度比 $2^\#$ 泵要低。

▲　学习本节后可做习题 2-1～2-8。

第三节 其他类型的化工用泵

一、往复泵

(一) 往复泵的结构与工作原理

依靠泵内运动部件的位移,引起泵内操作容积的变化吸入并排出液体,运动部件直接通过位移挤压液体做功,这类泵称为正位移泵(或称容积式泵)。

往复泵是由泵缸、活塞(或活柱)、活塞杆、吸入和排出单向阀(活门)构成的一种正位移式泵,图 2-18 所示为单动往复泵。活塞由曲柄连杆机构带动做往复运动,当活塞自左向右移动时,泵缸内工作室的容积增大形成低压,排出活门在排出管中液体压强作用下被关闭,吸入活门被打开,液体吸入泵缸;当活塞自右向左移动时,由于活塞的挤压(正位移),缸内液体压强增大,吸入活门关闭,排出活门打开,缸内液体被排出。可见,往复泵是经活塞的往复运动直接将外功以提高压强的方式传给液体的。活塞在两端点间移动的距离称为冲程。活塞往复运动一次,即吸入和排出液体一次,称为一个工作循环。因此,其输液作用是间歇的、周期性的,而且活塞在两端点间的各位置上的运动并非等速,故排液量不均匀。

为改善单动泵排液量的不均匀性,可采用双动泵或三动泵。图 2-19 为双动往复泵的示意图,当活塞右行时,泵缸左侧吸入液体,而右侧排出液体,这样排液可以连续,但单位时间的排液量仍不均匀。

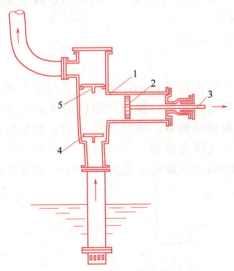

图 2-18 单动往复泵示意图
1—泵缸;2—活塞;3—活塞杆;
4—吸入阀;5—排出阀

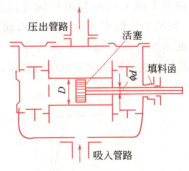

图 2-19 双动往复泵示意图

与离心泵不同，往复泵吸液是靠工作室容积扩张造成低压吸入的，所以往复泵启动时不需灌泵（即有自吸能力）。但往复泵的安装高度同样受到泵的吸入口压强应高于液体的饱和蒸气压的限制。

（二）往复泵的输液量及其调节

1. 往复泵的输液量

单缸、单动往复泵的理论平均流量为

$$Q_T = ASn \tag{2-14}$$

单缸、双动往复泵的理论平均流量为

$$Q_T = (2A - a)Sn \tag{2-15}$$

式中　Q_T——往复泵的理论流量，m^3/min；

　　　A——活塞截面积，m^2，$A = \dfrac{\pi}{4}D^2$，D 为活塞内径，m；

　　　S——活塞的冲程，m；

　　　n——活塞每分钟的往复次数；

　　　a——活塞杆的截面积，m^2。

实际操作中，由于活门启闭有滞后，活门、活塞、填料函等存在泄漏，实际平均输液量为

$$Q = \eta Q_T \tag{2-16}$$

式中，η 为往复泵的容积效率，一般在 70% 以上，大泵的效率高于小泵。

2. 往复泵的特性曲线和工作点

往复泵的扬程与泵的几何尺寸无关，理论上与流量也无关，只要泵的机械强度和原动机的功率足够，总能克服排出管路上的压强而将液体推挤出去，而流量则与运动部件单位时间的平均位移量成正比，这也是正位移式泵的共同特点。往复泵的实际特性曲线如图 2-20 虚线所示，随 H 增大，Q 略有减小。由于往复泵的操作容积与往复速度均有限，故主要用于小流量、高扬程的场合，尤其适合于输送高黏度液体。

往复泵的工作点仍为管路特性曲线与泵特性曲线的交点。

3. 往复泵的流量调节

由于往复泵的流量 Q 随 H 变化很小，而 H 则随出口管内的阻力和压强同步上升，故流量调节不能采取调节出口阀开度的方法（当阀开度减小时，泵缸内液体的压强将急剧上升），泵在工作时更不能关闭出口阀门。一般可采取旁路调节，如图 2-21 所示，泵出口的一部分液体经旁路分流，来调节主管中的液体流量，这样会浪费一部分功率，但调节比较简便。此外，也可设法改变原动机转速，从而改变活塞的往复次数或改变活塞的冲程以调节流量。

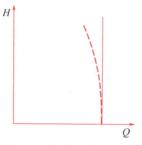

图 2-20　往复泵特性曲线

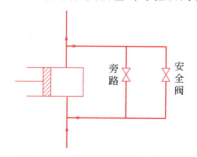

图 2-21　旁路调节流量示意图

(三) 计量泵（也称比例泵）

计量泵是往复泵的一种，在化工生产中用来准确地定量输送某种液体，以保证液体的配比。图 2-22 所示为计量泵的一种。它有一套可以准确调节流量的机构，通过偏心轮把电机的旋转运动变成柱塞的往复运动，在一定转速下，调节偏心轮的偏心距可以改变柱塞的冲程，从而控制输液量。可用一台电机带动几台计量泵，使各股液流按一定比例输出。

(四) 隔膜泵

图 2-23 所示的隔膜泵实际上是一种活柱往复泵，它是用隔膜（由弹性合金金属片或耐腐蚀橡胶制成）将活柱与输送液体隔开。活柱的往复运动迫使隔膜交替向两侧弯曲，使被送液体不断吸入和排出。常用于输送腐蚀性液体或悬浮液。

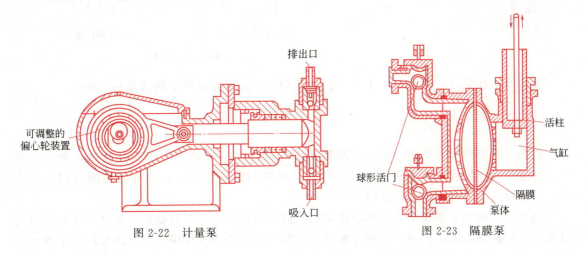

图 2-22　计量泵　　　　　图 2-23　隔膜泵

二、旋转泵

它是依靠泵内一个或多个转子的旋转改变操作容积并吸入和排出液体的，故旋转泵又称转子泵。化工厂中常用的有齿轮泵和螺杆泵，它们也都属于正位移泵。

(一) 齿轮泵

如图 2-24 所示，泵壳为椭圆形，内有两个相互啮合的齿轮，其中一个为主动轮，由传动机构直接带动，当两齿轮按图中箭头方向旋转时，下端两齿轮的齿向两侧拨开产生空的容积，并形成低压区吸入液体，而上端齿轮在啮合时容积减少，于是压出液体并由上端排出。液体的吸入和排出是在齿轮的旋转位移中发生的。它可以产生较高的压头，流量比较均匀，适合于输送小流量、高黏度的液体，但不能输送含有固体颗粒的悬浮液。

齿轮泵

（二）螺杆泵

螺杆泵分为单螺杆泵、双螺杆泵、三螺杆泵等。图 2-25(a) 所示为单螺杆泵，螺杆在具有内螺旋的泵壳中偏心转动，使液体沿轴向推进，最后挤压到排出口而排出。螺杆愈长，转速愈高，出口液体压强愈高。图 2-25(b) 为双螺杆泵，其工作原理与齿轮泵类似，用两根相互啮合的螺杆来输送液体。

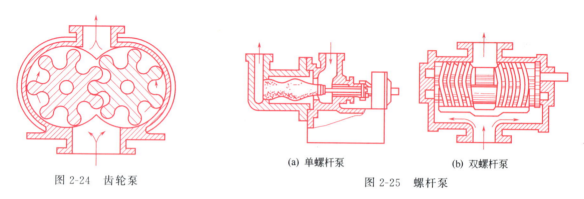

图 2-24　齿轮泵

(a) 单螺杆泵　　(b) 双螺杆泵

图 2-25　螺杆泵

螺杆泵的压头高、效率高、无噪声、流量均匀，适于在高压下输送高黏度液体。

三、旋涡泵

它是一种特殊类型的离心泵，其结构如图 2-26 所示，它由叶轮和泵体构成，泵壳呈圆形，叶轮是一个圆盘，四周有许多径向叶片，叶片间形成凹槽，泵壳与叶轮间有同心的流道，泵的吸入口与排出口由间壁隔开。

其工作原理也是依靠离心力对液体做功，液体不仅随高速叶轮旋转，且在叶片与流道间反复做旋转运动。液体经过一个叶片相当于受到一次离心力的作用，故液体在旋涡泵内流动与在多级离心泵中流动效果类似，在液体出口时可达到较高的扬程。它在启动前也需灌泵。

图 2-27 是旋涡泵的特性曲线。旋涡泵的 H 随 Q 的增大而迅速减小，H-Q 曲线比较陡峭，N_e 也随 Q 增大而减小，这是与普通离心泵不同的，它在启动时应打开出口阀，也不宜直接用出口阀调节流量，而应该用旁路调节的方式。它适用于高扬程、小流量、黏度不大和无悬浮固粒的液体输送以及要求在管路情况变化时流量变化不大的场合。其结构简单，应用方便，但效率一般较低（约为 $20\%\sim50\%$）。

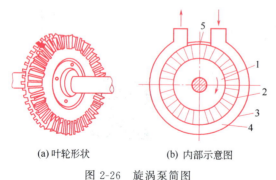

(a) 叶轮形状　　(b) 内部示意图

图 2-26　旋涡泵简图

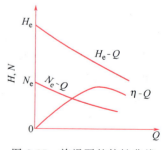

图 2-27　旋涡泵的特性曲线

1—叶轮；2—叶片；3—泵壳；4—引水道；5—吸入口与排出口的间壁

第四节 气体输送机械

气体输送机械主要用于克服气体在管路中的流动阻力和管路两端的压强差以输送气体、或产生一定的高压或真空以满足各种工艺过程的需要,因此,气体输送机械应用广泛,类型也较多。就工作原理而言,它与液体输送机械大体相同,都是通过类似的方式向流体做功,使流体获得机械能量。但气体与液体的物性有很大不同,因而气体输送机械有其自己的特点。

① 由于气体密度很小,输送一定质量流量的气体时,其体积流量大,因而气体输送机械的体积大,进出口管中的流速也大。

② 由于气体有可压缩性,当气体压强发生变化时,其体积和温度也将随之变化,这对气体输送机械的结构和形状有较大的影响。

气体输送机械一般以其出口表压强或压缩比(指出口与进口压强之比)的大小分类如下。

① 通风机:出口表压强不大于15kPa,压缩比为1～1.15。

② 鼓风机:出口表压强为15～300kPa,压缩比小于4。

③ 压缩机:出口表压强大于300kPa,压缩比大于4。

④ 真空泵:在容器或设备内造成真空(将其中气体抽出),出口压强为大气压或略高于大气压强。

一、离心式通风机

工业上常用的通风机有轴流式和离心式两种。出口气流沿风机轴向流动的轴流式通风机的风量大,但产生的压头小,一般只用于通风换气;离心式通风机则多用于输送气体。

(一)离心式通风机的结构和工作原理

其工作原理和离心泵相同,但结构简单得多,图2-28是离心式通风机的简图,它由蜗壳形机壳和叶轮组成,叶轮上叶片较多但较短,叶片可采用平直叶片、后弯叶片或前弯叶片,叶轮由电机直接带动进行高速旋转,蜗壳的气体流道一般为矩形截面。

图 2-28 离心式通风机

(二)离心通风机的主要性能参数和特性曲线

1. 离心通风机的主要性能参数

(1)风量 是指单位时间通过进风口的体积流量,用 Q 表示,单位为 m^3/s。

(2)风压 是指单位体积气体所获得的机械能量,用 p_t 表示,其单位为 J/m^3(N/m^2

或 Pa），与压强单位相同，故称风压，通常均由实验测定。

若在风机的进、出口截面 1—1′、2—2′间列柏努利方程，气体密度取其平均值，可得

$$z_1 + \frac{u_1^2}{2g} + \frac{p_1}{\rho g} + \frac{p_t}{\rho g} = z_2 + \frac{u_2^2}{2g} + \frac{p_2}{\rho g} + \sum H_f \tag{2-17}$$

上式经整理后得[请与式(2-6) 比较，注意 $p_t = \rho g H_e$]

$$p_t = \rho g(z_2 - z_1) + \frac{\rho(u_2^2 - u_1^2)}{2} + (p_2 - p_1) + \rho g \sum H_f \tag{2-17a}$$

由于 ρ 较小，$z_2 - z_1$ 也较小，且风机进、出口截面间管路很短，故 $\rho g(z_2 - z_1)$ 及 $\rho g \sum H_f$ 两项均可忽略；通风机的吸入口一般较排出口截面积要大得多，故 $\frac{\rho u_1^2}{2}$ 项也可忽略，则式(2-17a) 可简化为

$$p_t = (p_2 - p_1) + \frac{\rho u_2^2}{2} = p_s + p_k \tag{2-18}$$

式中 $p_s = p_2 - p_1$——称为**静风压**，Pa；

$p_k = \frac{\rho u_2^2}{2}$——称为**动风压**，Pa，即单位体积气体在出口截面上的动能；

p_t——称为**全风压**，Pa，即静风压与动风压之和。

当通风机由周围大气吸入时，$p_t = p_2$(表压) $+ \frac{\rho u_2^2}{2}$，即出口截面上的表压强与动风压之和。

（3）轴功率与效率 离心通风机的轴功率为

$$N = \frac{p_t Q}{1000 \eta} \tag{2-19}$$

式中 N——离心通风机的轴功率，kW；

Q——离心通风机的风量，m³/s；

p_t——离心通风机的全风压，Pa；

η——全压效率。

注意在计算功率时，p_t 与 Q 应为同一工作点下的值。

2. 离心通风机的特性曲线

图 2-29 是在一定转速下离心通风机的特性曲线示意图。一般离心通风机在出厂前均按温度为 20℃、压强为 101.3kPa、密度为 1.2kg/m³ 的空气，由实测数据换算得到上述标准条件下的 p_t-Q、$(p_2 - p_1)$-Q、N-Q 及 η-Q 曲线，并在产品样本中标明。

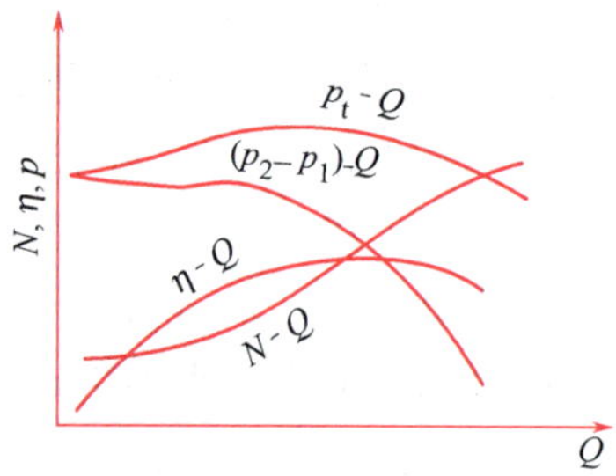

（三）离心通风机的选用

① 根据气体的种类（清洁空气、易燃气体、腐蚀性气体、含尘气体、高温气体等）与风压范围，确定风机类型。

离心通风机按其产生的风压大小分为：低压（$p_t \leq 1$kPa）、中压（$p_t = 1 \sim 3$kPa）和高压

图 2-29 离心通风机特性曲线示意图

（p_t=3～15kPa）三类（以上 p_t 均为表压）。常用的中、低压离心通风机有 4-72、B47-2 型等（详见附录十九或通风机样本）。

② 根据生产要求的风量和风压换算为标准条件下的值，然后从产品样本上查取适宜的风机型号规格。

风机的全风压与密度成正比，故生产条件下的全风压 p_t 与标准条件下的全风压 p_{t0} 的换算公式如下：

$$p_{t0}=p_t\frac{p_{a0}}{p_a}\times\frac{273+t}{273+t_0} \tag{2-20}$$

式中　p_{a0}——标准条件下的大气压强，101.3kPa；
　　　p_a——生产（操作）条件下的大气压强，kPa；
　　　t_0——标准条件下的空气温度，20℃；
　　　t——生产（操作）条件下的空气温度，℃。

● **【例 2-10】** 空气最大的输送量为 14500kg/h，在此风量下输送系统所需全风压（表压）为 1600kPa（以风机入口状态计），入口温度为 40℃。试选一台合适的离心通风机。已知当地大气压强为 95kPa。

解 ① 计算入口条件下的空气流量 Q

入口条件下的空气密度可按理想气体计算：

$$\rho=\frac{pM}{RT}=\frac{95\times10^3\times29}{8314\times313}=1.059\text{kg/m}^3$$

则入口条件下的空气流量为

$$Q=\frac{W_s}{\rho}=\frac{14500}{1.059}=1.369\times10^4\text{m}^3/\text{h}$$

② 已知入口条件下的全风压 p_t=1600Pa（表压），换算为标准条件下的全风压 p_{t0}

$$p_{t0}=p_t\frac{p_{a0}}{p_a}\times\frac{273+t}{273+t_0}=1600\times\frac{101.3}{95}\times\frac{313}{293}=1823\text{Pa}$$

③ 由附录十九，查得 4-72-11-6C 型离心通风机，其中 4-72 表示中低压离心通风机代号，6 为机号，C 表示用三角皮带传动。该机的性能如下：转速 2000r/min，全风压 1941.8Pa，风量 14100m³/h，η=91%，电机功率 10kW。

二、鼓风机

（一）离心式鼓风机

其工作原理与离心式通风机相同，结构与离心泵相似，外壳也为蜗壳形，只是外壳直径和宽度都较大、叶轮的叶片数目较多、转速较高。单级离心鼓风机的出口表压强一般小于 30kPa，当要求风压较高时，均采用多级离心鼓风机，因各级压缩比不大，各级叶轮直径大致相同。

（二）旋转式鼓风机

其型式很多，罗茨鼓风机是最常用的一种，工作原理和齿轮泵相似，如图 2-30 所示。

机壳中有两个腰形转子，两转子之间、转子与机壳之间的间隙均很小，以保证转子自由旋转并尽量减少气体的串漏。两转子旋转方向相反，不断改变两侧操作容积，气体由一侧吸入，另一侧排出。

罗茨鼓风机的风量与转速成正比，当转速一定时，随出口压强增加，流量大体不变（略有减小），其风量范围为 $2\sim 500 \text{m}^3/\text{min}$，出口压强不超过 80kPa（表压）。风机出口应安装安全阀或气体稳定罐。流量用旁路调节。操作温度不超过 85℃，以防止因热膨胀而卡住转子。

图 2-30 罗茨鼓风机

三、压缩机

当气体压强需大幅度提高时，例如气体在高压下进行反应、将气体加压液化等，可使用压缩机。

（一）离心式压缩机（透平压缩机）

其工作原理及基本结构与离心式鼓风机相似，但叶轮级数更多，叶轮转速常在 5000r/min 以上，结构更为精密，产生的风压较高，一般可达几十兆帕。由于压缩比大，气体体积变化很大，温升也高，一般分成几段，每段由若干级构成，在段间要设置中间冷却器。

离心式压缩机具有流量大（每小时可达几十万立方米）而均匀、体积小、重量轻、易损件少、运转平稳、容易调节、维修方便、效率较高等优点，在大型化工生产中目前多采用离心式压缩机。

（二）往复式压缩机

其结构与工作原理与往复泵相似，但由于压缩机的工作流体为气体，密度小，可压缩，因此在结构上要求吸气和排气活门更为轻便灵敏而易于启闭。当要求终压较高时，需采用多级压缩，每级压缩比不大于 8，压缩过程伴有温度升高，汽缸应设法冷却，级间也应有中间冷却器。

四、真空泵

化工生产中有些过程在低于大气压强情况下进行，需要从设备或管路系统中抽出气体以造成真空，完成这类任务的装置有很多型式，统称为真空泵，如以下两种。

（一）水环真空泵

如图 2-31 所示，圆形外壳，壳内有一偏心安装的叶轮，上有辐射状叶片。机壳内注入一定量的水（或其他液体），当叶轮旋转时，在离心力的作用下将水甩至壳壁形成均匀厚度的水环，水环的厚度应使所有叶片的外缘都不同程度地被浸没，

因而将各叶片间的空隙封闭成大小不同的气室，随偏心叶轮旋转，叶片间的气室体积呈由小而大、又由大而小的周期变化。当气室增大室内压力降低，气体由吸入口吸入至小室；气室从大变小，小室内气体压力增高，当转到排出口位置时，气体即被排出。

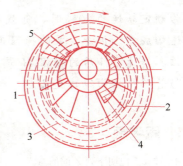

图 2-31　水环真空泵简图
1—外壳；2—叶片；3—水环；
4—吸入口；5—排出口

水环真空泵属湿式真空泵，吸气时允许夹带少量液体，真空度一般可达 83kPa。若将吸入口通大气，排出口与设备或系统相连时，可产生低于 100kPa（表压）的压缩气体，故又可作鼓风机使用。

水环真空泵的结构简单、紧凑，易于制造和维修，适用于抽吸有腐蚀性或爆炸性的气体，但效率较低，一般为 30%～50%，产生的真空度受泵内水温的限制，在运转时要不断充水以维持泵内的水环液封，并起到冷却作用。

（二）喷射真空泵

这是一种流体动力作用式输送机械。如图 2-32 所示，它是利用工作流体以高速射流从喷嘴流出时，使压强能转换为动能而造成真空将气体吸入，与工作流体在混合室内混合后一起经扩散管由排出口排出。

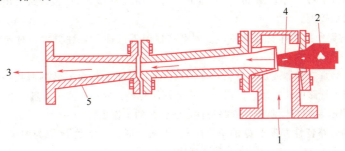

图 2-32　单级水蒸气喷射泵
1—气体吸入口；2—蒸汽入口；3—排出口；4—喷嘴；5—扩散管

这类真空泵当用水作为工作流体时，称为水喷射泵；用水蒸气作工作流体时，称为蒸汽喷射泵。单级蒸汽喷射泵可以达到约 15kPa（绝压），若要达到更高的真空度，可以采用多级蒸汽喷射泵。

喷射泵的优点是结构简单，无运动部件，抽气量大，工作压强范围广；但其效率低，一般只有 10%～25%，且工作流体消耗量大。

▲ 学习本节后可做习题 2-9。

【案例 2-1】　离心泵的变频节能

根据教材知识知，离心泵选用时，需将生产上的最大流量作为泵的计算流量（实际选型还要依据泵标准规格表向上靠档）。在实际生产时，大部分时间并非满负荷状态工作，采用阀门调节流量就会造成能源的浪费；此时可采用变频调速方法进行流量调节。根据式（2-4）可知，当需要的流量低于满负荷流量时，可用降低转速的方式实现；由于功率正比于转速的 3 次方，所以随转速降低，负载功率下降得很快。例如，当电机转速为额定转速的80％时，负载功率为额定功率的（80％）的三次方，即50％左右，节能达四成多。但是，泵的扬程正比于转速的2次方，随转速降低，泵的扬程也下降了，需核算转速下降后的扬程 H 是否满足工艺要求的扬程 H_e。实际工作点仍然是泵特性曲线与管路特性曲线的交叉点。

思考题

2-1 说明下列名词的意义
离心泵的流量　扬程　效率　工作点　特性曲线
离心通风机的风量　全风压　效率　特性曲线

2-2 比较下列概念的联系与区别。

$\begin{cases} 有效功率 \\ 轴功率 \\ 电机功率 \end{cases}$　$\begin{cases} 扬程 \\ 升扬高度 \\ 输入压头 \end{cases}$　$\begin{cases} 全风压 \\ 动风压 \\ 静风压 \end{cases}$　$\begin{cases} 必需汽蚀余量 \\ 有效汽蚀余量 \end{cases}$　$\begin{cases} 允许安装高度 \\ 实际安装高度 \end{cases}$

2-3 比较下列型式或结构的作用与差异。

$\begin{cases} 单吸式 \\ 双吸式 \end{cases}$　$\begin{cases} 单级 \\ 多级 \end{cases}$　$\begin{cases} 开式叶轮 \\ 闭式叶轮 \end{cases}$　$\begin{cases} 填料密封 \\ 端面密封 \end{cases}$　$\begin{cases} 离心式 \\ 正位移式 \end{cases}$

2-4 在下列情况下，管路特性曲线中的 A 值和 B 值将发生怎样的改变？①管路出口处压强 p_2 增加；②入口液面降低；③流量 Q 的单位由 m^3/s 变为 m^3/h；④流量 Q 增加；⑤管路上出现堵塞；⑥流体密度增加；⑦流体黏度增加较大。

2-5 要从密闭容器中抽送挥发性液体，下列哪些情况下汽蚀危险性更大？对允许安装高度又有什么影响？

①夏季或冬季；②真空容器或加压容器；③器内液面高、低；④泵安装的海拔高度的高、低；⑤液体密度的大、小；⑥吸入管路的长、短；⑦吸入管路上管件的多、少；⑧抽送流量的大、小。

2-6 如何改变离心泵的特性曲线？管路特性曲线？泵的工作点？

2-7 若例2-3的管路特性方程中 Q 的单位用 m^3/h 表示时，则常数 B 应为多少？当管路情况不变时，这台离心泵是否只能输送 $38.7×10^{-3} m^3/s$ 的该液体？

2-8 本章述及的各种流体输送机械，哪些属于离心式？哪些属于正位移式？它们各适用于哪些场合？

2-9 有哪些方法可调节泵或风机在管路中的流量？各有什么局限性？

* **2-10** 试根据离心力 $F_c=m\omega^2 r$ 和 $\omega=2\pi n=u_r/r$ 的关系，分析离心泵的比例定律为什么能够成立？式中 ω 为旋转角速度，n 为叶轮转速，r 可视为叶轮半径。

习题

2-1 某离心泵在转速为1450r/min下用20℃清水做性能试验，测得流量为240m^3/h时，其入口真空表的读数为-0.01MPa，出口压强表读数为0.43MPa，两表间垂直距离为0.4m。试求此时对应的扬程值。

［答：45.3m］

2-2 某离心泵输水时得到下列数据：转速 $n=1450$r/min，流量 $Q=60m^3/h$，扬程 $H=52$m，轴功率 $N=16.1$kW。试求：①此泵的效率；②若要求流量增加至 $80m^3/h$，转速应增加为多少？并估算此时相应的扬程和功率。（假设泵的效率不变）

［答：①52.8％；②1933r/min，92.4m，38.2kW］

2-3 用内径为106mm的镀锌钢管输送20℃的水溶液（其物性与水基本相同）。管路中直管长度为180m，全部管件、阀门等的局部阻力的当量长度为 60m，摩擦系数可取为 0.03。要求液体由低位槽送入高位槽，两槽均敞口且其液面维持恒定，两液面间垂直距离为 16m，试列出该管路的特性方程（流量 Q 以 m^3/h 计）。

[答：$H_e=16+3.43\times10^{-3}Q^2$, m]

2-4 若习题 2-3 中要求输液量为 $100m^3/h$，选用一台 IS 125-100-400 型清水泵，其性能如下：$Q=100m^3/h$，$H=50m$，$(NPSH)_r=2.5m$，$\eta=60\%$，$N=21kW$，$n=1450r/min$。泵的吸入管中心位于贮槽液面以上 2m 处。吸入管路阻力损失约为 1m 液柱。问此泵能否满足要求？已知当地大气压强为 100kPa。

[答：Q、H、N、H_g 均能满足要求]

2-5 已知某离心清水泵在一定转速下的特性方程为：
$$H=27.0-15Q^2$$
式中，Q 单位为 m^3/min。此泵安装在一管路系统中，要求输送贮罐中密度为 $1200kg/m^3$ 的液体至高位槽中，罐与槽中液位差为 10m，且两槽均与大气相通。已知当流量为 $14\times10^{-3}m^3/s$ 时，所需扬程为 20m。试求该泵在管路中的工作点。

[答：$Q=45.8m^3/h$，$H=18.3m$]

2-6 将密度为 $1500kg/m^3$ 的硝酸由地面贮槽送入反应釜。流量为 $7m^3/h$，反应器内液面与贮槽液面间垂直距离为 8m，釜内液面上方压强为 200kPa（表压），贮槽液面上方为常压，管路阻力损失为 30kPa。试选择一台耐腐蚀泵，并估算泵的轴功率。

[答：40F-26 型，1.53kW]

2-7 某厂将 50℃ 重油由地下贮油罐送往车间高位槽，流量为 40t/h，升扬高度为 20m，输油管总长为 300m（包括局部阻力的当量长度在内）。输送管采用无缝钢管 $\phi108\times4$。已知 50℃ 下重油密度为 $890kg/m^3$，黏度为 $187mPa\cdot s$。试选择一台适宜的油泵。

[答：80Y60]

2-8 有一管路系统，要输送水量为 $30m^3/h$，由敞口水槽打入密闭高位容器中，高位容器液面上方的压强为 30kPa（表压），两槽液面差为 16m，且维持恒定。管路的总阻力损失为 2.1m 水柱。现有四台泵可供选择，其性能见表 2-2。

表 2-2 可供选择的泵

序号	流量/$m^3\cdot h^{-1}$	扬程/m	转速/$r\cdot min^{-1}$	功率/kW
1#	30	21	2900	2.54
2#	35	25	2900	3.35
3#	29.5	17.4	2900	1.86
4#	65	37.7	2900	9.25

选哪一台较为合适？

[答：选 2# 泵较合适]

2-9 现需输送温度为 200℃、密度为 $0.75kg/m^3$ 的热空气，输气量为 $11500m^3/h$，全风压为 $120mmH_2O$。当地大气压强为 98kPa。现有一台 4-72-11-6C 型风机，问此风机是否适用？

[答：此风机适用]

本章主要符号说明

英文字母

A——活塞的截面积，m^2；

a——活塞杆的截面积，m^2；

D——活塞的直径，m；

h_0——泵入、出口测压点间的垂直距离，m；

H——泵的扬程，m；

$H_{g,r}$——泵的允许安装高度，m；

NPSH、$(NPSH)_r$——汽蚀余量、必需汽蚀余量，m；

N、N_e——泵的轴功率、泵的有效功率，W；
n——泵的转速，次/分；活塞每分钟的往复次数，次/分；
p_t——离心通风机的全风压，Pa；
p_v——液体在输送温度下的饱和蒸气压，Pa；

Q——泵的流量，m^3/s 或 m^3/h；
Q_T——往复泵的理论流量，m^3/min；
S——活塞的冲程，m。

希腊字母

η——泵的效率，通风机的全压效率，%。

第三章 非均相混合物的分离

 学习要求

1. 熟练掌握的内容

非均相混合物的重力沉降与离心沉降的基本公式；过滤机理和过滤基本参数；恒压过滤方程及过滤常数的测定。

2. 理解的内容

沉降区域的划分；降尘室生产能力的计算；旋风分离器临界直径的计算；过滤基本方程；沉降与过滤的各种影响因素；板框压滤机与转鼓真空过滤机的基本结构、操作及计算。

3. 了解的内容

其他分离设备的构造与操作特点；干扰沉降；滤饼的可压缩性；恒速过滤；分离设备的选择。

有两种以上相态同时存在的混合物称为**非均相混合物**，有气-固混合物（如含尘气体）、液-固混合物（悬浮液）、液-液混合物（互不相溶液体形成的乳浊液）、气-液混合物以及固体混合物等。

一般情况下，非均相混合物中有一相是**连续相**，另一相是**分散相**。例如对含雾气体，气相是连续相，而液相是呈液滴状分散在气相中。对悬浮在液体中的气泡群，液相是连续相而气相是分散相。

本章限于讨论以流体为连续相的非均相混合物的分离。这类分离都是利用连续相和分散相之间物理性质的差异，在外界力的作用下进行的，因此属于混合物的机械分离。在化工生产中其主要目的如下。

① 为了满足各相物流进一步加工的需要，通常两相中所包含的组分和组成是不相同的，进行相与相的分离后，可以分别再进一步加工处理。

② 回收含有有用物质的一相，例如从气流干燥器出口的气-固混合物中，分离出干燥的成品。

③ 除去对下一工序或对环境有害的一相，如工业废气在排放之前，必须除去其中的粉尘和酸雾。在气体压缩机入口前必须除去其中的微小液滴或固体颗粒，以避免引起对汽缸的冲击或磨损。

随分离的依据和作用力的不同，非均相混合物的分离方法主要有以下几种。

① 依据连续相和分散相的密度差异，在重力场或离心力场中进行分离（气-固、液-固或液-液系统的重力沉降、离心沉降、惯性分离）。

② 依据两相对固体多孔介质透过性的差异，在重力、压强差或离心力的作用下，流体透过介质而分散的固体颗粒受到阻挡被分离出来（气-固、液-固系统的过滤）。

③ 依据两相电性质的差异，在电场力的作用下进行分离（气-固、气-液系统的高压电场分离）。

本章主要讨论前两类分离方法。由于连续相是流体，分离运动服从流体力学基本规律。有关惯性分离的装置可参见第五章图 5-15。

第一节 沉 降

在外力作用下，使密度不同的两相发生相对运动而实现分离的操作称为沉降。根据外力的不同，沉降分为**重力沉降**和**离心沉降**。

一、重力沉降

重力沉降是分散相颗粒在重力作用下，与周围流体发生相对运动，并实现分离的过程。重力场中颗粒相对于周围流体的运动速度称为颗粒的重力沉降速度。影响重力沉降速度的因素很多，有颗粒的形状、大小、密度，流体的种类、密度、黏度等。为了便于讨论，我们先以形状和大小不变的、一定直径的球形固体颗粒作为研究对象。

（一）球形颗粒的自由沉降

当混合物中颗粒含量较少，且分离设备尺寸又足够大的情况下，颗粒的沉降过程可以认为不受周围颗粒和器壁的影响，称为**自由沉降**。

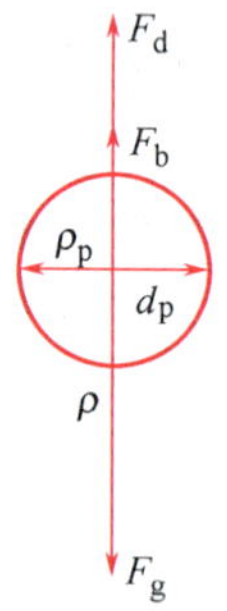

如图 3-1 所示，直径为 d_p、密度为 ρ_p 的光滑球形颗粒，处于密度为 ρ 的静止液体中，将受到向下的重力 F_g 和向上的浮力 F_b，即

$$F_g = \frac{\pi}{6} d_p^3 \rho_p g$$

$$F_b = \frac{\pi}{6} d_p^3 \rho g$$

若 $\rho_p > \rho$，故 $F_g > F_b$，颗粒在力 $F_g - F_b$ 的作用下，发生向下的加速运动（相对运动）。与此同时，流体将作用于颗粒一个曳力 F_d 以阻滞相对运动的发生，故其方向与颗粒相对于流体的运动速度方向相反。球形颗粒在静止流体中进行沉降运动所受到的来自流体的曳力 F_d，在数值上等于流体沿球形颗粒表面进行绕流运动所受到的来自颗粒的阻力，其大小可表示为

图 3-1 静止流体中颗粒受力示意图

$$F_d = \zeta A \frac{\rho u^2}{2} = \zeta \frac{\pi}{4} d_p^2 \frac{\rho u^2}{2} = \zeta \frac{\pi}{4} d_p^2 \frac{\rho (u_a - u_f)^2}{2}$$

式中　F_d——流体对颗粒的曳力，N；

　　　ζ——阻力系数，无因次（由实验测定）；

A——颗粒在相对运动方向上的投影面积，m^2；对球形颗粒，$A = \dfrac{\pi}{4} d_p^2$；

u——颗粒相对于流体在重力方向上的运动速度，$u = u_a - u_f$，m/s；

u_a——颗粒在垂直方向上的绝对速度，m/s；

u_f——流体在垂直方向上的绝对速度，m/s。

以垂直向下方向为正，F_d 应该是向上的阻力。当流体静止时，$u_f = 0$，$u = u_a$，颗粒在某瞬间受到的合力为 $\sum F$，有：

$$\sum F = F_g - F_b - F_d = \frac{\pi}{6} d_p^3 (\rho_p - \rho) g - \frac{\pi}{8} d_p^2 \zeta \rho u_a^2$$

在重力沉降过程中 $F_g - F_b$ 不变，而 F_d 将随沉降速度的增大而迅速增大，最终三力必将达到平衡，颗粒开始做匀速沉降运动，同时沉降速度达到最大，这个速度称为颗粒在流体中的自由沉降速度，又称为终端速度，用 u_t 表示。

匀速运动时，$\sum F = 0$，可得自由沉降速度计算式：

$$u_t = \sqrt{\frac{4 d_p (\rho_p - \rho) g}{3 \zeta \rho}} \tag{3-1}$$

在化工生产中，小颗粒沉降最为常见，其 $F_g - F_b$ 较小，而阻力 F_d 增加很快，加速阶段非常短暂，常可忽略。在这种情况下，可直接将 u_t 用于重力沉降设备的计算。

（二）阻力系数 ζ

对球体绕流的理论和实验研究表明，阻力系数 ζ 可以表示为雷诺数 Re_t 的函数，即

$$\zeta = f(Re_t) = f\left(\frac{d_p u_t \rho}{\mu}\right)$$

式中 μ——流体的黏度，Pa·s。

图 3-2 表达了球形颗粒的 ζ 与 Re_t 的函数关系，由实验测得。

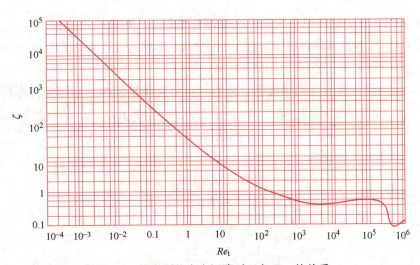

图 3-2　球形颗粒自由沉降时 ζ 与 Re_t 的关系

为了便于计算 ζ，通常把该曲线用分段函数表示，即可将该曲线分为三个主要区域。

(1) 层流区 ($10^{-4} < Re_t \leq 2$) $\zeta = \dfrac{24}{Re_t}$ (3-2)

(2) 过渡区 ($2 < Re_t < 10^3$) $\zeta = \dfrac{18.5}{Re_t^{0.6}}$ (3-3)

(3) 湍流区 ($10^3 \leq Re_t < 2\times 10^5$) $\zeta = 0.44$ (3-4)

由上可见，绕流问题的雷诺数和流动分区判据值与第一章中的直管流动问题不同。绕流时，同时存在有摩擦阻力与形体阻力。在层流区内，流体黏性引起的摩擦阻力占主要地位，而随着 Re_t 的增加，在绕流物体后方将发生边界层的分离，并产生漩涡和湍动，形体阻力逐渐占据主要地位。

（三）自由沉降速度的计算

若已知球形颗粒所处的沉降区域，即可将该区域阻力系数 ζ 的计算式代入式（3-1），解得沉降速度 u_t。

各沉降区域的沉降速度计算式如下。

(1) 层流区 $u_t = \dfrac{g d_p^2 (\rho_p - \rho)}{18\mu}$ (3-5)

此式称为**斯托克斯公式**。

(2) 过渡区 $u_t = 0.153 \left[\dfrac{g d_p^{1.6}(\rho_p - \rho)}{\rho^{0.4} \mu^{0.6}} \right]^{\frac{1}{1.4}}$ (3-6)

(3) 湍流区 $u_t = 1.74 \sqrt{\dfrac{d_p(\rho_p - \rho)g}{\rho}}$ (3-7)

无论处于哪个区域，颗粒直径和密度越大，沉降速度越快。在层流区和过渡区，沉降速度还与流体黏度有关。由式（3-5）～式（3-7）不难了解各种因素对沉降速度的影响程度，读者也可试行分析温度变化的影响。

• **【例3-1】** 某烧碱厂拟采用重力沉降净化粗盐水。粗盐水密度为 1200kg/m^3，黏度为 2.3mPa·s，其中固体颗粒可视为球形，密度取 2640kg/m^3。求：①直径为 0.1mm 颗粒的沉降速度；②沉降速度为 0.02m/s 的颗粒直径。

解 ① 在沉降区域未知的情况下，先假设沉降处于层流区，应用斯托克斯公式：

$$u_t = \dfrac{g d_p^2 (\rho_p - \rho)}{18\mu} = \dfrac{9.81 \times (10^{-4})^2 \times (2640 - 1200)}{18 \times 2.3 \times 10^{-3}} = 3.41 \times 10^{-3} \text{m/s}$$

校核流型 $Re_t = \dfrac{d_p u_t \rho}{\mu} = \dfrac{10^{-4} \times 3.41 \times 10^{-3} \times 1200}{2.3 \times 10^{-3}} = 0.178 < 2$

层流区假设成立，$u_t = 3.41\text{mm/s}$ 即为所求。

② 假设沉降属层流区，根据式（3-5）：

$$d_p = \sqrt{\dfrac{18\mu u_t}{g(\rho_p - \rho)}} = \sqrt{\dfrac{18 \times 2.3 \times 10^{-3} \times 0.02}{9.81 \times (2640 - 1200)}} = 2.42 \times 10^{-4} \text{m}$$

校核流型 $Re_t = \dfrac{d_p u_t \rho}{\mu} = \dfrac{2.42 \times 10^{-4} \times 0.02 \times 1200}{2.3 \times 10^{-3}} = 2.53 > 2$

原假设不成立。再设沉降属过渡区，根据式(3-6)：

$$d_p = \left[\left(\frac{u_t}{0.153}\right)^{1.4} \frac{\rho^{0.4}\mu^{0.6}}{g(\rho_p-\rho)}\right]^{\frac{1}{1.6}} = \left[\left(\frac{0.02}{0.153}\right)^{1.4} \times \frac{1200^{0.4}\times(2.3\times10^{-3})^{0.6}}{9.81\times(2640-1200)}\right]^{\frac{1}{1.6}}$$
$$= 2.59\times10^{-4}\,\text{m}$$

校核流型
$$Re_t = \frac{d_p u_t \rho}{\mu} = \frac{2.59\times10^{-4}\times0.02\times1200}{2.3\times10^{-3}} = 2.70$$

过渡区假设成立，$d_p = 0.259$ mm 即所求。

（四）实际重力沉降速度

上述重力沉降速度的计算式是针对球形颗粒在自由沉降条件下得到的，在处理复杂多样的实际问题时，需要注意以下几点。

（1）颗粒形状 固体颗粒的形状通常是不规则的多面体，计算沉降速度时，式(3-1)中的 d_p 可采用颗粒的当量球径。

当量直径有多种，若采用等体积当量直径 d_e，即颗粒的体积与直径为 d_e 的球形颗粒体积相同，则有：

$$d_e = \sqrt[3]{\frac{6V_p}{\pi}} \tag{3-8}$$

式中 V_p——单个固体颗粒体积，m^3。

实验表明，非球形颗粒的沉降速度小于等当量球径球形颗粒的沉降速度，颗粒形状偏离球形越远，它与流体之间的接触面积越大，沉降速度相差越大，这个因素通常通过一个**球形度** ϕ 来表征和校正：

$$\phi = \frac{S}{S_F} \tag{3-9}$$

式中 S——单个颗粒的表面积，m^2；

S_F——直径为 d_e 的球体的表面积，m^2。

在相同 Re_t 下，ϕ 愈大，ζ 也愈大，沉降速度愈小。

（2）干扰沉降 在非均相混合物中的颗粒浓度较大的情况下，颗粒之间距离较近，沉降过程中彼此相互干扰。一般说来，同等直径颗粒的干扰沉降速度要小于自由沉降速度。

实际上颗粒的大小总有一个分布，干扰沉降时，悬浮液中大颗粒的沉降速度变慢，但小颗粒的沉降却因有被大颗粒拖曳向下的趋势而加快，因此沉降情况要通过实验观测来确定。

（3）绝对速度 由式(3-1)的推导过程可知，自由沉降速度 u_t 是在颗粒受力达到平衡时，颗粒相对于流体做匀速运动的相对速度，并不一定是一个静止的观察者在流场外部观察到的颗粒的绝对速度 $u_{t,a}$，u_t 的值与流体是否有上下运动无关，因为颗粒总与流体做相对的向下运动，而 $u_{t,a}$ 的值却与流体在垂直方向上的速度 u_f 有关。有：

$$u_{t,a} = u_t + u_f \tag{3-10}$$

因此，只有流体在垂直方向上不发生运动，即 $u_f = 0$ 时，观察到的颗粒的绝对速度才等于其沉降速度。若流体以 u_f 的速度向下运动，u_f 与 u_t 同向，最终观察到的颗粒运动速度将是 u_t 和 u_f 的加和；而如果流体向上运动，则 u_f 取负值；$u_{t,a} < u_t$，在 u_f 足够大时，将

可能观察到颗粒不动甚至向上运动，这个现象是颗粒流态化操作（表 0-1）的基础。

在干扰沉降时，大量固体颗粒下降，将置换下方的流体并使之上升，这是观察到的绝对速度小于自由沉降速度的一个原因。

二、离心沉降

细小颗粒在重力作用下的沉降非常缓慢。为加速分离，人为地使混合物高速旋转，利用离心力的作用使固体颗粒迅速沉降实现分离的操作，称为离心沉降。类似地，离心沉降速度也是指颗粒相对于周围流体的运动速度。

（1）离心加速度、惯性离心力和向心力 由物理学可知，当流体围绕某一中心轴做匀速圆周运动时，便形成了惯性离心力场。若某一质量为 m 的流体微团的旋转半径为 r（m）；转速为 n（1/s）；旋转角速度为 ω（rad/s）；切向速度为 u_T（m/s）；则必有 $\omega=2\pi n$，$u_T=\omega r$，离心加速度为

$$a=\omega^2 r=u_T^2/r \tag{3-11}$$

该微团上作用的离心力为 $m\omega^2 r$，方向为径向向外，由于流体微团在径向上不发生相对运动，故周围流体必对微团作用一个大小与该惯性离心力相同、方向相反（径向向内）的向心力，以满足力平衡要求。注意，离心加速度不是常数，它随位置及旋转角速度而变化，其方向为径向向外。

（2）离心沉降速度 当流体带着同体积、但质量为 m_p 的颗粒旋转时，由于颗粒密度大于流体密度，则其惯性离心力会使颗粒在径向上与流体发生相对运动，逐渐远离旋转中心。与重力场中类似，颗粒在离心力场中沉降时，在径向方向上也受到三个作用力，即惯性离心力、周围流体对颗粒的向心力（数值为 $m\omega^2 r$，其方向为沿半径指向旋转中心，类似于重力场中的浮力）和阻力（与颗粒径向运动方向相反）。当三种作用力达到平衡时，颗粒在径向上相对于流体的运动速度 u_r 就是颗粒的离心沉降速度。

$$u_r=\sqrt{\frac{4(\rho_p-\rho)d_p}{3\rho\zeta}a} \tag{3-12}$$

式(3-12) 与式(3-1) 比较可知，将式(3-1) 中的重力加速度换成离心加速度，就得到式(3-12)。式(3-12) 中的阻力系数，仍可按照图 3-2 或式(3-2)、式(3-3)、式(3-4) 计算，只要将 Re_t 中的 u_t 用 u_r 代替即可。同样，只要将式(3-5)、式(3-6)、式(3-7) 中的重力加速度 g 换成离心加速度 a，就可用于离心沉降速度的计算。对于层流区，有：

$$Re_p=\frac{d_p u_r \rho}{\mu} \tag{3-13}$$

$$u_r=\frac{d_p^2(\rho_p-\rho)}{18\mu}r\omega^2 \tag{3-14}$$

由式(3-14) 知，在离心力场中，颗粒所处位置 r 增大，离心沉降速度增大。

（3）离心分离因数 比较式(3-14) 和式(3-5) 可知，对于相同流体介质中的颗粒，在层流区，离心沉降速度与重力沉降速度之比取决于离心加速度和重力加速度之比，即

$$K_c=\frac{r\omega^2}{g}=\frac{u_T^2}{gr}=\frac{离心沉降速度}{重力沉降速度} \tag{3-15}$$

K_c 称为离心分离因数，它是反映离心沉降设备工作性能的主要参数。

离心分离设备可以通过提高转速或者设备直径，提高分离因数。高速管式离心机的分离因数可达到几万。所以，离心分离设备的效果比重力分离设备好得多，主要用于分离两相密度差较小或者颗粒很小的物系。

▲ 学习本节后可做习题 3-1～3-3。

三、沉降分离设备

随分离对象和分离要求的不同，沉降分离设备的型式与构造也各异，但它们都必须满足一定的基本要求和性能指标。

（一）对沉降分离设备的要求

（1）基本要求　沉降分离操作是在一定的设备内进行的。要使颗粒同周围流体分开，一般都要求流体在离开设备前，颗粒已能沉降到设备底部或器壁；尽可能减少对沉降过程的干扰；避免已沉降颗粒的再度扬起。

根据颗粒沉降速度和设备内的沉降距离，可以计算出颗粒沉降到设备底部或器壁所需的时间，称为**沉降时间**，用 t_s 表示。

流体在设备内的**停留时间** t_r，也是沉降设备的一个重要参数，它与操作方式、设备大小及处理量有关。连续操作的停留时间，可取为流体流过设备有效空间所需的平均时间；间歇操作的停留时间为一次操作时间（不包括装卸料）。

沉降分离设备要满足的基本条件为：

$$t_r \geqslant t_s \tag{3-16}$$

停留时间要足以达到预期的分离要求，即大于指定颗粒的沉降时间，但停留时间的选择也不可过大，否则将因沉降设备过于庞大而使设备投资增大。

（2）分离性能指标　混合物中的颗粒由于其大小及实际沉降距离的差异，所需沉降时间分布很宽。在有限的停留时间内，只能分离下来其中一部分，它与颗粒总量之比（用质量分数表示）称为**总效率** η_0。

相同粒径的颗粒虽有相同的自由沉降速度，但由于沉降距离不同、颗粒形状不同以及干扰沉降等因素，往往只能部分分离。在一定粒径颗粒的总量中，被分离部分所占的质量分数称为该粒径颗粒的**粒级分离效率** η_i。

粒径越大，沉降速度越快，所需沉降时间越短，当粒径大于某一临界值时，设备的粒级效率达到 100%，称为临界直径 d_{pc}。显然，临界直径愈小，总效率愈高，对应设备的分离性能越好。

混合物的处理量越大，在同一设备内的停留时间越短，则其临界直径越大。若规定了临界直径，相当于规定了混合物最大可能的处理量，即分离设备的最大生产能力。

分离效率、临界直径、最大生产能力是分离设备的重要分离性能指标。由于实际分离过程的复杂性，它们常需实验测定或利用经验数据进行估算。

（二）重力沉降设备

（1）降尘室　降尘室是应用最早的重力沉降设备，常用于含尘气体的预分离。

降尘室实质上为具有宽截面的通道［图 3-3(a)］。含尘气体进入降尘室后，截面扩大，流速减小，颗粒在重力作用下沉降。只要气体有足够的停留时间，使颗粒在离开降尘室之前沉到底部，即可将其分离下来。

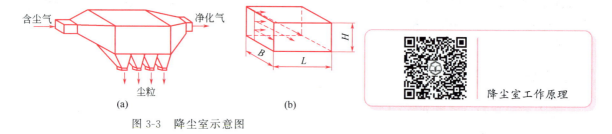

图 3-3 降尘室示意图

为便于计算，将降尘室简化为高 H、长 L、宽 B 的长方体 [图 3-3(b)]，气体的停留时间为：

$$t_r = \frac{L}{u} \tag{3-17}$$

式中 u——气体在降尘室内的平均流速，m/s。

颗粒所需的沉降时间 t_s（按位于降尘室顶部计算）为：

$$t_s = \frac{H}{u_t} \tag{3-18}$$

根据式(3-16)的条件，应满足：

$$\frac{L}{u} \geqslant \frac{H}{u_t} \tag{3-19}$$

含尘气体的体积流量 $V(m^3/s)$ 应满足：

$$V = BHu \leqslant BLu_t$$

若规定了待分离颗粒的临界直径 d_{pc}，其自由沉降速度为 u_{tc}，即规定了含尘气体的最大处理量 V_{max}。将上式取等式，得：

$$V_{max} = BLu_{tc} \tag{3-20}$$

此式说明 V_{max} 与高度 H 无关，故降尘室以扁平状为佳。为提高降尘室的最大生产能力，可在降尘室内设置水平隔板构成多层降尘室，每层高度为 25~100mm，多层降尘室要求颗粒沉降到各层隔板表面，出灰不甚方便。降尘室中气速不宜过大，以防气流湍动卷起已沉降的尘粒，一般气速应控制在 1.5~3m/s 以下。

降尘室结构简单，气流阻力小，但体积庞大，分离效率低，适于分离在 75μm 以上的较大颗粒。

• 【例 3-2】 长 3m、宽 2.4m、高 2m 的降尘室与锅炉烟气排出口相接。操作条件下，锅炉烟气量为 2.5m³/s，气体密度为 0.720kg/m³，黏度为 2.6×10⁻⁵ Pa·s，飞灰可看做球形颗粒，密度为 2200kg/m³。求：①此条件下降尘室的临界直径；②要求 75μm 以上飞灰完全被分离下来，锅炉的烟气量不得超过多少？

解 ① 根据式(3-20)：

$$u_{tc} = \frac{V_{max}}{BL} = \frac{2.5}{2.4 \times 3} = 0.347 \text{m/s}$$

假设沉降处于层流区，根据式(3-5)：

$$d_{pc} = \sqrt{\frac{18\mu u_{tc}}{g(\rho_p - \rho)}} = \sqrt{\frac{18 \times 2.6 \times 10^{-5} \times 0.347}{9.81 \times (2200 - 0.720)}} = 8.68 \times 10^{-5} \text{m}$$

校核流型：$Re_t = \dfrac{d_{pc} u_{tc} \rho}{\mu} = \dfrac{8.68\times 10^{-5}\times 0.347\times 0.720}{2.6\times 10^{-5}} = 0.834 < 2$

故 $d_{pc} = 86.8\mu m$ 即为所求。

② 已知 $d_{pc} = 75\mu m$，由①的结果可知，其沉降必属层流区，由式(3-5)：

$$u_{tc} = \dfrac{gd_{pc}^2(\rho_p - \rho)}{18\mu} = \dfrac{9.81\times(7.5\times 10^{-5})^2\times(2200 - 0.720)}{18\times 2.6\times 10^{-5}} = 0.259 \text{m/s}$$

$$V_{max} = BLu_{tc} = 2.4\times 3\times 0.259 = 1.87 \text{m}^3/\text{s}$$

校核气流速度 u：

$$u = \dfrac{V_{max}}{BH} = \dfrac{1.87}{2.4\times 2} \approx 0.39 \text{m/s} < 1.5 \text{m/s}$$

由于 $\rho_p \gg \rho$，在计算中可以取 $\rho_p - \rho \approx \rho_p$，并不影响工程计算结果。

若本例的降尘室长度减少或宽度减少，对降尘室的操作有什么影响？降尘室的高度减少又会有什么影响？读者可自行分析。

（2）连续沉降槽 连续沉降槽是利用重力沉降分离悬浮液的设备。在用于低浓度悬浮液分离时称为澄清器；用于中等浓度悬浮液的浓缩时，常称为浓缩器或增稠器。图3-4是一种较典型的结构。

它是一个具有锥形底的圆槽，悬浮液由进料管进入中心筒，从筒底部流入槽内。清液由四周溢流而出，颗粒沉积在底部成为稠泥浆。稠泥浆由缓慢旋转的转耙耙至锥底，用泥浆泵

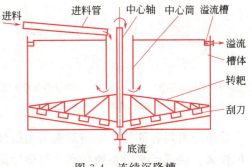

图3-4 连续沉降槽

间断排出，称为底流。沉降槽适用于大流量、低浓度悬浮液的预分离。溢流中含有一定量的细微颗粒，底流泥浆中可含有50%左右的液体。

对于颗粒很小的混合液，常加入聚凝剂或絮凝剂，使小颗粒相互结合为大颗粒，从而获得较快的沉降速度。聚凝是通过加入电解质，改变颗粒表面的电性，使颗粒相互吸附。例如，加入 Fe^{3+} 和 Al^{3+} 有利于带负电荷颗粒的聚凝，而磷酸盐有利于带正电荷颗粒的聚凝。絮凝是加入高分子聚合物或高聚电解质，促使颗粒相互团聚成絮状的过程。常见的聚凝剂和絮凝剂有 $AlCl_3$、$FeCl_3$ 等无机电解质，土豆淀粉等天然聚合物和聚丙烯酰胺、聚乙胺等。

▲ 学习本节后可做习题3-4、3-5，思考题3-1。

（三）离心沉降设备

（1）旋风分离器 旋风分离器是利用离心沉降原理，从气流中分离出固体颗粒的设备。如图3-5(a) 所示，旋风分离器器体上部为圆柱形筒体，下部为圆锥形筒体。上部侧面沿切线方向开有长方形通道，含尘气体由此进入后，形成一个绕筒体中心向下做螺旋运动的外旋流；外旋流到达器底后折回向上形成内旋流，如图3-5(b) 所示。在此过程中，固体颗粒被惯性离心力抛向器壁，下滑至锥体底部落入灰斗排出，净化了的气体由筒顶中央的排气管排

出。由于流体的旋转是依靠进口的高速气体与圆筒形器壁相互作用产生的,因此必然要消耗气体的机械能,表现为气体进出口的压强降。

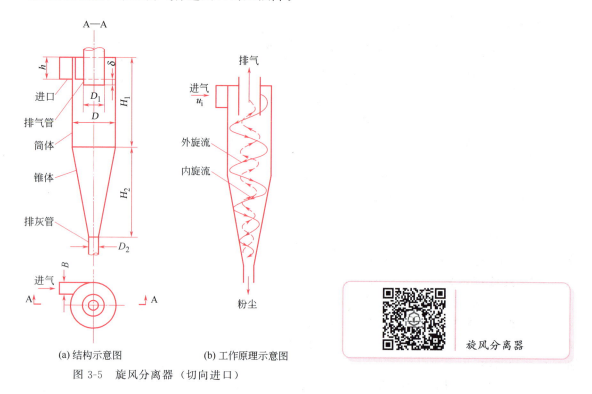

(a) 结构示意图　　(b) 工作原理示意图

图 3-5　旋风分离器（切向进口）

旋风分离器各部分尺寸通常表示为筒体直径的倍数,按一定的几何比例设计,以获得满意的性能。国家已制定系列标准,只要知道直径就可以算出其他部分的尺寸。如图 3-5 所示的旋风分离器,一般有：$h=\dfrac{D}{2}$, $H_1=H_2=2D$, $B=\dfrac{D}{4}$, $D_1=\dfrac{D}{2}$, $D_2=\dfrac{D}{4}$, $\delta=\dfrac{D}{8}$。

旋风分离器内的压强在器壁处最高,往中心逐渐降低,到达气芯处常降到负压,低压气芯一直延伸到器底的出灰口。因此,出灰口必须密封完善,以免漏入空气造成收集于锥形底部的灰尘重新卷起,甚至从底部灰斗中吸入大量粉尘。

若切向进气速度为 20m/s,旋转半径为 0.3m,可以算出离心分离因数为 136,这表明颗粒在这种条件下的离心沉降速度为重力沉降速度的 136 倍。

① **临界粒径**。与重力降尘室类似,临界粒径是分离器能够完全除去的最小粒径。临界粒径的大小是判断旋风分离器分离效率高低的重要依据,但很难精确测定。一般而言,旋风分离器的离心分离因数为 5～2500,一般可分离气体中 5～75μm 直径的粒子。

② **压降**。旋风分离器压降的大小是决定分离过程能耗和合理选择风机的依据。旋风分离器的压降包含气流进入旋风分离器时,由于突然扩大引起的损失；与器壁摩擦的损失；气流旋转导致的动能损失；在排气管中的摩擦和旋转运动的损失等。旋风分离器压降可由下式计算：

$$\Delta p=\frac{1}{2}\zeta\rho u^2 \tag{3-21}$$

式中的阻力系数 ζ 取决于旋风分离器的结构及尺寸比例,不因尺寸大小而变。可选用适宜的经验公式计算或采用实测值。图 3-5(a) 所示的旋风分离器，$\zeta=8.0$。旋风分离器的压降一般在 500~2000Pa 之间。进口气速 u 越高，分离效果越好，但压降越大，因此，旋风分离器的进口气速在 10~25m/s 范围内为宜。

旋风分离器的结构简单，无运动部件，操作不受温度和压强的限制，价格低廉，性能稳定，可满足中等粉尘捕集的要求，故在工业生产中广泛地应用。

我国已定型的旋风分离器主要有 CLT、CLT/A、CLP、CLK 等。各种旋风分离器的尺寸系列可查阅有关手册，一般可按气体处理量选用。对于规定的气体处理量，选定进口气速，算出旋风分离器进口尺寸，从而按照比例确定出直径。

显然，气量一定，进口气速越大，旋风分离器直径越小，分离效果越好，但阻力增大。工业上将许多小直径旋风分离器用并联方式组成整体，装在一个外壳内，称为旋风分离器组。它的分离效果比处理同气量的一个大直径旋风分离器好。旋风分离器选定后，在操作中若实际气量减小太多，实际旋转速度下降，必然会导致分离效率降低，故应避免这种情况出现。

（2）旋液分离器 旋液分离器也称为水力旋流器，其结构和工作原理均与旋风分离器类似，用于悬浮液的分离。

图 3-6 为一种浓缩用旋液分离器的结构。悬浮液从直径为 D_i 的进口管切向流入，形成旋转流。分离出的固体颗粒夹带部分液体由底部排出，称为底流。带有少量细颗粒的液体则由中心管流出。

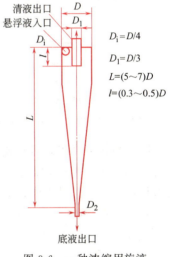

图 3-6 一种浓缩用旋液分离器的结构

旋液分离器的内径 D 也是一项最基本的尺寸，其他结构尺寸与之成一定比例，随用途不同而变化。悬浮液入口管可为圆形（或长边沿轴向的长方形），锥体尖角一般为 10°~20°。

旋液分离器进料流速为 2~10m/s，可分离的粒径为 5~200μm。但其压强降甚大，且随悬浮液的平均密度的增大而增加。例如对一个 $D=200$mm 的水力旋流器，其处理量为 15~70m³/h 时，阻力损失为 4~24m 悬浮液柱。

旋液分离器结构简单，操作可靠，设备费用较低，常用于悬浮液的增浓或颗粒的水力分级。

（3）沉降离心机 沉降离心机是利用机械带动液体旋转，分离非均相混合物的常用设备。根据操作方式，沉降离心机可分为间歇式和连续式；根据设备主轴的方位，可分为立式和卧式；根据卸料方式，又可分为人工卸料式、螺旋卸料式和刮刀卸料式等。其主要特点是主体设备（转鼓）与混合物共同旋转，通过转速调节，可以大幅度改变离心分离因数。

① 管式分离机。管式分离机是结构最简单的立式高速沉降离心机，基本结构如图 3-7 所示。主体为垂直的细长圆柱形筒体，直径一般在 0.2m 以下，长径比为 4~8，上下两端接有空心轴，在电动机带动下高速旋转，可达 8000~50000r/min，分离因数可达 15000~60000。

混合液一般由空心轴下端进入，上行进入高速旋转的长管，密度较小的液体最终由顶端溢流而出。其中固体颗粒或密度较大的液体被甩向四周器壁，而实现混合物的分离。在强大离心力的作用下，液体形成一定厚度的旋转圆环，而中心区域形成空气柱。

管式分离机是分离效率最高的沉降离心机，但处理能力较低，用于分离乳浊液时可以连续操作，用来分离悬浮液时称为澄清型，可除去粒径在 1μm 以下的极细颗粒，由于需要定期停机除去壁面上沉降的颗粒层,要求悬浮液固相浓度小于1%(体积分数)。

② 螺旋卸料沉降离心机。这是一种处理悬浮液的可连续操作的卧式沉降离心机,利用转鼓内的输料螺旋将沉渣推出转鼓。其结构示意如图3-8所示。

悬浮液由锥形或柱锥形转鼓的轴心进料管加入,经螺旋输送器外壁的开孔流入高速旋转的转鼓内。清液从柱端(大端)溢流而出。颗粒沉积在转鼓内壁,被转速相近(与转鼓相差5~100r/min)同向旋转的螺旋输送器推送至锥端(小端),由锥顶排渣口连续排出。

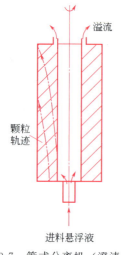

图3-7 管式分离机(澄清型)

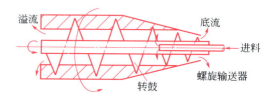

图3-8 螺旋卸料沉降离心机结构

螺旋卸料沉降离心机转速为1600~6000r/min,离心分离因数可达6000,适宜固相浓度为2%~50%(体积分数)。它操作方便,生产能力大,适应性强,劳动强度小,在工业上应用日益普遍。但排渣中含液量较高。

▲ 学习本节后可做思考题3-2、3-3。

第二节 过 滤

在推动力作用下,使液-固或气-固混合物中的流体通过多孔性过滤介质,固体颗粒被过滤介质截留,从而实现固体与流体分离的操作称为过滤。本节以讨论悬浮液的过滤分离为主。

一、概述

(一)滤饼过滤与深层过滤

按照固体颗粒被截留的情况,过滤可分为滤饼过滤(又称表面过滤)和深层过滤两类。

如图3-9所示,悬浮液(又称为滤浆)过滤时,透过过滤介质流出的液体称为滤液。截留在过滤介质表面的固体颗粒与其中残留的液体所组成的混合物称为滤饼。在滤饼形成以后，由滤饼继续截留颗粒的过滤操作称为滤饼过滤，这时滤饼实际上起过滤介质的作用。

滤饼过滤要求滤饼能够迅速生成，常用于分离固相体积分数大于1%的悬浮液，是化工生产中应用最广的过滤形式。也是本节的主要内容。

深层过滤时，过滤介质表面孔口较大，固体颗粒被截留在过滤介质的内部孔隙中，在过滤介质表面无滤饼生成。这种过滤形式下，起截留颗粒作用的是介质内部的曲折细长通道，介质床层很厚，故称为深层过滤，过滤过程中过滤介质内部通道会逐渐减少和变小，因而常用于澄清固相体积分数小于0.1%的细颗粒（直径小于$5\mu m$）悬浮液，且过滤介质必须定期更换或清洗再生。在砂滤器中得到清水，即是其应用的一例。

（二）过滤介质

过滤操作中使流体（液体或气体）透过而截留固体的可渗透材料称为**过滤介质**。深层过滤（如图3-10所示）采用的过滤介质通常是均质的固体颗粒，如砂粒、无烟煤、活性炭、由纤维制成的深层多孔介质（如由纤维绕成的绕线式滤芯）以及素烧瓷芯等。滤饼过滤通常采用筛网或织物纤维，如编织金属网、各种滤布。

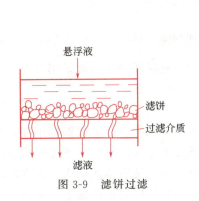

图3-9　滤饼过滤

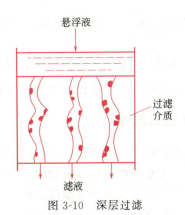

图3-10　深层过滤

选择过滤介质的主要依据如下。

① 分离要求。如回收或除去颗粒的最小粒径、分离效率、处理能力等。
② 悬浮液特性。包括颗粒形状、粒度分布、固体颗粒浓度、滤液的黏度、腐蚀性等。
③ 操作条件。如操作压强、温度等。
④ 过滤设备的类型。

（三）过滤推动力

过滤进行的推动力可以是重力、离心力和压强差。在实现过滤操作中，重力和离心力的作用也常表现为压强差。

单纯依靠重力的过滤，速度慢，仅用于小规模，或颗粒大、含量少的悬浮液过滤，如实验室的滤纸过滤。离心过滤速度快，但受到过滤介质强度及其孔径的制约，设备投资和动力消耗也比较大，多用于一般方法难以分离的悬浮液。

在压强差作用下的压差过滤，应用最广，分为加压过滤和真空过滤，操作压强差可按情况调节。随着过滤的进行，被过滤介质截留的固体颗粒越来越多，液体的流动阻力逐渐增加。若维持操作压强差不变，过滤速度将逐渐下降，这种操作称为**恒压过滤**。逐渐加大压强差以维持过滤速度不变的操作称为**恒速过滤**。

（四）过滤基本参数

关于过滤过程，常用到以下几个参数。

① 处理量。可采用悬浮液体积 $V_s(m^3)$、滤液体积 $V(m^3)$ 或滤饼体积 $V_c(m^3)$ 表示。

② 生产能力。过滤机的生产能力通常以 m^3 滤液/h 表示。

③ 生产率 G。过滤机单位过滤面积在单位时间内过滤出的干固体质量，kg 干固体/($m^2 \cdot s$)。

④ 过滤面积 A。允许滤液通过的过滤介质的总面积，m^2。

⑤ 悬浮液固相浓度 c。单位体积悬浮液中所含固体颗粒的总体积，用体积分数表示，是选择过滤设备的重要参数。

⑥ 滤饼含液量 w。滤饼中所含液体的质量分数。实际生产中常常要对滤饼含液量加以控制，以减少后续操作（如干燥）费用。

⑦ 滤饼与滤液的体积比 v。获得单位体积滤液同时形成的滤饼体积，m^3 滤饼/m^3 滤液。

⑧ 过滤速率 $\dfrac{dV}{dt}$。单位时间获得的滤液体积，m^3 滤液/s。

⑨ 过滤速度 $\dfrac{dV}{Adt}$。单位时间单位过滤面积上得到的滤液体积，m^3 滤液/($m^2 \cdot s$)。

过滤是不定常操作过程，过滤速率和过滤速度均会随时间而变，故采用微商形式表示。

（五）滤饼的可压缩性

由刚性颗粒形成的滤饼，在过滤过程中颗粒形状和颗粒间的空隙率保持不变，称为**不可压缩滤饼**。而非刚性颗粒形成的滤饼在压强差作用下会压缩变形，称为**可压缩滤饼**，这种滤饼中的空隙率会随压强差或滤饼层厚度的增加而减小，从而使液体流动阻力大大增加，过滤困难，并可能将过滤介质上的孔道堵住。因此，对于一个具体的过滤物系，常常要对滤饼的可压缩性进行实验测定。

为了减小可压缩滤饼的过滤阻力，减少细微颗粒对过滤介质中孔道的堵塞，可使用**助滤剂**改善饼层结构。助滤剂是能形成多孔床层的、形状不规则、不可压缩的细小固体颗粒，如硅藻土、石棉、炭粉等，可预敷在过滤介质表面以防止孔道堵塞，或加入悬浮液中以改善滤饼结构，但在滤饼需回收时不宜使用。

（六）滤饼的洗涤

在滤饼的颗粒间隙中总会残留一定量的滤液。过滤终了，通常要用洗涤液（一般为清水）进行滤饼的洗涤，以回收滤液或得到较纯净的固体颗粒。洗涤速率取决于洗涤压强差、洗涤液通过的面积及滤饼厚度。

●【例 3-3】 过滤固相浓度 $c=1\%$ 的碳酸钙悬浮液，颗粒的真实密度 $\rho_p=2710 kg/m^3$，清液密度 $\rho=1000 kg/m^3$，滤饼含液量 $w=0.46$，求滤饼与滤液的体积比 v。

解 设滤饼的表观密度为 $\rho_c(kg/m^3)$，且颗粒与液体均不可压缩，则根据总体积为分体积之和的关系，可得：

$$\frac{1}{\rho_c} = \frac{1-w}{\rho_p} + \frac{w}{\rho} \tag{A}$$

所以
$$\rho_c = \frac{1}{\frac{1-0.46}{2710} + \frac{0.46}{1000}} = 1517 \text{kg/m}^3$$

每获得 1m³ 滤液，应处理的悬浮液体积为 $1+v$，其中固体颗粒的质量为：
$$(1+v)c\rho_p \tag{B}$$

每获得 1m³ 滤液得到的滤饼质量为 $v\rho_c$，其中固体颗粒的质量为：
$$v\rho_c(1-w) \tag{C}$$

设固体颗粒全部被截留，则式(B)=式(C)，有
$$v = \frac{c\rho_p}{\rho_c(1-w) - c\rho_p} \tag{D}$$

将已知值代入式(D)，得：
$$v = \frac{0.01 \times 2710}{1517 \times (1-0.46) - 0.01 \times 2710} = 0.0342 \text{m}^3 \text{ 滤饼/m}^3 \text{ 滤液}$$

二、恒压过滤

恒压过滤便于实施，多为实际操作所采用。在过滤的初始阶段，有时为避免压差过大引起小颗粒的过分流失或损坏滤布，可先采用低压差低速的恒速过滤，到达规定压差后再进行恒压过滤，直至过滤终了。恒压过滤方程及恒速过滤方程均可由过滤基本方程导出。

（一）过滤基本方程

滤液透过滤饼和过滤介质的过程，可看做是通过曲折多变孔道的一种特殊管流。由于这类孔道很细小，流动形态可认为属于层流。

在直径为 d 的圆形直管内，黏度为 μ、以平均流速 u 做层流流动的流体，经过长度 l 的流动阻力，即压强降为

$$\Delta p_f = \frac{32\mu l u}{d^2} \tag{1-44}$$

式(1-44)中的 Δp_f 也就是维持这一流动所需要的压强差。滤饼和过滤介质中的孔道是曲折多变、大小不等的，要引用式(1-44)，可仿照第一章中将局部阻力折合为当量长度的直管阻力，以及当量直径等的类似思路，做如下的简化处理，建立过滤方程的数学模型。

① 滤饼孔隙的平均流通截面积（又称自由截面积）A_0 与过滤面积 A 成正比，称 $\varepsilon = \frac{A_0}{A}$ 为滤饼的空隙率，对一定颗粒构成的不可压缩滤饼，ε 保持为定值。

② 滤液流过滤饼的瞬间平均速度等于瞬间过滤速率与平均流通截面积之商，即：

$$u = \frac{1}{A_0} \times \frac{dV}{dt} \tag{3-22}$$

③ 将滤液通过滤饼的流动，看成是以速度 u 通过许多平均直径为 d_0、长度等于滤饼厚

度 L 的并联小管的流动。因此,通过滤饼的流动阻力可当量化为长度为 L、直径为 d_0 的直管阻力。

④ 将通过过滤介质的流动阻力也折合为相当于以流速 u 流过厚度为 L_e 的滤饼的阻力,L_e 称为过滤介质的当量滤饼厚度。

于是,滤液通过滤饼层和过滤介质的压强降可表示为

$$\Delta p_f = \frac{32\mu(L+L_e)u}{d_0^2} \tag{3-23}$$

由式(3-22)、式(3-23),得

$$u = \frac{dV}{A_0 dt} = \frac{dV}{A\varepsilon dt} = \frac{\Delta p_f d_0^2}{32\mu(L+L_e)}$$

所以

$$\frac{dV}{A dt} = \frac{\varepsilon \Delta p_f d_0^2}{32\mu(L+L_e)} = \frac{\Delta p_f}{r\mu(L+L_e)} \tag{3-24}$$

式(3-24)的右方写成 $\dfrac{推动力}{阻力}$ 的形式。过滤速度随压强差增加而增大,随流体黏度增加和滤饼厚度增加而减少。式中的 $r = \dfrac{32}{\varepsilon d_0^2}$ 称为滤饼的比阻,它反映了滤饼的结构特征,也是衡量滤饼阻力大小的一个特性参数,单位为 $1/m^2$。显然,滤饼的颗粒间空隙愈小,空隙率 ε 愈小,通道愈曲折,则 r 值愈大,过滤就愈困难。对于一定的过滤介质与滤饼结构,L_e 是一个常数。

由于滤饼厚度 L 随时间而变,要将式(3-24)积分,得到时间 t 与滤液量 V 的关系,宜将 $L+L_e$ 写成 V 的函数,根据滤饼与滤液体积比 v 的定义,应有:

$$AL = vV \tag{3-25}$$

即有

$$L = \frac{vV}{A}$$

$$L_e = \frac{vV_e}{A}$$

代入式(3-24),可得

$$\frac{dV}{A dt} = \frac{A\Delta p_f}{r\mu v(V+V_e)} \tag{3-26}$$

式中 $\dfrac{dV}{A dt}$——瞬时过滤速度,m^3 滤液/($m^2 \cdot s$);

Δp_f——瞬时过滤压差,Pa;

V——到该瞬时以前,生成厚度为 L 的滤饼相应获得的滤液量,m^3;

V_e——过滤介质的当量滤液体积,m^3,它是一个为计算方便而使用的虚拟值。

式(3-26)称为过滤基本方程,适用于不可压缩滤饼。对于可压缩滤饼,有经验式 $r = r_0 \Delta p_f^s$,r_0 为单位压强差下滤饼的比阻,$1/m^2$;s 为滤饼的压缩性指数,一般在 0~1 之间,由实验测定,对于不可压缩滤饼,$s = 0$。

(二)恒压过滤方程

在恒压过滤时,Δp_f 保持恒定,对于一定的悬浮液与过滤介质,若滤饼不可压缩,则 μ、r、v、V_e 均为定值,过滤面积 A 也一定,可将式(3-26)分离变量并积分,则:

$$\int_0^V (V+V_e)dV = \frac{A^2 \Delta p_f}{r\mu v}\int_0^t dt$$

$$V^2 + 2V_e V = \frac{2\Delta p_f}{r\mu v}A^2 t$$

令 $K=\dfrac{2\Delta p_f}{r\mu v}$，$q=\dfrac{V}{A}$，$q_e=\dfrac{V_e}{A}$，则得：

$$V^2 + 2V_e V = KA^2 t \tag{3-27}$$

$$q^2 + 2q_e q = Kt \tag{3-27a}$$

式(3-27)、式(3-27a) 称为**恒压过滤方程**。它表达了过滤时间 t 与获得的滤液体积 V 或单位过滤面积上获得的滤液体积 $q(\text{m}^3/\text{m}^2)$ 的关系。

在一定的过滤条件下，K、q_e 均为**过滤常数**。K 与物料特性及压强差 Δp_f 有关，单位为 m^2/s；q_e 反映了过滤介质阻力的大小，均可由实验测定。

在很多情况下，滤饼阻力远大于过滤介质的阻力，于是式(3-27)、式(3-27a) 中的 V_e 与 q_e 可以略去，即有：

$$V^2 = KA^2 t \tag{3-28}$$

$$q^2 = Kt \tag{3-28a}$$

（三）过滤常数 K、V_e、q_e 的测定

根据式（3-27），只要在恒压差下测得两个时刻 t_1、t_2 以前得到的滤液总体积 V_1、V_2，由联立方程组：

$$\begin{cases} V_1^2 + 2V_e V_1 = KA^2 t_1 \\ V_2^2 + 2V_e V_2 = KA^2 t_2 \end{cases}$$

即可估算出 K、V_e 及 q_e 的值。

在实验室里测定过滤常数时，为了减小实验误差，要求测得多组 t-V 数据，并由 $q=\dfrac{V}{A}$ 转化为 t-q 数据。将式(3-27a) 变形为：

$$\frac{t}{q} = \frac{1}{K}q + \frac{2q_e}{K} \tag{3-29}$$

在纵轴为 $\dfrac{t}{q}$，横轴为 q 的直角坐标系下，式(3-29) 为一直线，其斜率为 $\dfrac{1}{K}$，截距为 $\dfrac{2q_e}{K}$，采用作图法可求出 K 和 q_e。

要保证测得的 K、q_e、V_e 有足够的可信度，以便用于工业过滤装置的计算，实验条件必须尽可能与工业条件相吻合，要求采用相同的悬浮液、相同的操作温度和压强差。

> ●**【例 3-4】** 采用过滤面积为 0.2m^2 的过滤机，测定例 3-3 中悬浮液的过滤常数，操作压强差为 0.15MPa，温度为 $20℃$。过滤进行到 5min 时，共得滤液 0.034m^3；进行到 10min 时，共得滤液 0.050m^3。①估算过滤常数 K 和 q_e；②求过滤进行到 1h 时，总共得到的滤液量。

第三章 非均相混合物的分离

解 ① $t_1 = 300\text{s}$

$$q_1 = \frac{V_1}{A} = \frac{0.034}{0.2} = 0.17\text{m}^3/\text{m}^2$$

$$t_2 = 600\text{s}$$

$$q_2 = \frac{V_2}{A} = \frac{0.050}{0.2} = 0.25\text{m}^3/\text{m}^2$$

根据式(3-27a)，有：

$$\begin{cases} 0.17^2 + 2 \times 0.17 q_e = 300K \\ 0.25^2 + 2 \times 0.25 q_e = 600K \end{cases}$$

解得 $K = 1.26 \times 10^{-4}\text{m}^2/\text{s}$

$q_e = 2.61 \times 10^{-2}\text{m}^3/\text{m}^2$

② $V_e = q_e A = 2.61 \times 10^{-2} \times 0.2 = 5.22 \times 10^{-3}\text{m}^3$

由式（3-27），有：$V^2 + 2 \times 5.22 \times 10^{-3} V = 1.26 \times 10^{-4} \times 0.2^2 \times 3600$

解得 $V = 0.130\text{m}^3$

计算以上各式时，应注意单位一致性。

● 【例 3-5】 用过滤机过滤例 3-3 中的悬浮液。过滤常数同例 3-4，过滤面积为 12m^2，容纳滤饼的总容积为 0.15m^3。①求在此过滤面积上的滤饼的最终厚度，以及充满此容积所需的过滤时间；②过滤最终速率 $\left(\dfrac{dV}{dt}\right)_E$ 是多少？

解 ① 滤饼的最终厚度为：

$$L = \frac{V_c}{A} = \frac{0.15}{12} = 0.0125\text{m} = 12.5\text{mm}$$

得到的滤液总体积

$$V = \frac{V_c}{v} = \frac{0.15}{0.0342} = 4.38\text{m}^3$$

$$q = \frac{V}{A} = \frac{4.38}{12} = 0.365\text{m}^3/\text{m}^2$$

根据式(3-27a)，得：

$$t = \frac{q^2 + 2qq_e}{K} = \frac{0.365^2 + 2 \times 0.365 \times 0.0261}{1.26 \times 10^{-4}} = 1209\text{s}$$

② 将式(3-27)微分，可得：

$$\frac{dV}{dt} = \frac{KA^2}{2(V + V_e)}$$

过滤终了时，V 为相应时间内获得的滤液体积，$V = 4.38\text{m}^3$。

$$V_e = q_e A = 0.0261 \times 12 = 0.313\text{m}^3$$

所以

$$\left(\frac{dV}{dt}\right)_E = \frac{1.26 \times 10^{-4} \times 12^2}{2 \times (4.38 + 0.313)} = 1.933 \times 10^{-3}\text{m}^3/\text{s} = 6.96\text{m}^3/\text{h}$$

三、过滤设备

过滤设备可分为间歇式和连续式两类。

（一）板框压滤机

板框压滤机是广泛应用的一种间歇操作的加压过滤设备，主要由机头、滤框、滤板、尾板和压紧装置构成，它的滤框、过滤介质和滤板交替排列组成若干个滤室。图 3-11 所示为一种明流式板框压滤机。

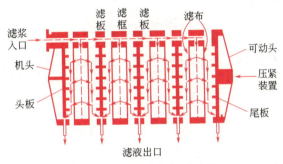

图 3-11 明流式板框压滤机

滤框和滤板通常为正方形，也有长方形和圆形，明流式压滤机的板和框上方两角都开有圆孔，一孔作为滤浆通道，另一孔作为洗涤水通道，如图 3-12 所示。滤框内部空间用于容纳滤饼，滤板的中间板面呈条状或网状，凹下的沟槽走滤液或洗涤水，凸面支撑滤布，滤布夹在交替排列的滤板和滤框中间，严密压紧，以防止渗漏。

板框过滤机

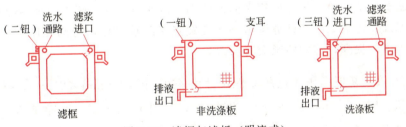

图 3-12 滤框与滤板（明流式）

过滤时，洗涤水通道入口关闭，滤浆通道入口开启。滤浆（悬浮液）由滤框角孔进入框内，分别穿越两侧滤布，故过滤面积是滤框内部横截面积的两倍。滤渣充满滤框时停止过滤，然后开始洗涤阶段。这种设备滤液经每块滤板下方的板角孔道，各自通过出口旋塞（图中未画出）直接排出机外，直观可见，故称为明流式。其优点是便于观察滤液澄清度与流量，一旦浑浊可随时关闭相关的出口旋塞。

滤板分为洗涤板和非洗涤板，结构上的区别在于洗涤板有上方角孔连通洗水通道，洗水可直接进入。过滤时两板操作情况相同，洗涤时则有别。滤板与滤框外侧均铸有标记，如小钮。非洗涤板为一钮，滤框为二钮，洗涤板为三钮，头板与尾板均为非洗涤板。板与框按钮数 1-2-3-2-1 顺序排列。

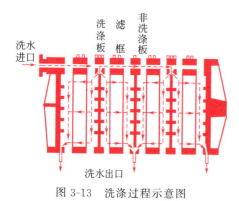

图 3-13 洗涤过程示意图

如图 3-13 所示，洗涤时关闭滤浆通道入口和洗涤板的排液出口旋塞，洗水从洗涤板上方角孔流入板间沟槽，穿过滤布、整个饼层、对侧滤布，从非洗涤板下角排液管流出。其洗涤经过的滤饼厚度为过滤时的两倍，流通面积却是过滤面积的一半。若洗液与滤液性质相同，则在同样的压强差下，这种板框压滤机的洗涤速率 $\left(\dfrac{dV}{dt}\right)_W$ 约为过滤终了时过滤速率 $\left(\dfrac{dV}{dt}\right)_E$ 的 $\dfrac{1}{4}$。

由于洗涤液中不含有固体，滤饼厚度不变，洗涤速率 $\left(\dfrac{dV}{d\tau}\right)_W$ 为一常数。若洗液量为 V_W，则洗涤时间为

$$t_W = \dfrac{V_W}{\left(\dfrac{dV}{d\tau}\right)_W} = \dfrac{8V_W(V+V_e)}{KA^2} \tag{3-30}$$

板框压滤机每一操作周期由过滤时间 t、洗涤时间 t_W 和组装、卸渣及清洗滤布等辅助操作时间 t_D 构成。一个完整的操作周期所需的总时间为

$$\sum t = t + t_W + t_D \tag{3-31}$$

板框压滤机的生产能力即单位时间得到的滤液量为

$$V_t = \dfrac{V}{\sum t} \tag{3-32}$$

滤液的排出方式有明流和暗流之分。上面讨论的例子中，滤液经由每块板底部旋塞直接排出，则称为明流；若各板流出的滤液汇集于总管后送走，称为暗流。

板框压滤机构造简单，过滤面积大而占地小，过滤压力高，便于用耐腐蚀材料制造，操作灵活，过滤面积可根据生产任务调节。主要缺点是间歇操作，劳动强度大，生产效率低。随着自动化程度的提高，这种情况会有所改善。

• **【例 3-6】** 某板框压滤机的滤框尺寸为 $450\text{mm} \times 450\text{mm} \times 25\text{mm}$，操作条件下过滤常数 $K = 1.26 \times 10^{-4}\text{m}^2/\text{s}$，$q_e = 0.0261\text{m}^3/\text{m}^2$。生产要求在一次操作 20min 的时间内得到 3.87m^3 的滤液，已知得到 1m^3 滤液可形成 0.0342m^3 滤饼，试求：①共需多少个滤框？②若洗液性质与滤液性质相同，洗涤时压差与过滤时相同，洗涤液量为滤液体积的 1/10，问洗涤时间为多少？③若辅助操作时间为 15min，求压滤机的生产能力？

解 ① 由恒压过滤方程 $V^2 + 2VV_e = KA^2\tau$ 和 $V_e = Aq_e$ 可得

$$3.87^2 + 2 \times (0.0261 \times A) \times 3.87 = 1.26 \times 10^{-4} \times A^2 \times 20 \times 60$$

$$A = 10.6\text{m}^2$$

每一滤框的两侧均有滤布，每框的过滤面积为：

$$0.45 \times 0.45 \times 2 = 0.405\text{m}^2$$

所需滤框数为 $\quad 10.6/0.405 = 26.3$

取 27 个滤框,滤框总容积为:$0.45 \times 0.45 \times 0.025 \times 27 = 0.137 \text{m}^3$

滤饼体积为 $V_c = vV = 0.0342 \times 3.87 = 0.132 \text{m}^3 < 0.137 \text{m}^3$

实际过滤面积为 $27 \times 0.405 = 10.9 \text{m}^2$

故采用 27 个滤框可以满足要求。

② $V_e = Aq_e = 10.9 \times 0.0261 = 0.284 \text{m}^3$

洗涤液量为 $V_W = 3.87/10 = 0.387 \text{m}^3$

洗涤时间为 $t_W = \dfrac{8V_W(V+V_e)}{KA^2} = \dfrac{8 \times 0.387 \times (3.87+0.284)}{1.26 \times 10^{-4} \times 10.9^2} = 859.1 \text{s}$

③ 压滤机的生产能力

$$V_t = \dfrac{V}{t+t_W+t_D} = \dfrac{3.87}{1200+859.1+900} = 1.308 \times 10^{-3} \text{m}^3/\text{s} = 4.71 \text{m}^3/\text{h}$$

请读者考虑,如果操作压差提高一倍,该压滤机的生产能力为多少?

▶ 学习本节后可做习题 3-6～3-8。

(二)转鼓真空过滤机

为了克服过滤机间歇操作带来的问题,开发了各种形式的连续过滤设备,其中以转鼓真空过滤机应用较广。

图 3-14 是外滤面转鼓真空过滤机的主要部件——转鼓及分配头的结构。这类真空过滤机的主体是可慢速旋转的圆筒(转鼓),圆筒外周蒙以滤布,内衬金属丝网,部分浸入悬浮液中。转鼓沿圆周分为若干小室(扇格),互不相通。每旋转一周各小室依次进行过滤、脱水、洗涤、脱水、吹松、卸饼、再生等操作。各个小室的操作是周期性的,而整个转鼓的操作则是连续的。

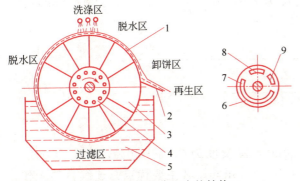

 转鼓真空过滤机

图 3-14 转鼓及分配头的结构
1—滤饼;2—刮刀;3—转鼓;4—转动错气盘;
5—滤浆槽;6—固定错气盘;7—滤液出口凹槽;
8—洗涤水出口凹槽;9—低压空气进口凹槽

分配头是自动实现各个小室周期性操作的机械错气装置,由一对转动错气盘和固定错气盘组成。转动错气盘装配在转鼓上,一起旋转,上有一系列小孔与各个小室相通,工作时与固定错气盘相对滑动旋转;固定错气盘上开有若干长度不等的弧形凹槽,分别与真空滤液抽出系统、真空洗涤水抽出系统和低压空气压入系统相通。

转动错气盘与固定错气盘依靠端面密封,紧密贴合。通过转动盘上小孔与固定盘上对应凹槽的依次连通,实现各个小室与滤液抽出系统、洗涤水抽出系统及低压空气压入系统的依次连通。当转鼓上的某些小室浸入滤浆中时,恰与滤液抽出系统相通,进行真空过滤操作,离开液面时,继续抽吸,吸走滤饼中残余的液体;转到洗涤水喷淋处,恰与洗水抽出系统相通,进行真空洗涤和脱水操作;随后在与低压空气压入系统连接时,滤饼被空气吹松并由刮刀刮下。在再生区,低压空气将残余滤渣从过滤介质上吹除。小室随转鼓旋转一周,完成一个操作周期。为了保证各项操作的可靠性,固定错气盘上各弧形凹槽之间保持一定间隔。

转鼓真空过滤机的过滤面积 A 指转鼓圆柱体的侧面积。其中浸于液面下部分所占转鼓过滤面积的分率称为浸没度,用 ψ 表示。若转鼓每分钟转数为 n,则每旋转一周转鼓上任一单位过滤面积经过的过滤时间为 $t=\dfrac{60\psi}{n}$(s),根据式(3-27a),有:

$$q=\sqrt{Kt+q_e^2}-q_e$$

这里的 q 是每转一周,由单位转鼓外圆面积获得的滤液量(m³/m²),故每转一周获得的滤液体积为 qA m³。转鼓真空过滤机的生产能力用每小时获得的滤液体积 V_t 表示:

$$V_t=60nAq=60nA\left(\sqrt{\dfrac{60\psi K}{n}+q_e^2}-q_e\right) \quad (\text{m}^3/\text{h}) \tag{3-33}$$

若过滤介质阻力可略,则

$$V_t \approx 60A\sqrt{60\psi Kn}=B'\sqrt{n} \quad (\text{m}^3/\text{h}) \tag{3-34}$$

对一定的转鼓与操作条件,B' 为常数,即这类连续过滤机的生产能力与 $\sqrt{n}$ 成正比。实际上,间歇式过滤机和连续过滤机上的过滤都是不定常过程。

【例3-7】 过滤面积为 5m^2 的转鼓真空过滤机,操作真空度为 54kPa,浸没度为 $\dfrac{1}{3}$,每分钟转数为 0.18。操作条件下的过滤常数 K 为 $2.9\times10^{-6}\text{m}^2/\text{s}$,$q_e$ 为 $1.8\times10^{-3}\text{m}^3/\text{m}^2$,求 V_t(m³/h)。

解 $V_t=60\times0.18\times5\times\left[\sqrt{\dfrac{60\times\dfrac{1}{3}\times2.9\times10^{-6}}{0.18}+(1.8\times10^{-3})^2}-1.8\times10^{-3}\right]$

$=0.877\text{m}^3/\text{h}$

转鼓真空过滤机过滤面积一般为 $2\sim50\text{m}^2$,浸没度为 $30\%\sim40\%$,转速为 $0.1\sim3\text{r/min}$,随过滤的难易程度,滤饼厚度通常为 $5\sim40\text{mm}$。其主要优点是连续自动操作,处理量大。主要缺点是设备投资高,真空操作推动力小,过滤速度低,滤饼含液量高(常达 30%),滤浆操作温度也不能过高,否则将影响真空度。

▲ 学习本节后可做习题 3-9、3-10。

(三)过滤离心机

过滤离心机与沉降离心机非常相似,都有一个高速旋转的转鼓。不同的是,过滤离心机转鼓上开有许多小孔，内壁蒙以金属丝网及滤布等过滤介质，在离心力作用下进行过滤，故滤饼中的含液量较低。

过滤离心机有多种形式，如间歇操作的三足式、自动连续操作的刮刀卸料式、活塞推料式、离心卸料式等。图 3-15 所示为一种卧式刮刀卸料过滤离心机。

悬浮液从进料管进入高速旋转的转鼓。在离心力作用下，清液穿过金属滤网，由出口汇集流出，颗粒截留在转鼓内表面，形成滤饼。过滤一段时间后，停止进料，刮刀及溜槽在液压推动下伸入转鼓内，上升刮卸滤饼，由溜槽排出。随后刮刀及溜槽自动退出，开始下一循环操作。

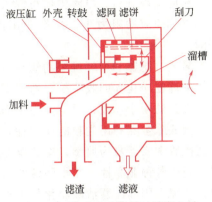

图 3-15 卧式刮刀卸料过滤离心机

卧式刮刀卸料过滤离心机可自动进行过滤、洗涤、甩干、卸料、洗网等操作，时间可按需要控制。其转鼓直径为 450～2000mm，每分钟转数为 350～3350，离心分离因数为 140～2830，可分离 1μm 以上的颗粒，对悬浮液浓度变化适应性强，脱水和洗涤效果好，生产能力大，但不易保持晶粒的完整。

采取措施减少滤饼阻力可以强化过滤过程。例如，加入聚凝剂或絮凝剂，使小颗粒相互结合成大颗粒；使用助滤剂改善滤饼结构，减少滤饼的可压缩性；设法限制滤饼的厚度都可以获得较高的过滤速率。

随着技术的进步，过滤设备得到了较快的发展。例如，由板框过滤机发展出的厢式压滤机，已经达到了较高的自动化程度；同时，采用聚合物材料制造过滤元件，极大地降低了设备成本；转鼓真空过滤机的直径达到近 4m，长度 6m，使处理量大大增加；多级活塞推料式过滤机已用于处理较难分离的物料。

▲ 学习本节后可做思考题 3-5。

第三节　分离设备的选择

分离设备的选择主要取决于分离要求、分离物系的特点及经济性。

（一）气-固分离

气-固分离需要处理的固体颗粒直径通常有一个分布，一般可采用如下分离过程。

① 利用重力沉降除去 50μm 以上的粗大颗粒。重力沉降设备投资及操作费用低，颗粒浓度越大，除尘效率越高。常用于含尘气体的预分离以降低颗粒浓度，有利于后续分离过程。

② 利用旋风分离器除去 5μm 以上的颗粒。旋风分离器结构简单、操作容易、价格低廉，设计适当时，除尘效率可达 90% 以上，但对 5μm 以下颗粒的分离效率仍较低，适用于中等捕集要求、非黏性非纤维状固体的除尘操作。

③ 5μm 以下颗粒的分离可选用电除尘器、袋式过滤器或湿式除尘器。

电除尘器利用高压电场使含尘气体电离，荷电后的尘粒在电场力作用下沉降到电极表面，从而实现分离。电除尘器可除去 0.01μm 以上的颗粒，效率高，处理能力大，可用于高温，气体的流动阻力小，操作费用低，但初投资大，要求粉尘电阻率在 $10^4 \sim 10^{11} \Omega \cdot cm$ 之间。

袋式过滤器利用纤维织物织成的透气布袋截留颗粒，可除去 0.1μm 以上的颗粒，用于气体的高度净化和回收干粉，造价低于电除尘器，维修方便。主要缺点是不适于黏附性强及吸湿性强的粉尘，设备尺寸及占地面积大，操作成本也较高。

湿式除尘器利用尘粒的润湿性，通过水或其他液体的惯性碰撞、黏附等作用除去颗粒，以文氏管洗涤器最为典型。湿式除尘器可除去 1μm 以上的颗粒，结构简单，操作及维修方便，适于各种非黏性、非水硬性的粉尘。主要缺点是需要处理产生的污水，回收固体比较困难，并需采用捕沫器清除净化气中夹带的雾沫，对气体阻力大，操作费用较高。

（二）液-固分离

液-固分离的目的主要是：获得固体颗粒产品；澄清液体。分离目的、固相浓度、粒度分布、颗粒形态特性、固液两相密度差及液相黏度等，是选择分离方法及设备必须考虑的因素。

（1）出于获得固体产品的目的，可采用如下方法。

① 增浓。固相浓度小于 1%（体积分数）时，可采用连续沉降槽、旋液分离器、沉降离心机浓缩。

② 过滤。粒径大于 50μm，可采用过滤离心机，分离效果好，滤饼含液量低；小于 50μm 宜采用压差过滤设备。

固相浓度为 1%～10%（体积分数），可采用板框压滤机；5% 以上可采用真空过滤机；10% 以上可采用过滤离心机。

（2）澄清液体可采用如下方法。

① 利用连续沉降槽、过滤机、过滤离心机或沉降离心机分离不同大小的颗粒，还可加入絮凝剂或助滤剂。如螺旋沉降离心机可除去 10μm 以上的颗粒；预涂层的板框式压滤机可除去 5μm 以上的颗粒；管式分离机可除去 1μm 左右的颗粒。

② 澄清要求非常高时，可在最后采用深层过滤。

本节中提到的各类数据，仅是一种参考值，由于分离的影响因素极其复杂，通常要根据工程经验或通过中间试验，来判断一个新系统的适用设备与适宜的分离操作条件。

【案例 3-1】硫铁矿焙烧产物净化

以硫铁矿为原料生产硫酸的过程包含焙烧、净化、转化和吸收四个基本部分。硫铁矿出沸腾炉的气相温度较高，可通过废热锅炉回收其中热量。经回收余热的原料气，含尘 $200 \sim 300 g/m^3$；其中含有的 As_2O_3、SeO_2 蒸气，在 50℃ 以下会全部变成固体而悬浮于气相中；气相中的 SO_3 与水蒸气作用生成酸雾。由于转化工序的要求，粉尘、As_2O_3、SeO_2、酸雾、水蒸气都在清除之列，原则上应采用非均相分离设备。

冲击分离可用管路的突然转折来实现，投资、能耗都少，但除尘效果差，可作为初级除尘方案，排除较大尘粒；旋风分离器设备简单，可除掉 5μm 以上的颗粒，应为主要除尘设备；对于 5μm 以下的尘粒可考虑电除尘、袋滤器或湿式除尘器。

考虑硫酸生产的特点，As_2O_3、SeO_2 在 50℃ 以下能全部变成固体，为了将其除去，系统需要降温。湿式除尘器兼有降温与除尘双重功能，可通过填料塔或文丘里洗涤器实现。例如，将水从文氏管的喉部加入系统，大部分 As_2O_3、SeO_2 与水一起排出系统。经过文氏管，炉气净化由气固分离转为气液分离，以排除气相中的酸雾为目标，为使气相中含酸雾不大于 $0.025g/m^3$，可采用静电分离保证除雾效果。此时，炉气中还剩下的待除去组分为水蒸气，可采用的气体干燥工艺有：冷冻，干燥，分子筛吸附，活性炭吸附，烧碱吸附，浓硫酸吸收等，在硫酸厂中，最好的气体干燥工艺是浓硫酸吸收。综上所述，气体净化方案可确定为先通过干式净化设备除去绝大部分矿尘，然后再由湿法净化系统进行净化，再经过干燥除湿，确保原料气质量能满足转化的要求。

干式净化设备主要为旋风分离器-静电除尘器；湿式净化系统以排污量较少的酸洗系统应用较多，代表性的流程有：①文丘里洗涤器-静电除雾器；②空塔-填料塔-静电除雾器。

思考题

3-1 一球形颗粒存在于某流体中，沉降速度为 0.1m/s。今流体以 2m/s 的速度向上运动，达到稳定时，观察到的颗粒运动速度是多少？方向是否向下？若流体以 2m/s 的速度水平流动，观察到的向下运动速度是多少？

3-2 如何提高离心设备的分离能力？

3-3 沉降分离设备所必须满足的基本条件是什么？对于一定的处理能力，影响分离效率的物性因素有哪些？温度变化对颗粒在气体中的沉降和在液体中的沉降各有什么影响？若提高处理量，对分离效率又会有什么影响？

3-4 影响恒压过滤速度的因素有哪些？过滤常数 K 的增大是否有利于加快过滤速度？q_e 增大又怎样？

3-5 如何计算板框压滤机、转鼓真空过滤机和过滤离心机的过滤面积？分别讨论提高其生产能力的措施。

3-6 说明下列各组中名词的定义或含义，并做出比较。

| 自由沉降 | 重力沉降 | 滤饼过滤 | 沉降速度 | 恒压过滤 | 沉降时间 | 临界直径 |
| 干扰沉降 | 离心沉降 | 深层过滤 | 过滤速度 | 恒速过滤 | 停留时间 | 沉降当量直径 |

| 颗粒真实密度 | 过滤面积 |
| 滤饼表观密度 | 洗涤面积 |

习题

3-1 试计算直径为 50μm 的球形石英颗粒（其密度为 $2650kg/m^3$），在 20℃ 水中和 20℃ 常压空气中的自由沉降速度。

[答：在水中 $u_t = 2.23 \times 10^{-3}$ m/s；在空气中 $u_t = 0.199$ m/s]

3-2 求密度为 $2150kg/m^3$ 的烟灰球粒在 20℃ 空气中做层流沉降的最大直径。

[答：$d_p = 77.3\mu m$]

3-3 直径为 10μm 的石英颗粒随 20℃ 的水做旋转运动，在旋转半径 $r = 0.05m$ 处的切向速度为 12m/s，求该处的离心沉降速度和离心分离因数。

[答：$u_r = 2.62 \text{cm/s}$；$K_c = 294$]

3-4 温度为200℃的常压烟道气，以1.6 m³/s（操作状态）的流量，送入长×宽×高为10m×2m×2m的降尘室。已知烟尘密度为4880 kg/m³，求可以完全分离下来的最小烟尘的直径。

[答：$d_p = 28 \mu m$]

3-5 用一降尘室处理含尘空气，假定尘粒做层流沉降。问下列情况下，降尘室的最大生产能力如何变化？①要完全分离的最小粒径由60μm降至30μm；②空气温度由10℃升至200℃；③增加水平隔板数目，使沉降面积由10m²增至30m²。

[答：①降为原生产能力的25%；②降为原生产能力的67.7%；③增加2倍]

3-6 过滤固相浓度为15%（体积分数）的水悬浮液。滤饼含液量为40%（质量分数），颗粒的真实密度为1500 kg/m³。求每滤出1m³清水同时，得到的滤饼体积。

[答：$v = 0.429 \text{m}^3/\text{m}^3$]

3-7 过滤面积为0.093m²的小型板框压滤机，恒压过滤含有碳酸钙颗粒的水悬浮液。过滤时间为50s时，共获得2.27×10^{-3} m³滤液；过滤时间为100s时，共获得3.35×10^{-3} m³滤液。问过滤时间为200s时，共获得多少滤液？

[答：$V = 4.88 \times 10^{-3} \text{m}^3$]

3-8 BMS50/810-25型板框压滤机，滤框尺寸为810mm×810mm×25mm，共36个框，现用来恒压过滤某悬浮液。操作条件下的过滤常数K为2.72×10^{-5} m²/s，q_e为3.45×10^{-3} m，每滤出1m³滤液同时，生成0.148m³滤渣。求滤框充满滤渣所需的时间。

[答：$t = 283 \text{s}$]

3-9 有一直径为1.75m，长为0.9m的转鼓真空过滤机。操作条件下浸没角度为126°，每分钟1转，滤布阻力可略，过滤常数K为5.15×10^{-6} m²/s，求其生产能力。

[答：$V_t = 3.09 \text{m}^3$ 滤液/h]

3-10 采用转鼓真空过滤机过滤某悬浮液。实验测得在50kPa的压差下，过滤常数K为4.24×10^{-5} m²/s，q_e为1.51×10^{-3} m³/m²，滤饼不可压缩。现要求每小时滤出5m³清液，初定操作真空度为50kPa，浸没度为$\frac{1}{3}$，转速为2r/min，计算所需的过滤面积。若真空度降为25kPa，且过滤介质阻力可略，其他条件不变，则其生产能力又为多少？

[答：$A = 2.18 \text{m}^2$；$V_t = 3.81 \text{m}^3$ 清液/h]

本章主要符号说明

英文字母

- a——加速度；离心加速度，m/s²；
- A——过滤面积，m²；
- B——降尘室宽度，m；
- c——悬浮液固相浓度，m³颗粒/m³悬浮液；
- d_e——颗粒等体积当量直径，m；
- d_p——颗粒直径，m；
- d_{pc}——颗粒临界直径，m；
- F_b——浮力或向心力，N；
- F_c——离心力，N；
- F_d——阻力或曳力，N；
- F_g——重力，N；
- H——降尘室沉降高度，m；
- K——过滤常数，m²/s；
- K_c——离心分离因数，无因次；
- L——长度；滤饼层厚度，m；
- n——转鼓每分钟转数；流体转速，r/s；
- Δp_f——过滤压差，Pa；
- q——单位过滤面积上得到的滤液体积，m³/m²；
- q_e——反映过滤介质阻力的过滤常数，m³/m²；
- r——滤饼的比阻，1/m²；
- t——过滤时间，s；
- t_D——辅助操作时间，s；
- t_r——停留时间，s；

t_s——沉降时间，s；
t_W——洗涤时间，s；
u——旋风分离器进口气速，m/s；
u_r——离心沉降速度，m/s；
u_t——自由沉降速度，m/s；
v——滤饼与滤液的体积比，m^3 滤饼/m^3 滤液；
V——滤液量，m^3；气体体积流量，m^3/s；
V_c——滤饼体积，m^3；
V_e——反映过滤介质阻力的当量滤液体积，m^3；
V_s——悬浮液体积，m^3；
V_t——滤液流量或转鼓真空过滤机的生产能力，m^3 滤液/h；
V_W——洗液体积，m^3；
w——滤饼的含液量，kg 液/kg 滤饼。

希腊字母

ε——空隙率；
ζ——沉降阻力系数；
η_i——粒级分离效率，%；
η_0——总分离效率，%；
ρ_c——滤饼表观密度，kg/m^3；
ρ_p——颗粒真实密度，kg/m^3；
Φ——颗粒的球形度；
ψ——转鼓真空过滤机的浸没度；
ω——旋转角速度，rad/s。

第四章 传热

> **学习要求**
>
> 1. 熟练掌握的内容
>
> 热传导的基本定律；平壁和圆筒壁的定常热传导的计算；传热推动力与热阻的概念；对流传热基本原理、对流传热方程及对流传热系数；传热速率方程、热量衡算方程、总传热系数、平均温差的计算；流体在圆形直管内做强制湍流时的对流传热系数计算；传热设备的设计型计算和壁温计算。
>
> 2. 理解的内容
>
> 传热的三种方式及其特点；间壁式换热器的传热过程；影响管内及列管管外对流传热的因素及各特征数的意义；列管式换热器的结构、特点、工艺计算及选型；强化传热过程的途径；传热的操作型计算与换热器的调节。
>
> 3. 了解的内容
>
> 各种对流传热系数关联式的适用范围；相变流体对流传热的特点、计算及影响因素；热辐射的基本概念、定律和简单计算；辐射、对流联合传热时设备热损失的计算；其他类型换热器的结构和特点。

第一节 概 述

一、传热在化工生产中的应用

依据热力学第二定律，凡是有温差存在的地方，就必然有热的传递，所以传热是自然界和工程技术领域中极为普遍的一种能量传递过程。化学工业与传热的关系尤为密切，化学反应过程和蒸发、蒸馏、干燥等单元过程，往往需要输入或输出能量；化工设备与管道的保温、生产中热能的合理利用及废热回收都涉及传热问题。当今世界能源日趋紧张，节能降耗不仅是降低生产成本的重要措施，而且还有更为深远的意义。

在化工生产中进行传热计算的目的是，解决各种传热设备的设计计算、操作分析和强化；对各种设备和管道适当进行保温以减少热量或冷量的损失；在完成过程工艺要求，使物料达到指定的适宜温度的条件下，充分利用能源，提高能量利用效率，减少热损失，降低投资和操作成本。

二、传热的基本方式

热的传递总是由于物体内部或物体之间的温度不同引起的，热量总是自动地从高温物体传给低温物体。只有在消耗机械功的条件下，才有可能由低温物体向高温物体传递热量。本章仅讨论前一种情况。根据传热机理的不同，热传递有三种基本方式：热传导、对流和热辐射。

（一）**热传导**（又称导热）

由于物体本身分子或电子的微观运动使热量从物体温度较高的部位传递到温度较低部位的过程称为热传导。在固体中，热传导是由相邻分子的振动与碰撞所致；在流体中，特别是在气体中，除上述原因外，热传导是随机的分子热运动的结果；而在金属中，热传导则由于自由电子的运动而加强。热传导可发生在物体内部或直接接触的物体之间。

（二）**对流**

当流体发生宏观运动时，除分子热运动外流体质点（微团）也发生相对的随机运动，产生碰撞与混合，由此而引起的热量传递过程称为**对流**。如果流体的宏观运动是由于流体各处温度不同引起密度差异，使轻者上浮、重者下沉，称为**自然对流**；如果流体的宏观运动是因泵、风机或搅拌等外力所致，则称为**强制对流**。化工生产中大量遇到的是流体在流过温度不同的壁面时与该壁面间所发生的热量传递，这种热量传递也总同时伴有流体分子运动所引起的热传导，合称为**对流传热**。

（三）**热辐射**

任何物体，只要其温度在绝对零度以上，都能随温度的不同以一定范围波长电磁波的形式向外界发射能量；同时又会吸收来自外界物体的辐射能。当物体向外界辐射的能量与其从外界吸收的辐射能不相等时，该物体就与外界发生了热量的传递，这种传热方式称为**热辐射**。热辐射不需要物体间的直接接触；它不仅是能量的转移，而且伴有能量形式的转化。只有在物体间的温度差别很大时，辐射才成为传热的主要方式。

上述三种传热的基本方式，很少单独存在，传热过程往往是这些基本传热方式的组合，例如在化工厂普遍使用的间壁式换热器中，主要以对流和热传导相结合的方式进行。

请读者分析，用炉子烧开水的过程包括哪些传热的基本方式？

三、间壁式换热器传热过程简述

在间壁式换热器中，热流体和冷流体之间由固体间壁隔开，热量由热流体通过间壁传递给冷流体。间壁式换热器的类型很多，最简单而又典型的结构是图 4-1(a) 所示的套管换热器。在传热方向上 [图 4-1(b)] 热量传递过程包括以下三个步骤。

① 热流体以对流传热方式将热量传递到间壁的一侧。

② 热量自间壁一侧以热传导的方式传递至另一侧。

③ 以对流传热方式从壁面向冷流体传递热量。

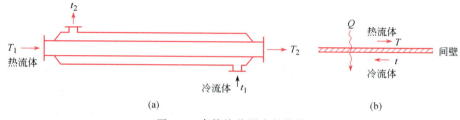

图 4-1　套管换热器中的换热

在换热器中，热量传递的快慢可用以下两个指标来表示。

① **传热速率 Q（热流量）**。指单位时间内通过传热面的热量。整个换热器的传热速率称为**热负荷**，它表征了换热器的生产能力，单位为 W。

② **热通量 q**。指单位时间内通过单位传热面积所传递的热量。在一定的传热速率下，q 越大，所需的传热面积越小。因此，热通量是反映传热强度的指标，又称为**热流强度**，单位为 W/m^2。

连续工业生产多涉及定常传热过程，传热系统（例如换热器）中各点温度、传热速率、热通量仅随位置改变，但不随时间而变。定常传热过程的另一特点是在同一热流方向上，传热速率必为常量。

本章重点讨论间壁式换热器的定常传热过程的计算。

第二节　热传导

一、热传导的基本定律

（一）热传导基本定律

如图 4-2 所示，在一个均匀的物体内，热量以热传导的方式沿任意方向 n 通过物体。取传热方向上的微分长度 dn，其温度变化为 dt。实践证明，单位时间内传导的热量 Q 与导热面积 A、温度梯度 $\dfrac{dt}{dn}$ 成正比。即：

$$Q = -\lambda A \frac{dt}{dn} \tag{4-1}$$

式中　Q——单位时间内传导的热量，W；

λ——比例系数，称为热导率（导热系数），$W/(m·℃)$ 或 $W/(m·K)$；

A——导热面积，即垂直于热流方向的截面积，m^2；

$\dfrac{dt}{dn}$——温度梯度，℃/m（或 K/m），表示热传导方向上单位长度的温度变化率，规定温度梯度的正方向总是指向温度增加的方向。

式(4-1)称为热传导基本定律,或称**傅里叶定律**。式中负号表示导热方向与温度梯度方向相反,因为热量传递方向总指向温度降低的方向。在图4-2中,$t_1 > t_2$,温度梯度指向n的负方向,即$\dfrac{dt}{dn}$为负值,而热量传递的方向指向n的正向,故Q应为正值。

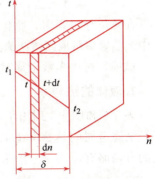

图 4-2 通过壁面的热传导

(二)热导率

式(4-1)可改写为:

$$\lambda = -\dfrac{Q}{A\dfrac{dt}{dn}} \tag{4-1a}$$

上式即热导率定义式。可以看出,热导率在数值上等于单位温度梯度下通过单位导热面积所传导的热量。故热导率λ是表示物质导热能力大小的一个参数,是物质的物性。

热导率的数值与物质的组成、结构与状态(温度、压强和相态)等因素有关,各种物质的热导率值通常由实验测定。热导率的变化范围很大,一般来说,金属的热导率最大,非金属固体次之,液体的较小,而气体的最小。现分述如下。

1. 固体的热导率

表4-1为常用固体材料在一定温度下的热导率。由表中所列数据可以看出,各类固体材料的热导率的数量级为:金属,$10 \sim 10^2$ W/(m·℃);建筑材料,$10^{-1} \sim 10^0$ W/(m·℃);绝热材料,$10^{-2} \sim 10^{-1}$ W/(m·℃)。

表 4-1 常用固体材料的热导率

固 体	温度/℃	热导率λ /W·m^{-1}·℃$^{-1}$	固 体	温度/℃	热导率λ /W·m^{-1}·℃$^{-1}$
铝	300	230	石棉	100	0.19
镉	18	94	石棉	200	0.21
铜	100	377	高铝砖	430	3.1
熟铁	18	61	建筑砖	20	0.69
铸铁	53	48	镁砂	200	3.8
铅	100	33	棉毛	30	0.050
镍	100	57	玻璃	30	1.09
银	100	412	云母	50	0.43
钢(1%C)	18	45	硬橡皮	0	0.15
船舶用金属	30	113	锯屑	20	0.052
青铜		189	软木	30	0.043
不锈钢	20	16	玻璃毛	—	0.041
石棉板	50	0.17	85%氧化镁		0.070
石棉	0	0.16	石墨	0	151

固体材料的热导率随温度而变,绝大多数均匀的固体,热导率与温度近似成线性关系,可用下式表示:

$$\lambda = \lambda_0 (1 + at) \tag{4-2}$$

式中 λ——固体在温度为t ℃时的热导率,W/(m·℃);

λ_0——固体在0℃时的热导率,W/(m·℃);

a——温度系数，1/℃，对大多数金属材料为负值，而对大多数非金属材料为正值。

在热传导过程中，物体内不同位置的温度各不相同，因而热导率也随之而异。在工程计算中，热导率可取固体两侧温度下 λ 的算术平均值，或取两侧面温度的算术平均值下的 λ 值。

试问：对大多数金属材料，温度升高，其热导率是升高还是降低？

2. 液体的热导率

表 4-2 和图 4-3 列出了几种液体的热导率。一般液体的热导率较低，水和水溶液相对稍高，液态金属的热导率比水要高出一个数量级。除水和甘油外，绝大多数液体的热导率随温度的升高略有减小。总的来讲，液体的热导率高于固体绝热材料。

表 4-2 液体的热导率

液 体	温度/℃	热导率 λ /W·m^{-1}·℃$^{-1}$	液 体	温度/℃	热导率 λ /W·m^{-1}·℃$^{-1}$
醋酸 50%	20	0.35	甘油 40%	20	0.45
丙酮	30	0.17	正庚烷	30	0.14
苯胺	0～20	0.17	水银	28	8.36
苯	30	0.16	硫酸 90%	30	0.36
氯化钙盐水 30%	30	0.55	硫酸 60%	30	0.43
乙醇 80%	20	0.24	水	30	0.62
甘油 60%	20	0.38			

3. 气体的热导率

气体的热导率比液体更小，故不利于导热，但有利于保温。固体绝热材料如软木、玻璃棉等的热导率之所以很小，就是因为在其空隙中存在大量空气的缘故。气体的热导率随温度的升高而增大，这是由于温度升高，气体分子热运动增强。在相当大的压强范围内，压强对 λ 无明显影响。表 4-3 和图 4-4 列出了几种气体的热导率。

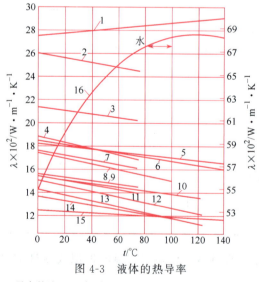

图 4-3 液体的热导率

1—无水甘油；2—蚁酸；3—甲醇；4—乙醇；5—蓖麻油；
6—苯胺；7—乙酸；8—丙酮；9—丁醇；10—硝基苯；
11—异丙苯；12—苯；13—甲苯；14—二甲苯；
15—凡士林；16—水（用右边的坐标）

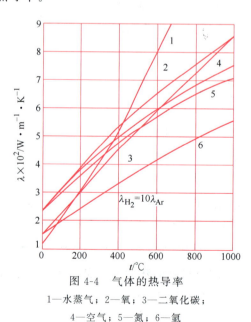

图 4-4 气体的热导率

1—水蒸气；2—氧；3—二氧化碳；
4—空气；5—氮；6—氩

表 4-3　气体的热导率

气　体	温度/℃	热导率 λ/W·m^{-1}·℃$^{-1}$	气　体	温度/℃	热导率 λ/W·m^{-1}·℃$^{-1}$
氢	0	0.17	水蒸气	100	0.025
二氧化碳	0	0.015	氮	0	0.024
空气	0	0.024	乙烯	0	0.017
空气	100	0.031	氧	0	0.024
甲烷	0	0.029	乙烷	0	0.018

在我国的北方寒冷地区，房屋通常都采用双层玻璃窗，试说明其作用。

二、通过平壁的定常热传导

（一）单层平壁的热传导

设有一高度和宽度很大的平壁，厚度为 δ。假设平壁材料均匀，热导率不随温度变化（或取其平均值），壁面两侧温度为 t_1、t_2，且 $t_1 > t_2$，平壁内各点温度不随时间而变，仅沿垂直于壁面的 x 方向变化。这种情况下壁内传热是定常的一维热传导（图 4-5）。取平壁的任意垂直截面积为传热面积 A，单位时间内通过面积 A 的热量为 Q，由傅里叶定律可知

$$Q = -\lambda A \frac{dt}{dx}$$

由于在热流方向上 Q、λ、A 均为常量，故分离变量后积分，得

$$\int_{t_1}^{t_2} dt = -\frac{Q}{\lambda A} \int_0^{\delta} dx$$

$$t_2 - t_1 = -\frac{Q}{\lambda A} \delta$$

整理得

$$Q = \frac{\lambda}{\delta} A (t_1 - t_2) \tag{4-3}$$

或

$$Q = \frac{t_1 - t_2}{\delta/\lambda A} = \frac{\Delta t}{R} = \frac{传热推动力}{热阻} \tag{4-3a}$$

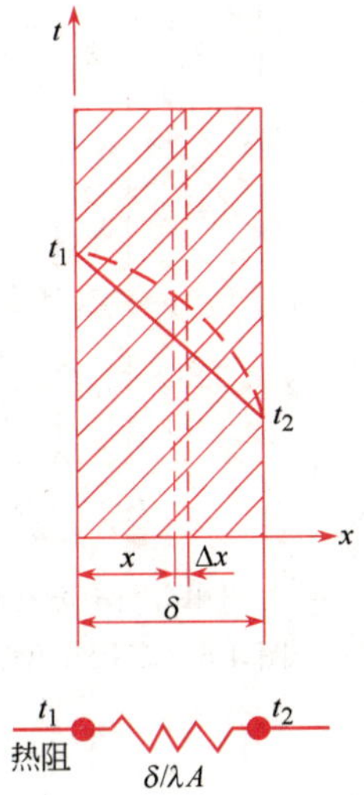

图 4-5　平壁的热传导

式(4-3a)表明，传热速率 Q 正比于传热推动力 Δt，反比于热阻 R，与欧姆定律表示的电流与电压降和电阻的关系极为类似。从上式还可看出，传导距离越大，传热面积和热导率越小，则热阻越大，在相同的推动力下，热流量 Q 越小。

式(4-3) 通常也可表示为：

$$q = \frac{Q}{A} = \frac{t_1 - t_2}{\delta/\lambda} \tag{4-3b}$$

式中　q——平壁导热通量，W/m^2。

• 【例 4-1】　某平壁厚 0.40m，内、外表面温度为 1500℃ 和 300℃，壁材料的热导率 $\lambda = 0.815 + 0.00076t$ [W/(m·℃)]，试求通过每平方米壁面的导热速率。

解　已知 $t_1 = 1500℃$，$t_2 = 300℃$

壁的平均温度

$$t = \frac{t_1 + t_2}{2} = \frac{1500 + 300}{2} = 900℃$$

壁的平均热导率为：
$$\lambda = 0.815 + 0.00076 \times 900 = 1.50 \text{W/(m·℃)}$$

故
$$q = \frac{Q}{A} = \frac{t_1 - t_2}{\delta/\lambda} = \frac{1500 - 300}{0.40/1.50} = 4500 \text{W/m}^2$$

上述计算中取 λ 为常数，故 $\dfrac{\mathrm{d}t}{\mathrm{d}x}$ = 常数，平壁内温度呈线性分布，如图 4-5 中直线所示。若考虑 λ 随温度的变化，则温度分布呈曲线，图中虚线表示 λ 随温度上升而增大时的情况。工程计算中，一般可取 λ 的平均值并视为常量。

（二）多层平壁的热传导

在化工生产中，通过多层平壁的导热过程也是很常见的。图 4-6 以三层平壁为例，说明多层平壁导热过程的计算。

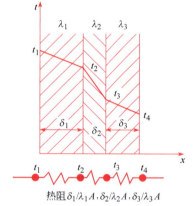

图 4-6 多层平壁的热传导

假定各层之间接触良好，相互接触表面上温度相等，各层材质均匀且热导率可视为常数。对于一维定常热传导，热量在平壁内没有积累，因而单位时间内数量相等的热量依次通过各层平壁，即在热流方向上传热速率保持相同，这是一个典型的串联热传递过程（相当于电路中三个电阻串联）。由式(4-3a) 知：

$$Q = \frac{t_1 - t_2}{\dfrac{\delta_1}{\lambda_1 A}} = \frac{t_2 - t_3}{\dfrac{\delta_2}{\lambda_2 A}} = \frac{t_3 - t_4}{\dfrac{\delta_3}{\lambda_3 A}} \tag{4-4}$$

根据等比定理❶可得

$$Q = \frac{t_1 - t_4}{\dfrac{\delta_1}{\lambda_1 A} + \dfrac{\delta_2}{\lambda_2 A} + \dfrac{\delta_3}{\lambda_3 A}} = \frac{\sum_{i=1}^{3} \Delta t_i}{\sum_{i=1}^{3} R_i} = \frac{\text{总推动力}}{\text{总阻力}} \tag{4-5}$$

式(4-5) 表明，通过多层平壁的定常热传导，传热推动力和热阻是可以相加的，总热阻等于各层热阻之和，总推动力等于各层推动力之和。

● 【例 4-2】 某炉壁由内向外依次为耐火砖、保温砖和普通建筑砖（参见图 4-6）。耐火砖：$\lambda_1 = 1.4 \text{W/(m·K)}$，$\delta_1 = 220 \text{mm}$；保温砖：$\lambda_2 = 0.15 \text{W/(m·K)}$，$\delta_2 = 120 \text{mm}$；建筑砖：$\lambda_3 = 0.8 \text{W/(m·K)}$，$\delta_3 = 230 \text{mm}$。已测得炉壁内、外表面温度为 900℃ 和 60℃，求单位面积的热损失和各层间接触面的温度。

解 将式(4-5) 变形可得

$$q = \frac{Q}{A} = \frac{t_1 - t_4}{\dfrac{\delta_1}{\lambda_1} + \dfrac{\delta_2}{\lambda_2} + \dfrac{\delta_3}{\lambda_3}} = \frac{900 - 60}{\dfrac{0.22}{1.4} + \dfrac{0.12}{0.15} + \dfrac{0.23}{0.8}} = 675 \text{W/m}^2$$

---

❶ 等比定理：设 $\dfrac{a}{b} = \dfrac{c}{d} = \dfrac{e}{f}$，则 $\dfrac{a+c+e}{b+d+f} = \dfrac{a}{b}$。

由式(4-4)可得

$$t_1 - t_2 = q\frac{\delta_1}{\lambda_1} = 675 \times \frac{0.22}{1.4} = 106℃$$

$$t_2 - t_3 = q\frac{\delta_2}{\lambda_2} = 675 \times \frac{0.12}{0.15} = 540℃$$

所以

$$t_2 = t_1 - 106 = 900 - 106 = 794℃$$

$$t_3 = t_2 - 540 = 794 - 540 = 254℃$$

将计算结果列表分析如下：

炉壁	温度降/℃	热阻 $\frac{\delta}{\lambda}$/K·m²·W⁻¹	炉壁	温度降/℃	热阻 $\frac{\delta}{\lambda}$/K·m²·W⁻¹
耐火砖	106	0.157	建筑砖	194	0.287
保温砖	540	0.80	总计	840	1.244

可见，在多层平壁定常导热过程中，各层壁的温差与其热阻成正比，哪层热阻大，哪层温差一定大。这也与电学中欧姆定律用于串联电阻类似。

三、通过圆筒壁的定常热传导

在化工生产中，所用设备、管道多为圆筒形，故通过圆筒壁的热传导极为常见。

（一）单层圆筒壁的热传导

如图 4-7 所示，设圆筒的内、外半径分别为 r_1、r_2，内、外表面分别维持恒定的温度 t_1 和 t_2，且管长 l 足够大，可以认为温度只沿半径方向变化，则圆筒壁内的传热也属于一维定常热传导。

与平壁不同，圆筒壁热传导的特点是传热面积随半径而变化。在半径 r 处取一厚度为 $\mathrm{d}r$ 的薄层，则此处传热面积为 $A = 2\pi r l$。根据傅里叶定律，通过此环形薄层传导的热量为：

$$Q = -\lambda A \frac{\mathrm{d}t}{\mathrm{d}r} = -\lambda \cdot 2\pi r l \frac{\mathrm{d}t}{\mathrm{d}r} \tag{4-6}$$

若 $t_1 > t_2$，则 $\frac{\mathrm{d}t}{\mathrm{d}r}$ 为负值而 Q 为正值，沿径向向外传递。分离变量得

$$Q \frac{\mathrm{d}r}{r} = -2\pi l \lambda \mathrm{d}t \tag{4-6a}$$

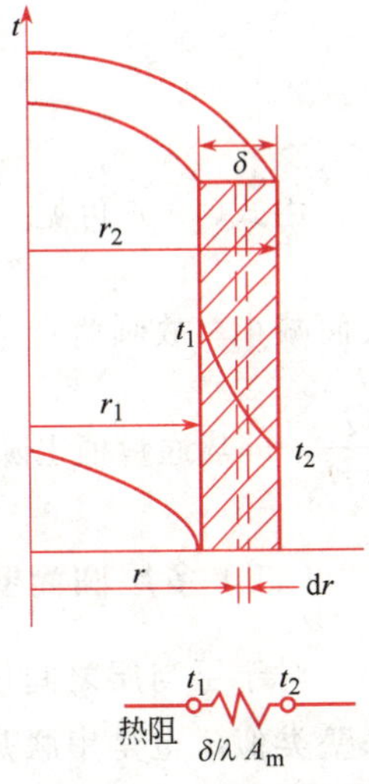

设 λ 为常数，在圆筒壁内半径 r_1 和外半径 r_2 间进行积分：

$$Q \int_{r_1}^{r_2} \frac{\mathrm{d}r}{r} = -2\pi l \lambda \int_{t_1}^{t_2} \mathrm{d}t$$

$$Q \ln \frac{r_2}{r_1} = 2\pi l \lambda (t_1 - t_2)$$

图 4-7 通过单层圆筒壁的热传导

移项得

$$Q = 2\pi l \lambda \frac{t_1 - t_2}{\ln \frac{r_2}{r_1}} \tag{4-7}$$

为了便于理解和对比，将式(4-7)改写成式(4-3a)的形式，可进行如下转换：

$$Q = \frac{2\pi l(r_2 - r_1)\lambda(t_1 - t_2)}{(r_2 - r_1)\ln \frac{r_2}{r_1}}$$

$$= \frac{\lambda}{r_2 - r_1} 2\pi l \frac{r_2 - r_1}{\ln \frac{r_2}{r_1}} (t_1 - t_2)$$

$$= \frac{t_1 - t_2}{\frac{\delta}{\lambda} \times \frac{1}{2\pi l r_m}} = \frac{t_1 - t_2}{\frac{\delta}{\lambda A_m}} \tag{4-7a}$$

式中 δ——圆筒壁的厚度，$\delta = r_2 - r_1$，m；

r_m——对数平均半径，$r_m = \dfrac{r_2 - r_1}{\ln \dfrac{r_2}{r_1}}$，m；

A_m——平均导热面积，$A_m = 2\pi r_m l$，m^2。

当 $\dfrac{r_2}{r_1} < 2$ 时，可用算术平均值 $r_m = \dfrac{r_1 + r_2}{2}$ 近似计算。

比较式(4-7a)和式(4-7)可知，圆筒壁的热阻为

$$R = \frac{\delta}{\lambda A_m} = \frac{\ln \dfrac{r_2}{r_1}}{2\pi l \lambda}$$

由式(4-6)可见，$\dfrac{dt}{dr} = \dfrac{-Q}{2\pi l \lambda} \times \dfrac{1}{r}$，故即使 λ 为常数，温度梯度却不是常数，它随着 r 的增大而减小。故圆筒壁内定常热传导时的温度分布是曲线（如图4-7所示）；同时，$q = \dfrac{Q}{A} = \dfrac{Q}{2\pi r l}$，即热通量值也随着 r 值的增大而减小，并不是常数；但热流量 Q 不随半径而变。

（二）多层圆筒壁的热传导

对于层与层之间接触良好的多层圆筒壁定常热传导，与多层平壁类似，也是串联热传递过程。如图4-8所示，以三层圆筒壁为例，有

$$Q = \frac{t_1 - t_2}{\dfrac{\delta_1}{\lambda_1 A_{m1}}} = \frac{t_2 - t_3}{\dfrac{\delta_2}{\lambda_2 A_{m2}}} = \frac{t_3 - t_4}{\dfrac{\delta_3}{\lambda_3 A_{m3}}}$$

$$Q = \frac{t_1 - t_4}{\dfrac{\delta_1}{\lambda_1 A_{m1}} + \dfrac{\delta_2}{\lambda_2 A_{m2}} + \dfrac{\delta_3}{\lambda_3 A_{m3}}} = \frac{t_1 - t_4}{R_1 + R_2 + R_3} \tag{4-8}$$

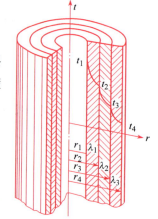

图4-8 多层圆筒壁的热传导

R_1、R_2、R_3 分别表示各层热阻。

应当注意,与多层平壁导热比较,多层圆筒壁导热的总推动力仍为总温度差,且等于各层温差之和;总热阻亦为各层热阻之和。但是,计算各层热阻所用的传热面积不等,需采用各层的平均面积。通过各截面的传热速率 Q 相同,但是通过各截面的热通量 q 却是不同的。

式(4-8)也可改写为

$$Q = \frac{t_1 - t_4}{\dfrac{\ln\dfrac{r_2}{r_1}}{2\pi l \lambda_1} + \dfrac{\ln\dfrac{r_3}{r_2}}{2\pi l \lambda_2} + \dfrac{\ln\dfrac{r_4}{r_3}}{2\pi l \lambda_3}} \tag{4-8a}$$

● **【例 4-3】** $\phi 38 \times 2.5\text{mm}$ 的钢管用做蒸汽管。为了减少热损失,在管外保温。第一层是 50mm 厚的氧化镁粉,平均热导率为 $0.07\text{W}/(\text{m}\cdot\text{℃})$;第二层是 10mm 厚的石棉层,平均热导率为 $0.15\text{W}/(\text{m}\cdot\text{℃})$。若管内壁温度为 160℃,石棉层外表面温度为 30℃,试求每米管长的热损失及两保温层界面处的温度。

解 解法一:由式(4-8a)可得

$$\frac{Q}{l} = \frac{t_1 - t_4}{\dfrac{\ln\dfrac{r_2}{r_1}}{2\pi \lambda_1} + \dfrac{\ln\dfrac{r_3}{r_2}}{2\pi \lambda_2} + \dfrac{\ln\dfrac{r_4}{r_3}}{2\pi \lambda_3}}$$

由题给条件知:$t_1 = 160℃$,$t_4 = 30℃$

$r_1 = 16.5\text{mm}$,$r_2 = 19\text{mm}$,$r_3 = 19 + 50 = 69\text{mm}$,$r_4 = 69 + 10 = 79\text{mm}$

$\lambda_2 = 0.07\text{W}/(\text{m}\cdot\text{℃})$,$\lambda_3 = 0.15\text{W}/(\text{m}\cdot\text{℃})$

查钢管的热导率 $\lambda_1 = 45\text{W}/(\text{m}\cdot\text{℃})$

所以

$$\frac{Q}{l} = \frac{160 - 30}{\dfrac{\ln\dfrac{19}{16.5}}{2\pi \times 45} + \dfrac{\ln\dfrac{69}{19}}{2\pi \times 0.07} + \dfrac{\ln\dfrac{79}{69}}{2\pi \times 0.15}}$$

$$= \frac{160 - 30}{4.99 \times 10^{-4} + 2.93 + 0.144} = 42.3\text{W/m}$$

$$\Delta t_3 = t_3 - t_4 = QR_3 = \frac{Q}{l} \times \frac{\ln\dfrac{r_4}{r_3}}{2\pi \lambda_3} = 42.3 \times 0.144 = 6.07℃$$

$$t_3 = t_4 + 6.07 = 30 + 6.07 = 36.07℃$$

解法二:由式(4-8)可得

$$\frac{Q}{l} = \frac{t_1 - t_4}{\dfrac{r_2 - r_1}{\lambda_1 \cdot 2\pi r_{m1}} + \dfrac{r_3 - r_2}{\lambda_2 \cdot 2\pi r_{m2}} + \dfrac{r_4 - r_3}{\lambda_3 \cdot 2\pi r_{m3}}}$$

因为 $\dfrac{r_2}{r_1} = \dfrac{19}{16.5} < 2$,$r_{m1} = \dfrac{r_1 + r_2}{2} = \dfrac{19 + 16.5}{2} = 17.75\text{mm}$

$$r_{m2} = \frac{r_3 - r_2}{\ln \dfrac{r_3}{r_2}} = \frac{69-19}{\ln \dfrac{69}{19}} = 38.77 \text{mm}$$

$$\frac{r_4}{r_3} = \frac{79}{69} < 2, \quad r_{m3} = \frac{r_3 + r_4}{2} = \frac{69+79}{2} = 74 \text{mm}$$

所以 $\dfrac{Q}{l} = \dfrac{160-30}{\dfrac{2.5\times 10^{-3}}{45\times 2\pi \times 17.75\times 10^{-3}} + \dfrac{50\times 10^{-3}}{0.07\times 2\pi \times 38.77\times 10^{-3}} + \dfrac{10\times 10^{-3}}{0.15\times 2\pi \times 74\times 10^{-3}}}$

$= 42.3 \text{W/m}$

两种算法结果相同。由计算知，钢管管壁的热阻与保温层的热阻相比，小了好几个数量级，在工程计算中可以忽略。请读者自行计算各层的温差与热阻，并与多层平壁热传导比较。

▶ 学习本节后可做习题 4-1～4-5，思考题 4-5。

第三节 对流传热

一、对流传热基本方程和对流传热系数

前已述及，生产中大量遇到的是流体流过固体表面时与该表面发生的热量交换，这类对流传热与流体的流动状况密切相关。

在第一章中曾指出，即使流体主体呈湍流流动，靠壁面处总有一层层流流体，称为层流内层。在层流内层中，垂直于流体流动方向上的热量传递，主要以导热方式进行。由于大多数流体的热导率较小，故对流传热的热阻主要集中在该层中，温度降也主要集中在层流内层中。在层流内层与湍流主体之间有一过渡区，过渡区内的热量传递是热传导和对流的共同作用。而在湍流主体中，由于存在大大小小的旋涡，流体微团做随机的剧烈运动，导致流体主体各部分的动量与热量充分交换，分子热传导退居非常次要的地位，所以热阻较小，可以近似认为湍流主体中温度基本趋于一致。若热流体与冷流体分别沿间壁两侧平行流动，则传热方向垂直于流动方向，故在流动方向任一截面 A—A 上（图 4-9）从热流体到冷流体必存在一个温度分布，图中用粗实线表示。热流体从其湍流主体温度经过渡区、层流内层降至该侧壁面温度 T_w，传热壁对侧温度为 t_w，又经冷流体侧的层流内层、过渡区降至冷流体湍流主体温度。由图 4-9 可知如下几点。

① 在间壁换热任一侧流体的流动截面上，必存在**温度**

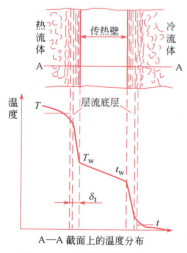

图 4-9 对流传热的温度分布

分布（其图形表示称为温度侧形），而温度变化主要集中于层流内（底）层，这意味着对流传热的大部分热阻也集中于此。在不同的流动截面上，由于冷、热流体之间沿间壁不断进行热交换，截面上各点温度值可能有变化，但这种温度分布关系是类似的。

② 若设流体与间壁的热导率不随温度而变，由于层流内层和间壁的传热都是通过热传导方式进行，故这几部分的温度为直线分布。间壁的 λ 一般较高，这部分热阻相对要小得多，温度梯度也要小得多。

③ 根据传热的一般概念，流体侧对壁面的传热推动力应该是湍流主体与壁面之间的温度差。但由于各流动截面上湍流主体温度不易确定，在工程计算上常以该流动截面上流体的平均温度代替湍流主体温度来计算温度差，于是，图4-9上热流体侧的温差为 $T-T_w$，冷流体侧的温差为 t_w-t。T、t 分别代表 A—A 截面上热、冷流体的平均温度，可由热量衡算直接算出（参见第四节）。

由于影响对流传热的因素很多，要根据实际存在的边界层与层流内层的温度进行严格的数学处理、求解对流传热速率相当困难，工程计算时，进一步假设流体侧的温度差和热阻都完全集中在壁面附近一层厚度为 δ_t 的虚拟膜层内，在这层虚拟膜中仅以分子热传导方式传递热量，图4-9中已分别绘出冷热流体两侧虚拟膜的界面，在虚拟膜中的温度必也呈线性分布，对热流体，虚拟膜两侧的温度差为 $T-T_w$，而冷流体侧虚拟膜中的温度差为 t_w-t。根据傅里叶定律，即可写出任一侧流体的定常对流传热速率为：

$$Q = \frac{\Delta t}{\frac{\delta_t}{\lambda A}} = \frac{\text{对流传热的推动力}}{\text{对流传热的热阻}} \quad (\text{W}) \tag{4-9}$$

式中 Δt——该截面上对流传热的温度差，℃，对热流体，$\Delta t = T - T_w$，对冷流体，$\Delta t = t_w - t$；

λ——流体的平均热导率，W/(m·℃)；

A——与热流方向垂直的壁面面积，m^2，在此面积上，Δt 保持不变；

δ_t——该截面处的虚拟膜厚，m。

这里，再一次使用了第一章第四节中的当量化和折合的思路，即将实际的对流传热过程折合为一个通过虚拟膜厚为 δ_t 的单纯的导热过程。必须明确指出，层流内层与虚拟膜是两个不同的概念，前者是实际存在的，后者是为了考虑问题的方便而人为引入的。但两者又有共同之处，可以想象，流体主体的湍动程度愈大，虚拟膜和层流内层都会变薄，则在相同的温差下可以传递更多的热量。若取

$$\alpha = \frac{\lambda}{\delta_t} \tag{4-10}$$

式(4-9)可进一步简化为

$$Q = \frac{\Delta t}{\frac{1}{\alpha A}} = \alpha A \Delta t \tag{4-11}$$

式中，α 称为对流传热系数，其单位为 W/(m^2·℃)。

式(4-11)称为对流传热方程式，也称为牛顿冷却定律。它适用于间壁一侧流体在温差不变的截面上的定常对流传热。牛顿冷却定律以很简单的形式描述了复杂的对流传热过程的速率关系，将所有影响对流传热热阻的因素都归入到对流传热系数 α 中。α 的物理意义是，当流体截面平均温度与壁面温度的差值为1℃时，单位时间通过单位传热面积的热量。与热

导率 λ 不同，对流传热系数 α 的值不仅与流体的性质有关，还与流动状态以及传热壁面的形状、结构等有关，此外，同流体在传热过程中是否发生相变化也有关。α 的大小反映了该侧流体对流传热过程的强度，因此，如何确定不同条件下的 α 值，是对流传热的中心问题。还应指出，在不同的流动截面上，如果流体温度和流动状态发生改变，α 值也将发生变化。因此，在间壁换热器中，常取 α 的平均值作为不变量进行计算。这些都将在下节进行详细的讨论。

请全面分析一下，虚拟膜和层流内层有什么相同点和区别？当截面上温度分布已知时，能否用作图方法估计出虚拟膜厚度 δ_t（可利用图 4-9）？

二、影响对流传热系数的因素

实验表明，影响对流传热系数的因素如下。

（1）流体的物理性质　影响较大的物性有热导率 λ、比热容 c_p、密度 ρ 和黏度 μ。因此，流体的相态（液态或气态）不同，则 α 也不同。

（2）流体的相态变化　通常在传热过程中若流体发生相变（沸腾或冷凝），其对流传热系数比无相变化时要大得多。

（3）强制对流的流动状态　前已述及，虚拟膜内集中了全部热阻，虚拟膜越薄，对流传热系数就越大。显然，湍流时 α 值要比层流时大得多，且随 Re 增大 α 也增大。反映流体流动形态的物理量是 Re 特征数。

（4）自然对流的影响　在对流传热过程中，流体系统内部存在温度差，使得各部分流体密度不同而产生自然对流。设流体被加热，流体主体温度 t 低于壁面处温度 t_w，则紧靠壁面处的流体密度 ρ_w 小于流体主体的密度 ρ 而受到浮力。因密度差引起的单位体积上升力为 $(\rho-\rho_w)g$。若流体的体积膨胀系数为 β，单位为 $1/℃$，并以 Δt 代表温度差 t_w-t，按体积膨胀系数公式（1-12b），$\rho \approx \rho_w(1+\beta\Delta t)$，于是每单位体积流体上作用的上升力为：

$$(\rho-\rho_w)g \approx [\rho_w(1+\beta\Delta t)-\rho_w]g = \rho_w \beta g \Delta t \tag{4-12}$$

流体被冷却时情况与此相反，壁面流体将受到一个降力的作用。在这些升力或降力的作用下，将引起流体微团的附加运动和附加的热量传递。由此可见，流体中的热传导过程总伴有自然对流。在强制对流的条件下，自然对流也会或多或少地产生影响。

单纯自然对流时传热系数通常比强制对流时小得多。

请读者自行分析为了使室内温度比较均匀，加热器和制冷器各宜放在什么位置。

（5）传热面的形状特征与相对位置　圆管、套管环隙、翅片管、平板等不同传热面形状，管径或管长的大小；管束的排列方式；传热面的水平放置或垂直放置以及管内流动或管外流动等，都影响对流传热系数。通常，传热面的形状特征是通过一个或几个特征尺寸来表示的，在以下各节将做具体的说明。

迄今为止，各种情况下对流传热系数尚不能完全通过理论推导得出具体的计算式，需由实验测定。为了减少实验工作量，也可运用量纲分析法将影响对流传热系数的各种因素组成无量纲数群，再借助实验确定这些无量纲数在不同情况下的相互关系，得到相应的计算 α 的关系式。

三、量纲分析法在对流传热中的应用

在第一章中曾用量纲分析法求得湍流时阻力损失的特征数关联式，用同样的方法可以求取无相变化时对流传热系数的特征数关联式。

(一) 无相变化时，对流传热系数的特征数关联式

流体无相变时影响其对流传热系数 α 的因素有：流速 u、传热面的特征尺寸 l、流体的黏度 μ、热导率 λ、密度 ρ、比热容 c_p 以及上升力 $\rho g \beta \Delta t$，其函数表示式为

$$\alpha = f(u, l, \mu, \lambda, \rho, c_p, \rho g \beta \Delta t) \tag{4-13}$$

当采用幂函数形式表达时，式 (4-13) 可写为

$$\alpha = A u^a l^b \mu^c \lambda^d \rho^e c_p^f (\rho g \beta \Delta t)^h \tag{4-14}$$

式中共有 8 个物理量，4 个基本量纲，即质量（M）、长度（L）、时间（T）、温度（Θ）。根据 π 定理可知，将得到 $8-4=4$ 个无量纲数（特征数）。

通过量纲分析可得这 4 个无量纲数的关系为：

$$\frac{\alpha l}{\lambda} = A \left(\frac{l u \rho}{\mu}\right)^a \left(\frac{c_p \mu}{\lambda}\right)^f \left(\frac{l^3 \rho^2 g \beta \Delta t}{\mu^2}\right)^h \tag{4-15}$$

(二) 无相变对流传热特征数的符号和意义

式 (4-15) 表示无相变条件下，对特征长度为 l 的传热面，对流传热的特征数关联式。式中四个特征数的符号及其涵义见表 4-4。

表 4-4　特征数的符号和涵义

特征数名称	符号	涵义
努塞尔特数（Nusselt number）	$Nu = \dfrac{\alpha l}{\lambda}$	被决定准数，包含待定的对流传热系数
雷诺数（Reynolds number）	$Re = \dfrac{l u \rho}{\mu}$	反映流体的流动形态和湍动程度
普兰特数（Prandtl number）	$Pr = \dfrac{c_p \mu}{\lambda} = \dfrac{\nu}{a}$	反映与传热有关的流体物性
格拉斯霍夫数（Grashof number）	$Gr = \dfrac{l^3 \rho^2 \beta g \Delta t}{\mu^2}$	反映由于温度差而引起的自然对流强度

表中，Pr 数中的 $a = \dfrac{\lambda}{c_p \rho}$ 称为热扩散系数，单位为 m²/s。

(三) 特征数关联式的使用

式 (4-15) 用各特征数符号可表示为

$$Nu = A Re^a Pr^f Gr^h \tag{4-16}$$

式中系数 A 和指数 a、f、h 需经实验确定。因而不同实验条件下获得的具体的特征数关系式是一种半经验公式，使用时要注意下列问题。

(1) 特征尺寸　参与对流传热过程的传热面几何尺寸往往不止一个。而关联式中所用特征尺寸 l 一般是反映传热面的几何特征，并对传热过程产生直接影响的主要几何尺寸。如管内强制对流传热时，圆管的特征尺寸取管径 d；如为非圆形管道，通常取当量直径 d_e。对大空间自然对流，取加热（或冷却）表面垂直高度为特征尺寸，因加热面高度对自然对流的范围和运动速度有直接的影响。在特殊情况下，对流传热涉及几个特征尺寸，它们在关联式中常以两个特征尺寸之比的幂次方形式出现，以保持特征数方程的无量纲性［如式(4-22)］。

（2）定性温度　流体在对流传热过程中温度是变化的。确定准数中流体的物性参数所依据的温度即为定性温度。不同的作者得出的关联式中确定定性温度的方法往往不同，故在使用这些经验公式时，必须与原作者实际关联时所选用的定性温度一致。

（3）适用范围　关联式中 Re、Pr、Gr 等的实际数值应在实验所进行的数值范围内，不宜外推使用。

四、流体无相变时的对流传热系数

式(4-16)是流体无相变对流传热系数的一般关联式，对不同的实际问题，公式的实际形式会有简化或修正。

（一）管内强制对流

1. 圆形直管内强制湍流的传热系数

对于强制湍流，自然对流的影响可忽略不计，式(4-16)中 Gr 可以忽略。许多研究者对低黏度流体（不大于常温水黏度的2倍）在光滑圆管中湍流传热进行的大量实验证实：

$$Nu = 0.023 Re^{0.8} Pr^n \tag{4-17}$$

或

$$\alpha = 0.023 \frac{\lambda}{d} \left(\frac{du\rho}{\mu}\right)^{0.8} \left(\frac{c_p \mu}{\lambda}\right)^n \tag{4-17a}$$

式中　n——Pr 数的指数，当流体被加热时，$n=0.4$；当流体被冷却时，$n=0.3$。

式(4-17)的应用条件如下。

（1）应用范围　$Re > 10^4$，$0.7 < Pr < 120$，管长与管径之比 $\frac{l}{d} > 60$，低黏度流体，光滑管。

（2）定性温度　取流体进、出口温度的算术平均值。

（3）特征尺寸　Re、Nu 数中的 l 取管内径 d。

Pr 数的指数与热流方向有关，主要是考虑到层流内层中温度对流体黏度和热导率的影响。当流体被加热时，层流内层温度高于主体温度。对液体而言，温度升高，黏度减小，层流内层减薄；而大多数液体的热导率虽然有所降低，但不显著，总的结果是使 α 增大。对式(4-17)适用的液体，其 Pr 常大于1，则 $Pr^{0.4}$ 大于 $Pr^{0.3}$，故液体被加热时，取 $n=0.4$ 正反映了 α 增大的这一实际结果。而当气体被加热时，层流内层温度升高，黏度增大，内层加厚；虽然气体的热导率也略有增大，但总的效果是使热阻增大，α 减小。由于大多数气体的 Pr 小于1，故 $Pr^{0.4}$ 小于 $Pr^{0.3}$，所以气体被加热时取 $n=0.4$，也正反映了 α 减小的这一事实。

流体被冷却时，情况相反，取 $n=0.3$ 也同时适用于液体和气体。

如果上述条件不能满足，由式(4-17)计算所得结果，应适当加以修正。

（1）过渡流　当 $Re=2300 \sim 10000$ 时，因湍动不充分，热阻大而 α 小。应将式(4-17)计算得出的 α 乘以修正系数 f：

$$f = 1 - \frac{6 \times 10^5}{Re^{1.8}} \tag{4-18}$$

（2）短管　当 $\frac{l}{d} < 60$ 时，相当于在湍流流动的进口段以内，流体进入管子以后，在此

段内边界层逐渐增厚,但流动尚未充分发展,故平均热阻较小,实际的平均 α 值比式(4-17)计算值为高,可将式(4-17)所得的 α 乘以 $1+\left(\dfrac{d}{l}\right)^{0.7}$ 进行校正。

(3)高黏度液体 液体黏度愈大,壁面与液体主体间由于温差而引起的黏度差别也愈大,单纯利用改变指数 n 的方法已得不到满意的结果,可按下式计算:

$$\alpha = 0.027 \dfrac{\lambda}{d}\left(\dfrac{du\rho}{\mu}\right)^{0.8}\left(\dfrac{c_p\mu}{\lambda}\right)^{0.33}\left(\dfrac{\mu}{\mu_w}\right)^{0.14} \tag{4-19}$$

式中 μ_w 取壁温下的流体黏度,其他物理量的定性温度与特征尺寸与式(4-17)相同。

式(4-19)的应用范围为 $Re>10^4$,$0.7<Pr<700$,$\dfrac{l}{d}>60$。

在壁温数据未知的情况下,可采用下列近似值计算:

当液体被加热时 $\left(\dfrac{\mu}{\mu_w}\right)^{0.14}=1.05$

当液体被冷却时 $\left(\dfrac{\mu}{\mu_w}\right)^{0.14}=0.95$

2. 圆形直管内强制层流的传热系数

这种情况下,应考虑自然对流及热流方向对传热系数 α 的影响。在管径较小和温差不大的情况下,即 $Gr<25000$ 时,自然对流的影响较小且可忽略,α 可用下式计算:

$$Nu = 1.86\left(Re\cdot Pr\cdot\dfrac{d}{l}\right)^{\frac{1}{3}}\left(\dfrac{\mu}{\mu_w}\right)^{0.14} \tag{4-20}$$

式(4-20)的应用范围为 $Re<2300$,$0.6<Pr<6700$,$Re\cdot Pr\cdot\dfrac{d}{l}>10$。

当 $Gr>25000$ 时,若忽略自然对流的影响,会造成较大的误差,此时可将式(4-20)乘以校正因子 f:

$$f = 0.8(1+0.015Gr^{\frac{1}{3}}) \tag{4-21}$$

式中定性温度、特征尺寸以及 $\left(\dfrac{\mu}{\mu_w}\right)^{0.14}$ 的近似计算方法同式(4-19)。

3. 圆形弯管或非圆形管内强制对流

如果流体是在圆形弯曲管道或非圆形管道中流动换热,也可进行类似的修正。

(1)弯曲管道 流体在弯管内流动(图 4-10)时,由于离心力的作用,扰动加强,使 α 增大,实验表明,弯管中的 α' 可按下式计算:

$$\alpha' = \alpha\left(1+1.77\dfrac{d}{R}\right) \tag{4-22}$$

式中 α'——弯管的对流传热系数,$W/(m^2\cdot℃)$;
α——直管的对流传热系数,$W/(m^2\cdot℃)$;
d——管内径,m;
R——弯管的曲率半径,m。

(2)非圆形管道 作为近似估算,对非圆形管道仍可采用上述各类关联式,但需将各式中特征尺寸 d 改用当量直径 d_e(见第一章)代替。这种方法比较简便,但准确性较

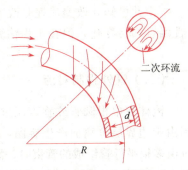

图 4-10 弯管内流体的流动

差。另一种方法是选用直接由非圆形管道内的实验数据得出的对流传热系数关联式（可查阅有关手册）。

● **【例 4-4】** 如图 4-11 所示，有一列管式换热器，由 38 根 $\phi 25 \times 2.5$mm 的无缝钢管组成，苯在管内流动，由 20℃ 被加热至 80℃，苯的流量为 10.2kg/s。试求：① 管壁对苯的对流传热系数；② 若苯的流量提高一倍，对流传热系数有何变化？

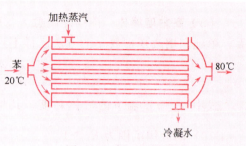

图 4-11 例 4-4 附图

解 ① 苯的平均温度

$$t = \frac{t_1 + t_2}{2} = \frac{20 + 80}{2} = 50℃$$

可查得物性如下：

$$\rho = 850\text{kg/m}^3, \quad c_p = 1.80\text{kJ/(kg·℃)}$$
$$\mu = 0.45 \times 10^{-3}\text{Pa·s}, \quad \lambda = 0.14\text{W/(m·℃)}$$

加热管内苯的流速为

$$U = \frac{V_s}{\frac{\pi}{4}d^2 n} = \frac{\frac{10.2}{850}}{0.785 \times 0.02^2 \times 38} = 1.0\text{m/s}$$

$$Re = \frac{du\rho}{\mu} = \frac{0.02 \times 1.0 \times 850}{0.45 \times 10^{-3}} = 3.78 \times 10^4$$

$$Pr = \frac{c_p \mu}{\lambda} = \frac{1.80 \times 10^3 \times 0.45 \times 10^{-3}}{0.14} = 5.79$$

计算表明本题的流动情况符合式（4-17）的实验条件，所以

$$\alpha = 0.023 \frac{\lambda}{d} Re^{0.8} Pr^{0.4} = 0.023 \times \frac{0.14}{0.02} \times (3.78 \times 10^4)^{0.8} \times 5.79^{0.4}$$
$$= 1492\text{W/(m}^2\text{·℃)}$$

② 若忽略定性温度的变化，当苯流量增大一倍时，管内流速为原来的 2 倍。由于 $\alpha \propto Re^{0.8} \propto u^{0.8}$，所以

$$\alpha' = \alpha \left(\frac{Re'}{Re}\right)^{0.8} = 1492 \times 2^{0.8} = 2598\text{W/(m}^2\text{·℃)}$$

由此可知，改变流速是改变对流传热系数的重要手段。流量改变，流体出口温度及定性温度均会变化，但在工程估算时可忽略此影响。

（二）管外强制对流

流体在单根圆管外垂直流过时，在管子前半周与平壁类似，其边界层不断增厚，在后半周由于边界层分离而产生旋涡，沿圆周各点上的局部对流传热系数各不相同。当流体垂直流过由多根平行管组成的管束时，湍动增强，故各排的对流传热系数也不尽相同。在工业换热计算中，要用到的是平均对流传热系数。本节介绍列管式换热器管外平均强制对流传热系数。

列管式换热器由壳体和管束等部分组成,一种流体在壳体与管束间流动(壳侧流体),并同管内流动的流体(管侧流体)发生传热。管束的排列有正方形和正三角形两类,如图 4-12 所示。正三角形排列总为错列,正方形排列可有直列和错列,例如将图 4-12(a) 旋转 45°。为提高管外的传热系数,在壳侧一般沿管长方向上垂直装有若干块折流挡板,图 4-13 所示为一种圆缺形挡板,板直径近似壳内径,每块上均切去一部分形成弓形流通截面,交替排列,图中画出了三块。折流板使流体在管外流动时,既有沿管束的流动,又有垂直于管束的流动,流向和流速也不断发生变化,因而在 $Re > 100$ 时即可达湍流状态。这时管外传热系数的计算,要视具体情况选用不同的公式。

流体流过圆管和管束

当管外装有割去 25%(直径)的圆缺形折流挡板时,可按下式计算对流传热系数:

$$Nu = 0.36 Re^{0.55} Pr^{\frac{1}{3}} \left(\frac{\mu}{\mu_w}\right)^{0.14} \tag{4-23}$$

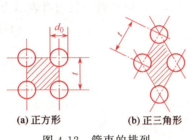

(a) 正方形　　(b) 正三角形

图 4-12　管束的排列

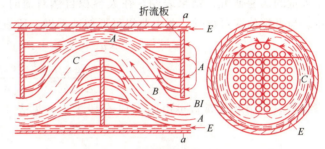

图 4-13　换热器壳侧的流动情况

或

$$\alpha = 0.36 \frac{\lambda}{d_e}\left(\frac{d_e u_0 \rho}{\mu}\right)^{0.55}\left(\frac{c_p \mu}{\lambda}\right)^{\frac{1}{3}}\left(\frac{\mu}{\mu_w}\right)^{0.14} \tag{4-23a}$$

式(4-23) 的应用范围为 $Re = 2 \times 10^3 \sim 1 \times 10^6$;式中除 μ_w 取壁温下的流体黏度外,其余物性的定性温度均取流体进、出口温度的算术平均值。当量直径 d_e 的数值要依据管子的排列方式而定。应当注意,这里当量直径的定义是

$$d_e = \frac{4 \times 流体流动截面积}{传热周边} \tag{4-24}$$

管子正方形排列 [如图 4-12(a) 所示] 时:

$$d_e = \frac{4\left(t^2 - \frac{\pi}{4}d_0^2\right)}{\pi d_0} \tag{4-25}$$

正三角形排列 [如图 4-12(b) 所示] 时:

$$d_e = \frac{4\left(\frac{\sqrt{3}}{2}t^2 - \frac{\pi}{4}d_0^2\right)}{\pi d_0} \tag{4-26}$$

式中　t——相邻两管中心距,m;

　　　d_0——管外径,m。

式(4-23a) 中的壳侧流速 u_0 根据流体流过的最大面积 S 计算:

$$S = hD\left(1 - \frac{d_0}{t}\right) \tag{4-27}$$

式中　h——两折流挡板间的距离，m；
　　　D——换热器壳的内径，m。

若换热器的管间不用折流挡板，管外流体基本上沿管束平行流动，可用管内强制对流的公式计算，但式中的特征尺寸改用管间当量直径。

*（三）大容积自然对流传热系数

大容积自然对流指热（或冷）表面处于很大的空间内，既不存在强制流动，其四周也不存在其他阻碍自然对流的物体，如水蒸气管道的外表面向周围大气的对流散热。大容积自然对流时，特征数关联式(4-16)中的 Re 不发生影响，故有：

$$Nu = f(Pr \cdot Gr) \tag{4-28}$$

许多研究者对管、板、球等形状的加热面，用空气、水、CO_2、H_2、油类等不同介质进行了大量的实验研究。结果表明，在大容积自然对流时，Nu 与 $(Pr \cdot Gr)$ 的关系如图 4-14 所示。当坐标值取对数时，图中曲线可近似地看做三段直线（1，2，3），每一段均可表示为：

$$Nu = C(Gr \cdot Pr)^n \tag{4-29}$$

或

$$\alpha = C\frac{\lambda}{l}\left(\frac{\beta g \Delta t l^3 \rho^2}{\mu^2} \times \frac{c_p \mu}{\lambda}\right)^n \tag{4-29a}$$

各段直线方程的常数可由图 4-14 分段求出，见表 4-5。

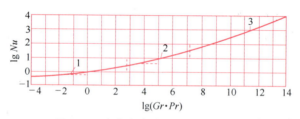

图 4-14　大容积自然对流的传热系数

表 4-5　式(4-29) 中的 C 和 n 值

段数	$Gr \cdot Pr$	C	n
1	$1 \times 10^{-3} \sim 5 \times 10^2$	1.18	1/8
2	$5 \times 10^2 \sim 2 \times 10^7$	0.54	1/4
3	$2 \times 10^7 \sim 10^{13}$	0.135	1/3

使用式(4-29)应注意以下几点。

① 对于水平管，特征尺寸取外径；对于垂直管或垂直板取管长或板高。

② Gr 数中 $\Delta t = |t_w - t|$，t_w 为壁温，t 为周围流体温度。

③ 定性温度取膜温，$t_m = \dfrac{t_w + t}{2}$。

● 【例 4-5】　有一垂直蒸汽管，管径 $\phi 159 \times 4.5$ mm，管长 3.5 m，若管壁温度为 120℃，周围为 20℃ 的空气，试计算该管单位时间内由于自然对流而散失于周围空气中的热量。

解 定性温度取膜温 $t_\mathrm{m}=\dfrac{t_\mathrm{w}+t}{2}=\dfrac{120+20}{2}=70\ ℃$

空气作为理想气体，则在此温度下 $\beta=\dfrac{1}{70+273}=2.92\times10^{-3}\mathrm{K}^{-1}$

查其他物性数据得：$\lambda=0.0296\mathrm{W/(m\cdot K)}$，$\rho=1.029\mathrm{kg/m^3}$

$\mu=2.06\times10^{-5}\mathrm{Pa\cdot s}$，$c_p=1.009\times10^3\mathrm{J/(kg\cdot K)}$，$Pr=0.702$

$$Gr=\frac{\beta g\Delta t l^3\rho^2}{\mu^2}=\frac{2.92\times10^{-3}\times9.81\times(120-20)\times3.5^3\times1.029^2}{(2.06\times10^{-5})^2}=3.06\times10^{11}$$

$$Gr\cdot Pr=3.06\times10^{11}\times0.702=2.15\times10^{11}$$

查表 4-5 知 $C=0.135$，$n=\dfrac{1}{3}$

$$Nu=C(Gr\cdot Pr)^n=0.135\times(2.15\times10^{11})^{\frac{1}{3}}=808.9$$

$$\alpha=Nu\frac{\lambda}{l}=808.9\times\frac{0.0296}{3.5}=6.84\mathrm{W/(m^2\cdot K)}$$

$$Q=\alpha A\Delta t=6.84\times3.14\times0.159\times3.5\times(120-20)=1195\mathrm{W}$$

请问，若例 4-5 中的蒸汽管长为 2m，求其自然对流传热系数，并与原结果比较可得出什么结论？

五、流体有相变化时的对流传热系数

发生相变化时的传热过程有其特殊的规律，本节讨论单组分流体的冷凝和沸腾时对流传热系数的计算。

（一）蒸汽冷凝

饱和蒸汽冷凝是化工生产中常见的过程。根据相律，纯物质的饱和蒸汽在恒压下冷凝时，由于气、液两相共存，其温度不变且为某一定值。当饱和蒸汽与低于其温度的冷壁面接触时，即发生冷凝过程，释放出的热量等于其冷凝焓变（俗称为冷凝潜热）。在连续定常的冷凝过程中，压强可视为恒定，故气相中不存在温差，也就没有热阻。由此可知，纯饱和蒸汽冷凝的特点是热阻集中在壁面上的冷凝液内，故有较大的传热系数，而且壁面冷凝液的存在形态对传热系数有很大的影响。

1. 壁面冷凝液的存在形态

（1）**膜状冷凝** 若冷凝液能完全润湿壁面，将形成一层完整的冷凝液膜在重力作用下沿壁面向下流动。膜状冷凝时，液膜愈往下愈厚，故壁面愈高或水平放置的管径愈大。整个壁面的平均对流传热系数也就愈小。

（2）**滴状冷凝** 当冷凝液不能完全润湿壁面，例如饱和水蒸气冷凝到沾有油类物质的壁面时，在表面张力的作用下，冷凝液将在壁面上形成许多液滴，落下时又露出新的冷凝面。由于相当部分壁面直接暴露于蒸汽中，因此滴状冷凝的热阻要小得多。实验结果表明，滴状冷凝的传热系数比膜状冷凝的传热系数大几倍甚至十几倍。

工业上遇到的大多为膜状冷凝，而且从工程上按膜状冷凝计算安全系数较大。故本节仅介绍纯饱和蒸汽膜状冷凝对流传热系数的计算方法。

2. 膜状冷凝的传热系数

（1）**蒸汽在水平管外冷凝** 理论推导和实验结果证明蒸汽在水平圆管外冷凝的对流传热系数可用下式计算：

单根水平圆管
$$\alpha = 0.725 \left(\frac{\rho^2 g \lambda^3 r}{d_0 \Delta t \mu} \right)^{\frac{1}{4}} \tag{4-30}$$

水平管束
$$\alpha = 0.725 \left(\frac{\rho^2 g \lambda^3 r}{n^{2/3} d_0 \Delta t \mu} \right)^{\frac{1}{4}} \tag{4-31}$$

式中 r——蒸汽的比汽化焓，取饱和温度 t_s 下的数值，J/kg；
ρ——冷凝液的密度，kg/m³；
λ——冷凝液的热导率，W/(m·K)；
μ——冷凝液的黏度，Pa·s；
Δt——饱和蒸汽与壁面的温差，$\Delta t = t_s - t_w$，K，t_w 为壁面温度；
n——水平管束在垂直列上的管子数。

定性温度取膜温 $t_m = \frac{t_s + t_w}{2}$；特征尺寸取管外径 d_0。

（2）**蒸汽在垂直管外（或垂直板上）冷凝** 如图 4-15 所示，蒸汽在垂直管外（或板上）冷凝时，液膜流动初始为层流，由顶端向下，随冷凝的进行液膜逐渐加厚，局部对流传热系数减小；若壁的高度足够高，且冷凝液量较大时，则壁的下部冷凝液膜会转变为湍流流动，此时局部的对流传热系数反而会有所增大。和强制对流一样，可用雷诺数判别层流和湍流。对冷凝系统，定义：

$$Re = \frac{d_e u \rho}{\mu} = \frac{\frac{4S}{b} \times \frac{W}{S}}{\mu} = \frac{\frac{4W}{b}}{\mu} = \frac{4M}{\mu} \tag{4-32}$$

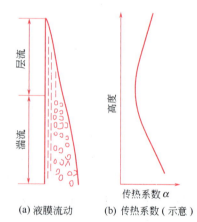

图 4-15 蒸汽在垂直壁面上的冷凝
(a) 液膜流动　(b) 传热系数（示意）

式中 d_e——当量直径，m；
S——冷凝液的流通截面积，m²；
b——冷凝液的润湿周边，对单根圆管，$b = \pi d_0$，m，对垂直板，为板的宽度，m；
W——冷凝液的质量流量，kg/s；
M——冷凝负荷，即单位长度润湿周边上冷凝液的质量流量，$M = W/b$，kg/(m·s)。

工程计算中需要的是平均对流传热系数。当 $Re < 2100$ 时：

$$\alpha = 1.13 \left(\frac{\rho^2 g \lambda^3 r}{\mu l \Delta t} \right)^{\frac{1}{4}} \tag{4-33}$$

当 $Re > 2100$ 时（湍流）：

$$\alpha = 0.0077 \left(\frac{\rho^2 g \lambda^3}{\mu^2} \right)^{\frac{1}{3}} Re^{0.4} \tag{4-34}$$

式中，特征尺寸 l 需取垂直管长或板高，其余各量与定性温度同式（4-30）。

冷凝时的传热速率为：

$$Q = Wr = \alpha A \Delta t = abl\Delta t \tag{4-35}$$

将式(4-35)代入式(4-32)得：

$$Re = \frac{4\alpha l \Delta t}{r\mu} \tag{4-36}$$

式(4-36)可用于试差判断流型，参见例 4-6。

3. 影响冷凝传热的因素

（1）不凝气体的影响 以上讨论仅限于纯蒸汽的冷凝。实际上工业蒸汽中总会含有微量的不凝气体（如空气）。在连续运转过程中，不凝气体会逐渐积累并在液膜表面形成一层热导率很低的气膜，从而使热阻增大，传热系数降低。例如，当蒸汽中含有 1% 的不凝气体时，冷凝传热系数将降低 60% 左右。因此，在换热器的蒸汽冷凝侧，必须设有排放口，定期排放不凝气体。

（2）蒸汽过热程度的影响 过热蒸汽与固体表面的传热机制视壁温 t_w 的不同而不同。若壁温高于同压下饱和蒸汽的温度，则壁面上不发生冷凝，此时的传热过程属于气体冷却过程。当壁面温度低于蒸汽的饱和温度时，过热蒸汽先在气相下冷却至饱和温度，然后在壁面上冷凝，整个传热过程包括蒸汽冷却和冷凝两个过程。若蒸汽过热程度不高，则传热系数值与饱和蒸汽的相差不大；但如果过热程度较高，将有相当部分壁面用于过热蒸汽的冷却，在蒸汽内部产生温度梯度和热阻，从而大大降低传热系数。因此，工业上一般不采用过热蒸汽作为加热的热源。

（3）蒸汽的流速和流向 当蒸汽和液膜间的相对速度不大（<10m/s）时，蒸汽流速的影响可以忽略。但是，若蒸汽流速较大时，由于气液界面间摩擦力的增加，会影响液膜的流动。此时，若蒸汽和液膜流向相同，蒸汽将加速冷凝液的流动，使膜厚减小，α 增大；若为逆向流动，则会使 α 减小，但若逆向流动的蒸汽速度很大，能冲散液膜使部分壁面直接暴露于蒸汽中，α 反而会增大。

通常，蒸汽进口设在换热器的上部，以避免蒸汽和冷凝液的逆向流动。

4. 冷凝传热过程的强化

前已述及，冷凝传热过程的阻力集中于液膜，因此设法减小液膜厚度是强化冷凝传热的有效措施。

例如，对垂直壁面，可在壁面上开若干纵向沟槽使冷凝液沿沟流下，可减薄其余壁面上的液膜厚度，强化冷凝传热过程。

对于水平布置的管束，冷凝液从上部各排管子流到下部管排使液膜变厚，因此，如能设法减少垂直方向上管排的数目或将管束改为错列，皆可提高平均传热系数。

此外，设法获得滴状冷凝也是提高传热系数的一个方向。

【例 4-6】 101.3kPa 的饱和水蒸气在单根管外冷凝。管径为 $\phi 159 \times 4.5$mm，管长为 2m，管外壁温度为 98℃。分别计算该管垂直放置及水平放置时的蒸汽冷凝对流传热系数。

解 查得 101.3kPa 下水蒸气的饱和温度 $t_s = 100$℃，其比汽化焓在数值上等于每千克蒸汽的冷凝潜热 $r = 2258$kJ/kg。

冷凝液膜的平均温度 $t_m = \dfrac{100+98}{2} = 99$℃，查水的物性常数为：

$$\rho = 959.1 \text{kg/m}^3, \quad \mu = 28.56 \times 10^{-5} \text{Pa} \cdot \text{s}, \quad \lambda = 0.682 \text{W/(m} \cdot \text{K)}$$

① 垂直放置时，先假设液膜为层流流动，按式(4-33)：

$$\alpha = 1.13 \left(\frac{\rho^2 g \lambda^3 r}{\mu l \Delta t}\right)^{\frac{1}{4}} = 1.13 \times \left[\frac{959.1^2 \times 9.81 \times 0.682^3 \times 2258 \times 10^3}{28.56 \times 10^{-5} \times 2 \times (100-98)}\right]^{\frac{1}{4}}$$

$$= 9799 \text{W/(m}^2 \cdot \text{K)}$$

检验假设是否正确，由式(4-36)得

$$Re = \frac{4\alpha l \Delta t}{r\mu} = \frac{4 \times 9799 \times 2 \times 2}{2258 \times 10^3 \times 28.56 \times 10^{-5}} = 243 < 2100 \text{（层流）}$$

计算表明假设正确。

② 水平放置的特征尺寸应取管外径 d_0，直接将式(4-30) 和式(4-33) 相除，可得

$$\frac{\alpha'}{\alpha} = \frac{0.725}{1.13}\left(\frac{l}{d_0}\right)^{\frac{1}{4}} = \frac{0.725}{1.13} \times \left(\frac{2}{0.159}\right)^{\frac{1}{4}} = 1.21$$

所以，单根管水平放置时冷凝传热系数 α' 为

$$\alpha' = 1.21\alpha = 1.21 \times 9799 = 11860 \text{W/(m}^2 \cdot \text{K)}$$

这个计算结果指出了冷凝传热系数的数量级，反映了液膜厚度的影响，也说明如果能够灵活地运用公式可以减少计算量。

（二）沸腾传热

工业上液体沸腾有两种情况，一种是在管内流动的过程中受热沸腾，称为管内沸腾。如蒸发器中管内料液的沸腾；另一种是将加热面浸入大容积的液体中而引起的无强制对流的沸腾现象，称为池内沸腾。本节讨论液体在大容器内的沸腾。

1. 池内沸腾现象

液体加热沸腾的主要特征是液体内部沿加热面不断有蒸汽泡产生并上升穿过液层。理论上液体沸腾时气、液两相应处于平衡状态，即液体的沸点等于液体表面所处压强下相对应的饱和温度 t_s。但实验表明，只是液体上方的蒸汽温度等于 t_s，而沸腾液体的平均温度必定略高于相应的饱和温度，即液体处于过热状态。由物理化学可知，液体的过热是小气泡生成的必要条件。小气泡首先在温度最高、过热度也最高的固体加热表面上产生，但也并不是加热表面上的任何一点都能产生气泡。实验发现液体沸腾时气泡仅在加热表面的若干粗糙不平的点上产生，这些点称为汽化核心。在沸腾过程中，小气泡首先在汽化核心处生成并长大，在浮力的作用下脱离壁面。随着气泡的不断形成并上升，周围液体随时填补并冲刷壁面，贴壁液体层发生剧烈扰动，热阻大为降低；在气泡上浮过程中，引起液体主体的扰动和对流，且过热液体在气泡表面继续蒸发，使气泡进一步长大，过热液体和气泡表面的传热强度也很大。所以，液体沸腾时的对流传热系数比无相变时大得多。

2. 沸腾曲线

图 4-16 是常压下水在铂电热丝表面上沸腾时 α 与 Δt 的关系曲线。Δt 是壁温和操作压强下饱和温度之差。

在曲线 AB 段，由于温差较小，紧贴加热表面的液体过热度很小，汽化核心很少，气泡长大速度也很慢，加热面附近液层受到的扰动不大，热量的传递以自然对流为主。对流传热

系数随温差的增大而略有增大。此阶段称为自然对流区。

在曲线 BC 段，随着 Δt 增大，汽化核心数目增加，气泡长大的速度也迅速增加，气泡对液体产生强烈的搅拌作用，传热系数 α 随 Δt 的增加而迅速增大。此阶段称为**核状沸腾**。

在曲线 CD 段，随 Δt 的继续增加，使气泡形成过快，气泡在脱离加热面前便互相连接，形成汽膜，把加热表面与液体隔开。由于汽膜热阻要比液膜大得多，故使 α 急剧下降，此阶段称为**膜状沸腾**。D 点以

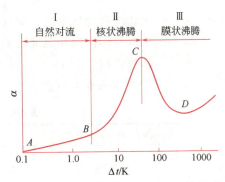

图 4-16 常压下水沸腾时 α 与 Δt 的关系

后，Δt 再增加，加热面的温度进一步提高，热辐射的影响愈益显著，于是 α 再度随 Δt 的增大而迅速增大。

由核状沸腾转变为膜状沸腾的转折点称为临界点（C 点）。临界点所对应的温差称为临界温差 Δt_c，这时的热流通量称为临界热通量。工业上一般应维持在核状沸腾区操作，控制 Δt 不大于临界值 Δt_c，否则一旦转变为膜状沸腾，不仅 α 会急剧下降，而且管壁温度过高也易造成传热管烧毁的严重事故。水在常压下饱和沸腾的临界温度差约为 25℃，临界热通量约为 $1.25 \times 10^6 \mathrm{W/m^2}$。

3. 影响沸腾传热的因素

（1）**液体物性** 液体的热导率、密度、黏度、表面张力等均对沸腾传热有影响，一般情况下，α 随 λ、ρ 增大而增大，随 μ 和 σ 的增大而减小。对于表面张力小、润湿能力大的液体，形成的气泡易离开壁面，对沸腾传热有利。故选择适当的添加剂以改变液体的表面张力，可提高沸腾传热系数。

（2）**温差** 前已述及，温差 Δt 是影响沸腾传热的重要参数，操作温差应控制在核状沸腾区。

（3）**压强** 提高操作压强即提高液体饱和温度，从而使液体的黏度及表面张力均下降，有利于气泡的生成与脱离壁面。在核状沸腾区，相同的温差下得到较高的沸腾传热系数。

（4）**加热表面状况** 加热面的材料与粗糙度以及表面的沾污或氧化等情况都会影响沸腾传热。一般新的或清洁的表面 α 值较高。粗糙加热表面可以提供更多的汽化核心，使气泡运动加剧，强化传热过程。例如，可采用机械加工或腐蚀的方法使金属表面粗糙化，有报道用这种方法制造的铜表面，可提高传热系数 80%。但应当注意，大的凹穴或凸起反而会失去充当汽化核心的能力。

4. 沸腾对流传热系数的计算

沸腾传热过程极其复杂，各种经验公式虽多，但都不完善，计算结果相差也较大，所以至今尚无可靠的一般特征数关联式。但对不同的液体和表面状况，不同压强和温差下的沸腾传热已积累了大量的实验资料。对单组分纯物质的池内沸腾，近似地可用以下经验式估算其沸腾传热系数：

$$\alpha = 1.163 m \Delta t^{n-1} \tag{4-37}$$

其沸腾传热速率为

$$Q = \alpha A \Delta t = 1.163 m \Delta t^n A$$

式中　α——核状沸腾传热系数，$W/(m^2 \cdot ℃)$；
　　　Δt——壁温与蒸汽饱和温度之差，$\Delta t = t_w - t_s$，$℃$；
　　　A——传热面积，m^2；
　m、n——常数（见表4-6）。

表4-6　式（4-37）中的 m 和 n 值

物料	压力(绝压)/$\times 10^5$Pa	m	n	Δt 范围/℃	Δt_c	加热体
水	1.03	245	3.14	3~6	>6	水平管
水	1.03	560	2.35	6~19	19	垂直管
氧	1.03	56	2.47	3~6	>6	垂直管
氮	1.03	2.5	2.67	3~7	>7	垂直管
氟利昂 12	4.2	12.5	3.82	7~11	>11	水平管
丙烷	1.4~2.5	540	2.5	4~8	—	水平管
丙烷	12	765	2.0	8~14	28	垂直管
正丁烷	1.4~2.5	150	2.64	4~8	—	水平管
苯	1.03	0.13	3.87	25~50	50	垂直管
苯	8.1	14.3	3.27	8~22	22	垂直管
苯乙烯	1.03	262	2.05	11~28	—	水平板
甲醇	1.03	29.5	3.25	6~8	>8	垂直管
乙醇	1.03	0.58	3.73	22~33	33	垂直管
四氯化碳	1.03	2.7	2.90	11~22	—	垂直管
丙酮	1.03	1.90	3.85	11~22	22	水平板

● **【例 4-7】**　常压下水在水平管外成核状沸腾，$\Delta t = 5.7℃$，试求其沸腾传热系数 α。

解　查表4-6知，$m = 245$，$n = 3.14$

$$\alpha = 1.163 m \Delta t^{n-1} = 1.163 \times 245 \times 5.7^{3.14-1} = 1.18 \times 10^4 \, W/(m^2 \cdot ℃)$$

六、对流传热小结

在学习本节内容时，要注意工程上处理问题的方法。对流传热是一复杂的传热过程，但对流传热速率总可简单地表示为传热推动力和热阻之比。同时，引入了对流传热虚拟膜的概念，又可将问题进一步简化为热传导过程，得到了形式简单的对流传热方程，使研究集中于如何求出对流传热系数。本节介绍了不同情况下对流传热系数的计算方法，公式较多，但大体上可分为两类：一类是基于量纲分析法将影响对流传热过程的诸因素整理成无量纲特征数关系式，并以幂函数的形式表示，再通过实验确定方程中的系数和指数，量纲分析法使研究者可以由此及彼，将有限的实验结果应用于同类现象的不同具体条件，得到的特征数方程满足量纲一致原则，应用范围较广；另一类是纯经验式，这类方程不满足量纲一致性，限于在实验条件所及的范围内应用。在使用这两类方程时，都要注意以下几点。

① 要根据处理对象的具体特点，选择适当的公式。例如，是强制对流还是自然对流，是层流还是湍流，是蒸汽冷凝还是液体沸腾等。

② 要注意所选公式的应用范围、特征尺寸的选择和定性温度的确定，以及在必要时进行修正的方法。

③ 应注意不同情况下哪些物理量对 α 值有影响，它们的影响大小可以通过其指数的大小来判断，从中也可分析强化对流传热的可能措施。

④ 正确使用各物理量的单位。一般地应采用法定计量单位制进行计算，如题给数据或从手册中查到的数据使用单位制与此不同，要换算后再代入。特征数方程中，每一个特征数都应当是无量纲的，其中各物理量的单位可互相消去。但对于纯经验公式，必须按照公式要求的单位代入。

⑤ 重视数量级概念，有助于对计算结果正确性的判断和分析。一般情况下，对流传热 α 值的范围大致如下：

空气的自然对流	$1 \sim 10 \text{W}/(\text{m}^2 \cdot ℃)$	水蒸气冷凝	$5000 \sim 1.5 \times 10^4 \text{W}/(\text{m}^2 \cdot ℃)$
空气的强制对流	$10 \sim 250 \text{W}/(\text{m}^2 \cdot ℃)$	水沸腾	$1500 \sim 4.5 \times 10^4 \text{W}/(\text{m}^2 \cdot ℃)$
水的强制对流	$250 \sim 10^4 \text{W}/(\text{m}^2 \cdot ℃)$		

▲ 学习本节后可做习题 4-6～4-12，思考题 4-6～4-8。

第四节　传热计算

工业上大量存在的间壁传热过程都是由固体间壁内部的导热及间壁两侧流体与固体表面间的对流传热组合而成的。在学习了热传导和对流传热的基础上，本节讨论传热全过程的计算，以解决工业间壁换热器设计和操作分析问题。

一、热量衡算

在换热器计算中，首先需要确定换热器的热负荷。在图 4-17 的列管式换热器中，若换热器保温良好，热损失可以忽略不计，对于定常传热过程，根据能量守恒定律，过程传递的热量 Q （热负荷）必等于热流体的负焓变，并等于冷流体的焓变。

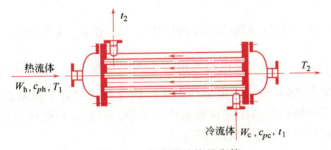

图 4-17　换热器的热量衡算

若流体在换热过程中没有相变化，可列出热量衡算式为：

$$Q = W_h c_{ph}(T_1 - T_2) = W_c c_{pc}(t_2 - t_1) \quad (\text{W}) \tag{4-38}$$

式中　W_h、W_c——热、冷流体的质量流量，kg/s；
　　　c_{ph}、c_{pc}——热、冷流体的平均质量定压比热容，J/(kg·℃)；
　　　T_1、T_2——热流体的进、出口温度，℃；
　　　t_1、t_2——冷流体的进、出口温度，℃。

若换热器中流体发生相变化，应考虑相变化前后焓变的影响。例如，若热流体为饱和蒸

汽，换热过程中在饱和温度下发生冷凝，而冷流体无相变化，则

$$Q = W_h r_h = W_c c_{pc}(t_2 - t_1) \tag{4-39}$$

式中　r_h——饱和蒸汽的比汽化焓，J/kg。

若冷凝液出口温度 T_2 低于饱和温度 T_s 时，则应有

$$Q = W_h [r_h + c_{ph}(T_s - T_2)] = W_c c_{pc}(t_2 - t_1) \tag{4-40}$$

若换热器中热流体无相变化，冷流体为饱和液体沸腾，请读者写出其热量衡算方程。

二、传热速率方程

换热器的热负荷通常是由工艺要求确定的，在一定的热负荷下，需要多大的传热面积才能完成任务呢？经验表明，在定常传热情况下，换热器的热负荷即传热速率正比于传热面积和两流体间的温度差，并同样可表示为传热推动力和传热热阻之比。

$$Q = KA\Delta t_m = \frac{\Delta t_m}{\dfrac{1}{KA}} = \frac{传热总推动力}{传热总阻力} \tag{4-41}$$

式中　A——换热器的传热面积，m²；

　　　Δt_m——热、冷两流体的平均温度差，也就是传热的总推动力，℃（或 K）；

　　　K——比例系数，称为传热系数，W/(m²·℃) 或 W/(m²·K)。它与间壁两侧流体的对流传热系数均有关，在这里实际上是整个传热过程中的平均值。

式(4-41) 称为**传热速率方程**，传热系数 K、传热面积 A 和传热平均温差是传热过程的三要素。

在列管式换热器中，两流体间的传热是通过管壁进行的，故管壁表面积可视为传热面积。

$$A = n\pi d l \tag{4-42}$$

式中　n——管数；

　　　d——管径，m；

　　　l——管长，m。

应予指出，管径 d 可根据情况选用管内径 d_i、管外径 d_o 或平均直径 d_m [$d_m = \dfrac{1}{2}(d_i + d_o)$]，则对应的传热面积分别为管内表面积 A_i、管外表面积 A_o 或平均表面积 A_m。对于一定的传热任务，若能由式(4-41) 确定传热面积，即可在选定管子规格以后，确定管子的长度或根数，并进而完成换热器的工艺设计或选型工作。但是，要使用传热速率方程，必须首先了解传热系数和传热平均温度差的计算方法。

• 【例 4-8】　用饱和水蒸气将原料液由 100℃加热至 120℃。原料液的流量为 100 m³/h，密度为 1080 kg/m³，平均等压比热容为 2.93 kJ/(kg·℃)。已知按管外表面积计算的传热系数为 680 W/(m²·℃)，传热平均温度差为 23.3℃，饱和蒸汽的比汽化焓为 2168 kJ/kg，试求蒸汽用量和所需的传热面积。

解　热负荷计算

$$Q = W_c c_{pc}(t_2 - t_1) = \frac{100 \times 1080}{3600} \times 2.93 \times 10^3 \times (120 - 100) = 1.76 \times 10^6 \text{ W}$$

由式（4-39）可得

$$W_h = \frac{Q}{r_h} = \frac{1.76 \times 10^6}{2168 \times 10^3} = 0.812 \text{kg/s}$$

由传热速率方程可得管外表面积为

$$A = \frac{Q}{K \Delta t_m} = \frac{1.76 \times 10^6}{680 \times 23.3} = 111 \text{m}^2$$

注意：传热面积必须和传热系数对应。

三、传热平均温度差

间壁两侧流体传热平均温度差的计算，必须考虑两流体的温度沿传热面的变化情况以及流体相互间的流向。流向可分为**并流**、**逆流**、**错流**和**折流**四类，如图4-18所示。折流时，两流体间交替发生逆流、并流。

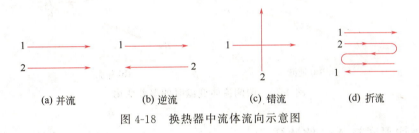

图4-18 换热器中流体流向示意图

（一）恒温传热与变温传热

热、冷流体在定常的热交换过程中，温度变化情况可分为以下两类。

（1）恒温传热 沿传热壁面的不同位置上，两种流体的温度皆不变化，称为恒温传热。例如，间壁一侧为饱和水蒸气在一定温度下冷凝，另一侧是液体在一定温度下沸腾，两流体温度沿传热面无变化，温差也处处相等，可表示为

$$\Delta t_m = T - t \tag{4-43}$$

式中 T、t——分别表示热、冷流体的温度，℃。

因此，恒温传热时，温差的表示与流向无关。

（2）变温传热 若间壁一侧或两侧的流体温度沿着传热壁面在不断变化，称为变温传热。下面讨论几种常见的情况。

图4-19是单侧流体温度变化的情况。例如，用饱和蒸汽加热冷流体，蒸汽冷凝温度不变，而冷流体的温度不断上升，如图4-19(a)所示。又如用不发生相变化的热流体去加热另一在较低温度 t 下沸腾的液体，后者的温度始终保持在沸点不变，如图4-19(b)所示。

图4-20是两侧流体温度均在变化时的情况。其中(a)是逆流，即冷、热流体在传热面两侧流向相反；(b)是并流，即冷、热流体在传热面两侧流向相同。

在变温传热时，沿传热面的局部温差是变化的。要进行传热计算，就必须求出传热过程的平均温度差 Δt_m。现推导逆流和并流操作、两侧变温传热时，平均温差的计算式，其他情况下的 Δt_m 可利用这一结果进行适当的修正。

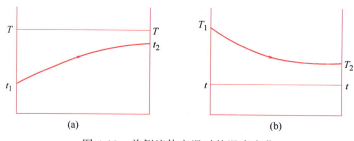

图 4-19 单侧流体变温时的温度变化

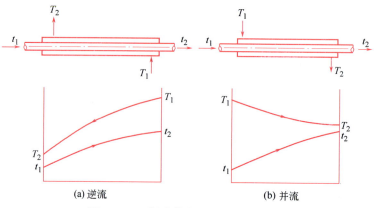

(a) 逆流　　　　　　　　　(b) 并流

图 4-20 两侧流体变温时的温差变化

（二）平均温度差 Δt_m 的计算

假定：①定常传热过程，W_h、W_c 均为常数；②沿传热面 c_{ph}、c_{pc} 和 K 值均不变；③换热器的热损失可以忽略。

若在换热器中取一微元段为研究对象，其传热面积为 dA，经过 dA 的热流体因放热而温度下降 dT，冷流体因受热而温度上升 dt，传热量为 dQ（参见图 4-21）。列出此微元段内热量衡算（微分）式，得

$$dQ = W_h c_{ph} dT = W_c c_{pc} dt \qquad (4\text{-}44)$$

因此，有

$$\frac{dQ}{dT} = W_h c_{ph} = 常数$$

$$\frac{dQ}{dt} = W_c c_{pc} = 常数$$

于是有

$$\frac{d(T-t)}{dQ} = \frac{dT}{dQ} - \frac{dt}{dQ} = \frac{1}{W_h c_{ph}} - \frac{1}{W_c c_{pc}} = 常数$$

这说明 Q 与热、冷流体的温度分别成直线关系。在此条件下，Q 与热、冷流体间的局部温差 $\Delta t = T - t$ 也必然成直线关系，因此该直线的斜率必可表示为：

$$\frac{d(\Delta t)}{dQ} = \frac{\Delta t_1 - \Delta t_2}{Q} \qquad (4\text{-}45)$$

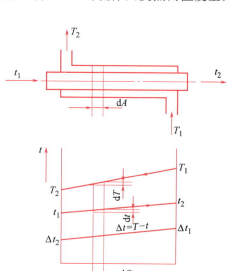

图 4-21 平均温度差计算

式中，Δt_1、Δt_2 分别为换热器两端进、出口处热、冷流体间的温度差；Q 是换热器的热负荷，对一定的换热要求，它们均为定值。

在微元段内，热、冷流体的温度可视为不变，利用式(4-41) 写出传热速率方程的微分式：

$$dQ = K\Delta t \, dA \tag{4-46}$$

式中，$\Delta t = T - t$，是微元段内的局部温度差。将式(4-46) 代入式(4-45)，可得

$$\frac{d(\Delta t)}{K \Delta t \, dA} = \frac{\Delta t_1 - \Delta t_2}{Q} \tag{4-47}$$

分离变量并积分，可得

$$\frac{1}{K} \int_{\Delta t_2}^{\Delta t_1} \frac{d(\Delta t)}{\Delta t} = \frac{\Delta t_1 - \Delta t_2}{Q} \int_0^A dA$$

得

$$\frac{1}{K} \ln \frac{\Delta t_1}{\Delta t_2} = \frac{\Delta t_1 - \Delta t_2}{Q} A$$

移项得

$$Q = KA \frac{\Delta t_1 - \Delta t_2}{\ln \frac{\Delta t_1}{\Delta t_2}} \tag{4-48}$$

与传热速率方程式(4-41) 比较可得

$$\Delta t_m = \frac{\Delta t_1 - \Delta t_2}{\ln \frac{\Delta t_1}{\Delta t_2}} \tag{4-49}$$

因此，平均温度差是换热器进、出处两种流体温度差的对数平均值，故称为**对数平均温度差**。

在以上推导过程中，并未对流向是并流或逆流做出规定，故这个结果对并流和逆流都适用，只要用换热器两端热、冷流体的实际温度代入 Δt_1 和 Δt_2 就可计算出 Δt_m。通常，将两端温度差较大的一个作为 Δt_1，较小的一个作为 Δt_2，计算时比较方便。

当 $\frac{\Delta t_1}{\Delta t_2} < 2$，可用算术平均值 $\Delta t_m = \frac{\Delta t_1 + \Delta t_2}{2}$ 代替对数平均值进行计算，其误差不超过4%。算术平均值实质上就是热、冷流体进、出口温度平均值的差；对数平均值恒小于算术平均值。换热器两端温差相差越大，对数平均值就越小于算术平均值。在极限情况下，当换热器两端温差有一个为零时，对数平均温差也为零，这意味着传递指定的热量，需要无限大的传热面积。用这个观点来分析逆流和并流操作的差别，在冷、热流体进出口温度各自相同的条件下，由于并流操作两端温差相差较大，其对数平均值必小于逆流操作。因此，就增加传热过程推动力而言，逆流操作优于并流操作，可以减少传热面积（见例 4-9）。

逆流操作的另一优点是有可能节约冷却剂或加热剂的用量。因为并流时，t_2 总是低于 T_2；而逆流时，t_2 却可能高于 T_2（参见图 4-20）。这样，对于同样的传热量，逆流冷却时，冷却介质的温升可比并流时大，冷却剂的用量就可少些。同理，逆流加热时，加热剂的用量也可少于并流。当然，在这种情况下，平均温差和传热面积都将变化，逆流的平均温度差就不一定比并流大。

● **【例 4-9】** 如图 4-22 所示，现用一列管式换热器加热原油，原油流量为 2000kg/h，要求从 60℃加热至 120℃。某加热剂进口温度为 180℃，出口温度为 140℃，试求：①并

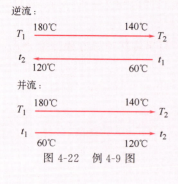

图 4-22 例 4-9 图

流和逆流的平均温差;②若原油的比热容为 $3kJ/(kg \cdot ℃)$, 并流、逆流时的 K 均为 $100W/(m^2 \cdot ℃)$, 求并流和逆流时所需的传热面积;③若要求加热剂出口温度降至 $120℃$, 此时逆流和并流的 Δt_m 和所需的传热面积又是多少？逆流时的加热剂量可减少多少（设加热剂的比热容和 K 不变)?

解 ① $\Delta t_1 = T_2 - t_1 = 140 - 60 = 80℃$

$\Delta t_2 = T_1 - t_2 = 180 - 120 = 60℃$

$$\Delta t_{m逆} = \frac{\Delta t_1 - \Delta t_2}{\ln \frac{\Delta t_1}{\Delta t_2}} = \frac{80 - 60}{\ln \frac{80}{60}} = 69.5℃$$

$\Delta t_1 = T_1 - t_1 = 180 - 60 = 120℃$

$\Delta t_2 = T_2 - t_2 = 140 - 120 = 20℃$

$$\Delta t_{m并} = \frac{120 - 20}{\ln \frac{120}{20}} = 55.8℃$$

② 计算热负荷 $Q = W_c c_{pc}(t_2 - t_1) = \frac{2000}{3600} \times 3 \times 10^3 \times (120 - 60) = 10^5 W$

$$A_逆 = \frac{Q}{K \Delta t_{m逆}} = \frac{10^5}{100 \times 69.5} = 14.4 m^2$$

$$A_并 = \frac{Q}{K \Delta t_{m并}} = \frac{10^5}{100 \times 55.8} = 17.9 m^2$$

③ 并流时 $\Delta t_2 = 120 - 120 = 0$, $\Delta t_{m并} = 0$, $A_并 = \infty$

逆流时 $\Delta t_1 = 120 - 60 = 60℃$, $\Delta t_2 = 180 - 120 = 60℃$

$$\Delta t_{m逆} = \frac{\Delta t_1 + \Delta t_2}{2} = 60℃, \quad A_逆 = \frac{10^5}{100 \times 60} = 16.7 m^2$$

因为 Q 不变,故 $\dfrac{W'_h}{W_h} = \dfrac{c_{ph}(T_1 - T_2)}{c_{ph}(T_1 - T'_2)} = \dfrac{180 - 140}{180 - 120} = \dfrac{2}{3}$

计算表明,加热剂的用量比原来减少了 $\dfrac{1}{3}$,但所需的传热面积增大了。

（三）折流和错流的平均温度差

在大多数的间壁式换热器中,两流体并非做简单的并流或逆流,而取比较复杂的流动形式。若参与换热的两种流体在传热面两侧彼此呈垂直方向流动,称为**错流**;若一侧流体只沿一个方向流动,另一侧流体反复折流,称为**简单折流**;若两侧流体均做折流,或既有折流又有错流,则称为**复杂折流**。

对于错流和折流时的平均温度差,可先按逆流进行计算,然后再乘以校正系数 ψ。即

$$\Delta t_m = \psi \Delta t_{m逆} \tag{4-50}$$

校正系数 ψ 与冷、热两种流体进、出口温度的变化量有关。定义：

$$R = \frac{T_1 - T_2}{t_2 - t_1} = \frac{\text{热流体的温降}}{\text{冷流体的温升}}$$

$$P = \frac{t_2 - t_1}{T_1 - t_1} = \frac{\text{冷流体的温升}}{\text{两流体的最初温差}}$$

根据 R、P 这两个参数，可从相应的图中查出 ψ 值。

图 4-23 给出了几种常见流动形式的温差校正系数与 R、P 的关系。对于列管式换热器，流体走完换热器管束或管壳的一个全长称为一个行程。管内流动的行程称为 管程，流体流过管束一次为单管程，往返多次为多管程；管外流动的行程称为 壳程，流体流过壳体一次为单

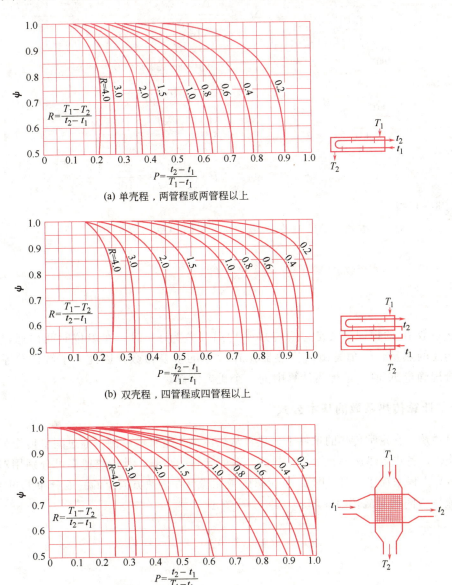

(a) 单壳程，两管程或两管程以上

(b) 双壳程，四管程或四管程以上

(c) 错流（两流体之间不混合）

图 4-23 几种流动形式的 Δt_m 修正系数 ψ 值

壳程，往返多次为多壳程［参见第六节一、（五）］。

由于校正系数 ψ 恒小于 1，故折流、错流时的平均温度差总小于逆流。在设计时要注意使 ψ 大于 0.8，否则经济上不合理，也影响换热器操作的稳定性，因为此时若操作温度稍有变动（P 略增大），将会使 ψ 值急剧下降。所以，当计算得出的 ψ 小于 0.8 时，应改变流动方式后重新计算。

● **【例 4-10】** 如图 4-24 所示，在一单壳程、四管程的列管式换热器中，用水冷却油。冷水在壳程流动，进口温度为 15℃，出口温度为 32℃。油的进口温度为 100℃，出口温度为 40℃。试求两流体间的平均温度差。

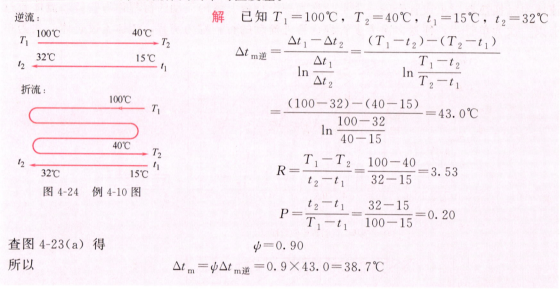

图 4-24 例 4-10 图

解 已知 $T_1=100℃$，$T_2=40℃$，$t_1=15℃$，$t_2=32℃$

$$\Delta t_{m逆}=\frac{\Delta t_1-\Delta t_2}{\ln\frac{\Delta t_1}{\Delta t_2}}=\frac{(T_1-t_2)-(T_2-t_1)}{\ln\frac{T_1-t_2}{T_2-t_1}}$$

$$=\frac{(100-32)-(40-15)}{\ln\frac{100-32}{40-15}}=43.0℃$$

$$R=\frac{T_1-T_2}{t_2-t_1}=\frac{100-40}{32-15}=3.53$$

$$P=\frac{t_2-t_1}{T_1-t_1}=\frac{32-15}{100-15}=0.20$$

查图 4-23(a) 得 $\psi=0.90$

所以 $\Delta t_m=\psi\Delta t_{m逆}=0.9\times43.0=38.7℃$

▲ 学习本节后可做习题 4-13～4-15，思考题 4-9。

四、传热系数

传热系数 K 的物理意义是：当传热平均温度差为 1℃ 时，在单位时间内通过单位传热面积所传递的热量。K 值是衡量换热器工作效率的重要参数。因此，了解传热系数的影响因素，合理确定 K 值，是传热计算中的一个重要问题。

（一）计算传热系数的基本公式

前已述及，在定常传热的条件下，热量从热流体传至管壁一侧，通过间壁传至另一侧后又传给冷流体，各步传热速率必然是相同的。对应于每一步骤，其传热速率可分别用对流传热方程或热传导方程来描述。对于图 4-21 所取的微元段（在传热方向上的温度分布见图 4-9），有

热流体一侧的对流传热速率：

$$dQ=\alpha_o(T-T_w)dA_o=\frac{T-T_w}{\frac{1}{\alpha_o dA_o}} \tag{4-51}$$

通过管壁的热传导速率：

$$dQ = \frac{\lambda}{\delta}(T_w - t_w)dA_m = \frac{T_w - t_w}{\dfrac{\delta}{\lambda dA_m}} \qquad (4\text{-}52)$$

冷流体侧的对流传热速率：

$$dQ = \alpha_i(t_w - t)dA_i = \frac{t_w - t}{\dfrac{1}{\alpha_i dA_i}} \qquad (4\text{-}53)$$

式中 α_i、α_o——分别为管内、外侧流体的对流传热系数，$W/(m^2 \cdot ℃)$；

dA_i、dA_o、dA_m——分别为以管内侧面积、管外侧面积和管平均面积表示的微元段传热面积，m^2。

由式(4-51)、式(4-52)及式(4-53)可得

$$dQ = \frac{T - t}{\dfrac{1}{\alpha_o dA_o} + \dfrac{\delta}{\lambda dA_m} + \dfrac{1}{\alpha_i dA_i}} = \frac{传热总推动力}{传热总阻力} \qquad (4\text{-}54)$$

与传热速率方程微分式（4-46）比较可得：

$$\frac{1}{K dA} = \frac{1}{\alpha_o dA_o} + \frac{\delta}{\lambda dA_m} + \frac{1}{\alpha_i dA_i} \qquad (4\text{-}55)$$

上式说明：对于圆筒壁传热，传热系数 K 将随所取的传热面积 A 的不同而异，但 KdA 的乘积不变。若以管外表面积为基准，取 $dA = dA_o$，得

$$\frac{1}{K_o} = \frac{dA_o}{\alpha_o dA_o} + \frac{\delta dA_o}{\lambda dA_m} + \frac{dA_o}{\alpha_i dA_i} = \frac{1}{\alpha_o} + \frac{\delta d_o}{\lambda d_m} + \frac{d_o}{\alpha_i d_i} \qquad (4\text{-}56)$$

同理，若以管内表面积为基准，取 $dA = dA_i$，则得

$$\frac{1}{K_i} = \frac{1}{\alpha_i} + \frac{\delta d_i}{\lambda d_m} + \frac{d_i}{\alpha_o d_o} \qquad (4\text{-}56a)$$

式中 d_i、d_o、d_m——分别为换热管的内径、外径和平均直径，m。

在传热计算中，用内表面积或外表面积作为传热面积计算结果相同。但工程习惯上以管外表面积作为计算的传热面积，故以下的传热系数 K 都是相对应于管外表面积的。

从上述推导过程看，这里的 K 是对应于微元面积 dA 的局部传热系数。严格地讲，在换热器中，流体的温度不断地沿传热面而变（流体有相变时除外），因此，流体的物性、对流传热系数及传热系数都会有所变化。但是，工程计算中所使用的对流传热系数是按系统定性温度所确立的物性参数计算得到的，可视为常数，因而用式(4-56)求得的 K 值也可作为全部传热面上的平均值，而视为常数。

比较式(4-51)和式(4-54)知，在传热速率计算中，对流传热系数是与流体和壁面的温差相联系的，但传热系数则直接和热、冷流体的温差相联系。因此，根据式(4-56)由壁两侧的 α_i 和 α_o 求出 K 后，即可使用式(4-41)计算传热系数，而不必再去计算未知的壁温值，比较简捷。

（二）污垢热阻

以上推导过程中，未涉及传热面上存在污垢的影响。实际上，换热器在运转一段时间后，在传热管的内、外两侧都会有不同程度的污垢沉积，使传热速率减小。实践证明，表面污垢会产生相当大的热阻，在传热计算中，污垢热阻常常不能忽略。由于污垢热阻的厚度和热导率难以测量，工程计算时，通常是根据经验选用污垢热阻值。表 4-7 列出了工业上常见流体污垢热阻的大致范围以供参考。

表 4-7 常见流体的污垢热阻

流 体	污垢热阻 $R_s / m^2 \cdot K \cdot kW^{-1}$	流 体	污垢热阻 $R_s / m^2 \cdot K \cdot kW^{-1}$
水（1m/s,$t<50℃$）		水蒸气	
蒸馏水	0.09	优质（不含油）	0.052
海水	0.09	劣质（不含油）	0.09
清净的河水	0.21	往复机排出	0.176
未处理的凉水塔用水	0.58	液体	
已处理的凉水塔用水	0.26	处理过的盐水	0.264
已处理的锅炉用水	0.26	轻质有机物	0.176
硬水、井水	0.58	燃料油	1.056
气体		焦油	1.76
空气	0.26～0.53		
溶剂蒸气	0.14		

若管内、外侧流体的污垢热阻用 R_{si}、R_{so} 表示，按串联热阻的概念，传热系数 K 可由下式计算：

$$\frac{1}{K} = \frac{1}{\alpha_o} + R_{so} + \frac{\delta d_o}{\lambda d_m} + R_{si}\frac{d_o}{d_i} + \frac{d_o}{\alpha_i d_i} \tag{4-57}$$

对于易结垢的流体，换热器使用过久，污垢热阻会增加到使传热速率严重下降，故换热器要根据工作条件，定期清洗。

（三）几点讨论

① 当传热面为平壁或薄管壁时，$A_o \approx A_i \approx A_m$，式(4-57) 可简化为

$$\frac{1}{K} = \frac{1}{\alpha_o} + R_{so} + \frac{\delta}{\lambda} + R_{si} + \frac{1}{\alpha_i} \tag{4-58}$$

当使用金属薄壁管时，管壁热阻可忽略；若为清洁流体，污垢热阻也可忽略。此时

$$\frac{1}{K} \approx \frac{1}{\alpha_o} + \frac{1}{\alpha_i} \tag{4-59}$$

式(4-59) 说明传热系数 K 必小于任一侧流体的对流传热系数。

② 在实际生产中，流体的进出口温度往往受到工艺要求的制约。因此，提高 K 值是强化传热的重要途径之一。欲提高 K 值，必须设法减小起决定作用的热阻。

传热过程的总热阻是各串联热阻的叠加，原则上减小任何环节的热阻都可提高传热系数。但若各个环节的热阻具有不同的数量级时，总热阻由其中数量级最大的热阻所决定。要有效地强化传热，必须着力减小热阻中最大的一个。

③ K 值除上述计算方法外，还可选用生产实际的经验数据或直接测定。

在设计换热器时，往往可参照工艺条件相仿、在类似设备上所得的较为成熟的生产数据作为初步估算的依据。表 4-8 列出了列管式换热器中传热系数值的大致范围，可供参考。

表 4-8 列管式换热器 K 值大致范围

热流体	冷流体	传热系数 K /W·m^{-2}·℃$^{-1}$	热流体	冷流体	传热系数 K /W·m^{-2}·℃$^{-1}$
水	水	850～1700	低沸点烃类蒸汽冷凝(常压)	水	455～1140
轻油	水	340～910	高沸点烃类蒸汽冷凝(减压)	水	60～170
重油	水	60～280	水蒸气冷凝	水沸腾	2000～4250
气体	水	17～280	水蒸气冷凝	轻油沸腾	455～1020
水蒸气冷凝	水	1420～4250	水蒸气冷凝	重油沸腾	140～425
水蒸气冷凝	气体	30～300			

对现有的换热器，其传热面积已知，故可通过测定不同生产条件下两侧流体的进出口温度及其他有关数据，再用传热速率方程式计算出 K 值。通过这种查定，还可以了解传热设备的操作性能，从而寻求提高设备能力的途径。

● **【例 4-11】** 热空气在 $\phi 25 \times 2.5 \mathrm{mm}$ 的钢管外流过，对流传热系数为 $50\mathrm{W/(m^2 \cdot K)}$，冷却水在管内流过，对流传热系数为 $1000\mathrm{W/(m^2 \cdot K)}$，试求：①传热系数；②若管内对流传热系数增大一倍，传热系数有何变化？③若管外对流传热系数增大一倍，传热系数有何变化？

解 已知 $\alpha_\mathrm{o} = 50\mathrm{W/(m^2 \cdot K)}$，$\alpha_\mathrm{i} = 1000\mathrm{W/(m^2 \cdot K)}$

查表 4-1 取钢管的热导率 $\lambda = 45\mathrm{W/(m \cdot K)}$

查表 4-7 中数据，取水侧污垢热阻 $R_\mathrm{si} = 0.58 \times 10^{-3} \mathrm{m^2 \cdot K/W}$

取热空气侧污垢热阻 $R_\mathrm{so} = 0.5 \times 10^{-3} \mathrm{m^2 \cdot K/W}$

① 由式(4-57)可得

$$\frac{1}{K} = \frac{1}{\alpha_\mathrm{o}} + R_\mathrm{so} + \frac{\delta d_\mathrm{o}}{\lambda d_\mathrm{m}} + R_\mathrm{si}\frac{d_\mathrm{o}}{d_\mathrm{i}} + \frac{d_\mathrm{o}}{\alpha_\mathrm{i} d_\mathrm{i}}$$

$$= \frac{1}{50} + 0.5 \times 10^{-3} + \frac{2.5 \times 10^{-3} \times 25}{45 \times 22.5} + 0.58 \times 10^{-3} \times \frac{25}{20} + \frac{25}{1000 \times 20}$$

$$= 0.02 + 0.0005 + 0.000062 + 0.000725 + 0.00125$$

$$= 0.0225 \mathrm{m^2 \cdot K/W}$$

$$K = 44.4 \mathrm{W/(m^2 \cdot K)}$$

可见，空气侧热阻最大，占总热阻的 88.9%；管壁热阻最小，占总热阻的 0.28%。因此传热系数 K 值接近于空气侧的对流传热系数，即 α 较小的一个。

在这种情况下，若忽略管壁热阻与污垢热阻，可得 $K = 47.1\mathrm{W/(m^2 \cdot K)}$，误差约为 6%。

② 若管内对流传热系数增大一倍，其他条件不变，即

$\alpha_\mathrm{i}' = 2000 \mathrm{W/(m^2 \cdot K)}$，代入式(4-59) 可得 $\frac{1}{K'} = 0.0219$

$K' = 45.6 \mathrm{W/(m^2 \cdot K)}$

传热系数仅提高了 2.7%。

③ 若管外 α_o 增大一倍,即 $\alpha'_o = 100 \text{W/(m}^2 \cdot \text{K)}$, $\frac{1}{\alpha'_o} = 0.01$

则有 $\frac{1}{K''} = 0.0125$, $K'' = 79.8 \text{W/(m}^2 \cdot \text{K)}$

传热系数提高了近 80%。

上述计算表明:a.要有效地提高 K 值,就必须设法减小主要热阻,本例中应设法提高空气侧的对流传热系数;b.传热系数 K 总小于两侧流体的对流传热系数,而且总是接近 α 较小的一个。

▲ 学习本节后可做习题 4-16~4-19。

五、传热计算示例与分析

与其他单元操作的计算相同,传热计算也分为设计型与操作型两类。设计型计算是根据已定的生产要求,确定所需的换热面积;操作型计算用于判断一个现有的换热器能否完成指定的生产任务,或者预测某些参数的变化对换热能力的影响。两类计算均以热量衡算方程和传热速率方程为基础,但要计算的未知量不同,计算的步骤也有差别。

以无相变化双侧变温传热为例,有:
$$Q = W_h c_{ph} (T_1 - T_2) = W_c c_{pc} (t_2 - t_1) = K A \Delta t_m$$

三个方程中包含 Q、W_h、W_c、T_1、T_2、t_1、t_2、K、A 九个独立变量,c_{ph}、c_{pc} 一般为可知物性参数,Δt_m 是冷、热流体进、出口温度的函数,不是独立变量。因此,需给出其中六个独立变量才能解出其余三个未知变量。

(一)设计型计算示例

● **【例 4-12】** 某厂要求将流量为 1.25kg/s 的苯由 80℃冷却至 30℃,冷却水走管外与苯逆流换热,进口水温 20℃,出口不超过 50℃。已知苯侧和水侧的对流传热系数分别为 850W/(m²·℃)和 1700W/(m²·℃),污垢热阻和管壁热阻可略,试求换热器的传热面积;已知苯的平均比热容为 1.9kJ/(kg·℃),水的平均比热容为 4.18kJ/(kg·℃)。

解 $Q = W_h c_{ph} (T_1 - T_2) = 1.25 \times 1.9 \times 10^3 \times (80 - 30) = 1.19 \times 10^5 \text{W}$

根据题意 $\frac{1}{K} = \frac{1}{\alpha_o} + \frac{1}{\alpha_i} = \frac{1}{1700} + \frac{1}{850} = 1.77 \times 10^{-3}$

$K = 565 \text{W/(m}^2 \cdot \text{℃)}$

对逆流换热,两端流体温度如图 4-25 所示。

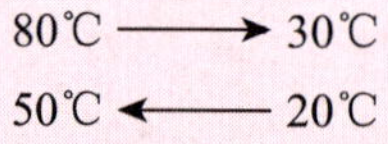

```
80℃ ──→ 30℃
50℃ ←── 20℃
```
图 4-25 例 4-12 图

$$\Delta t_m = \frac{\Delta t_1 - \Delta t_2}{\ln \frac{\Delta t_1}{\Delta t_2}} = \frac{(80 - 50) - (30 - 20)}{\ln \frac{80 - 50}{30 - 20}} = 18.2 \text{℃}$$

$$A = \frac{Q}{K \Delta t_m} = \frac{1.19 \times 10^5}{565 \times 18.2} = 11.6 \text{m}^2$$

此题已知 W_h、T_1、T_2、t_1、t_2 和 K(通过关系式算出),可解出 Q、A 和 W_c,是

较典型的设计型计算题,要求熟练掌握。

应予指出,实际换热器设计中,设计者通常需要对给定变量的数值做出一系列的选择,计算也要复杂得多,这一点在第六节中还要讨论。

若已知 Q、W_h、T_1、T_2、t_1、t_2 六个量能否求出其余未知量 K、W_c 和 A,为什么?

(二)操作型计算示例

● 【例 4-13】 如图 4-26 所示,某厂使用初温为 25℃的冷却水将流量为 1.4kg/s 的气体从 50℃逆流冷却至 35℃,换热器的面积为 20m²,经测定传热系数约为 230W/(m²·℃)。已知气体平均比热容为 1.0kJ/(kg·℃),试求冷却水用量及出口温度。

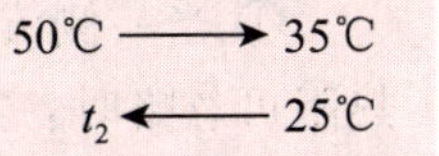

图 4-26 例 4-13 图

解 $Q = W_h c_{ph}(T_1 - T_2) = 1.4 \times 1.0 \times 10^3 \times (50-35) = 2.1 \times 10^4 \text{W}$

取冷却水的平均比热容为 4.18kJ/(kg·℃),则

$$W_c = \frac{Q}{c_{pc}(t_2 - t_1)} = \frac{2.1 \times 10^4}{4.18 \times 10^3 \times (t_2 - 25)} \tag{A}$$

根据传热速率方程 $Q = KA\Delta t_m$ 和流体两端温度的关系:

$$2.1 \times 10^4 = 230 \times 20 \times \frac{(50-t_2)-(35-25)}{\ln \dfrac{50-t_2}{35-25}} \tag{B}$$

试差求解式(B) 得 $t_2 = 48.4℃$

将 t_2 代入式(A) 得 $W_c = 0.215$kg/s

由于冷流体的流量和出口温度均未知,此题必须通过试差才能求解。但是,如果 Δt_m 可用算术平均值代替,就无需试差了。通常,可先用算术平均值代入公式求出试差初值,以节约试差时间。此外,冷流体的平均比热容是温度的函数,理论上也需要在解出 t_2 以后才能确定,但 c_{pc} 的数值随温度的变化并不大,取其估计值,对工程计算还是允许的。

● 【例 4-14】 某套管换热器,空气从管内流过,温度从 t_1 升至 t_2,管间为水蒸气冷凝,管壁及污垢热阻均可忽略。现欲使空气流量增大一倍,并要求空气出口温度不变,问加热管需比原来长多少倍?

解 由于管壁及污垢热阻可略,可用式(4-59)计算 K 值:

$$\frac{1}{K} = \frac{1}{\alpha_o} + \frac{1}{\alpha_i}$$

又因为管内空气强制对流的 α_i 远远小于管间的水蒸气冷凝的 α_o,所以 $K \approx \alpha_i$

原工况: $Q = W_h r_h = W_c c_{pc}(t_2 - t_1) = KA\Delta t_m$ (A)

新工况: $Q' = W_h' r_h = W_c' c_{pc}(t_2 - t_1) = K'A'\Delta t_m$ (B)

由题给条件知 $W_c' = 2W_c$,Δt_m 未变,空气的物性未变。

由式(4-17) 知：$\alpha_i \propto Re^{0.8} \propto W^{0.8}$，$\dfrac{\alpha'_i}{\alpha_i} = \left(\dfrac{W'_c}{W_c}\right)^{0.8} = 2^{0.8}$

所以 $\qquad\qquad\qquad K' \approx \alpha'_i = 2^{0.8}\alpha_i \approx 2^{0.8}K$

由式(B)/式(A) 得 $\qquad 2 = \dfrac{K'}{K} \times \dfrac{A'}{A} = \dfrac{K'}{K} \times \dfrac{l'}{l} = 2^{0.8} \dfrac{l'}{l}$

所以 $\qquad\qquad\qquad\qquad \dfrac{l'}{l} = 1.15$

即换热器的管长需增加 15%。

通过本例需要指出以下几点。

① 当一侧流体的对流传热系数小于另一侧的传热系数一个数量级以上且管壁及污垢热阻可忽略时，在工程计算时可近似认为前者约等于传热系数，这也是常用的简化关系。做题时要灵活运用对流传热的知识分析题意，使之合理简化从而获知 K 值或条件变化对 K 值的影响。

② 流体在圆管内强制湍流的传热系数关系式(4-17) 常用且重要。在管径不变、物性也近似不变时，可利用 $\alpha \propto Re^{0.8} \propto u^{0.8} \propto W^{0.8}$ 的关系分析传热系数随流量或流速的变化。

③ 当需要了解某一给定变量发生变化对待求变量的影响时，可直接将新工况与原工况下包含这些变量的公式进行对比，消去未发生变化的各项，往往即可得出所求的结论。

*●【例 4-15】 如图 4-27 所示，有一单程逆流换热器，热空气走管外，$\alpha_o = 50\text{W}/(\text{m}^2 \cdot \text{℃})$，$T_1 = 120\text{℃}$，$T_2 = 80\text{℃}$；冷却水走管内，$\alpha_i = 2000\text{W}/(\text{m}^2 \cdot \text{℃})$，$t_1 = 15\text{℃}$，$t_2 = 90\text{℃}$。管壁和污垢热阻可略。当冷却水流量增大一倍时，试求：①水和空气的出口温度 t'_2 和 T'_2；②传热速率 Q' 比原来增大多少。

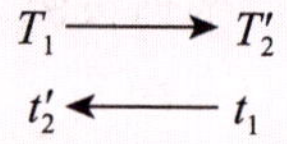

图 4-27 例 4-15 图

解 ① 使用新、旧工况对比法求解。

原工况： $\qquad Q = W_h c_{ph}(T_1 - T_2) = W_c c_{pc}(t_2 - t_1) = KA\Delta t_m$ （A）

新工况： $\qquad Q' = W_h c_{ph}(T_1 - T'_2) = W'_c c_{pc}(t'_2 - t_1) = K'A\Delta t'_m$ （B）

由题给条件知 $W'_c = 2W_c$

式(A)/式(B) 得 $\qquad \dfrac{T_1 - T_2}{T_1 - T'_2} = \dfrac{t_2 - t_1}{2(t'_2 - t_1)} = \dfrac{K\Delta t_m}{K'\Delta t'_m}$ （C）

因为 $\dfrac{1}{K} = \dfrac{1}{\alpha_o} + \dfrac{1}{\alpha_i} = \dfrac{1}{50} + \dfrac{1}{2000} = 0.0205$

$K = 48.8 \text{W}/(\text{m}^2 \cdot \text{℃})$

$\dfrac{\alpha'_i}{\alpha_i} = \left(\dfrac{W'_c}{W_c}\right)^{0.8} = 2^{0.8}$，$\alpha'_i = 2^{0.8}\alpha_i$

所以 $\qquad \dfrac{1}{K'} = \dfrac{1}{\alpha'_i} + \dfrac{1}{\alpha_o} = \dfrac{1}{2^{0.8} \times 2000} + \dfrac{1}{50} = 0.0203$

$K' = 49.3 \text{W}/(\text{m}^2 \cdot \text{℃})$

将已知条件代入式(C)，用试差法可解出 T'_2 和 t'_2。但如经过适当的数学处理，也可以避免试差。

如图 4-27 所示，在逆流条件下：

$$\Delta t_m = \frac{(T_1-t_2)-(T_2-t_1)}{\ln\dfrac{T_1-t_2}{T_2-t_1}} = \frac{(120-90)-(80-15)}{\ln\dfrac{120-90}{80-15}} = 45.3℃$$

$$\Delta t'_m = \frac{(T_1-t'_2)-(T'_2-t_1)}{\ln\dfrac{T_1-t'_2}{T'_2-t_1}} = \frac{(T_1-T'_2)-(t'_2-t_1)}{\ln\dfrac{T_1-t'_2}{T'_2-t_1}} \quad (D)$$

为了避免试差，需要设法消去 $\Delta t'_m$ 中的分子项，使分母项可以解出。按此思路，运用等比定理整理式(C) 为：

$$\frac{T_1-T_2}{T_1-T'_2} = \frac{(T_1-T_2)-0.5(t_2-t_1)}{(T_1-T'_2)-(t'_2-t_1)} = \frac{K\Delta t_m}{K'\dfrac{(T_1-T'_2)-(t'_2-t_1)}{\ln\dfrac{T_1-t'_2}{T'_2-t_1}}} \quad (E)$$

所以

$$\ln\frac{T_1-t'_2}{T'_2-t_1} = \frac{K'}{K} \times \frac{(T_1-T_2)-0.5(t_2-t_1)}{\Delta t_m}$$

$$= \frac{49.3}{48.8} \times \frac{(120-80)-0.5\times(90-15)}{45.3} = 0.0558$$

即

$$\frac{T_1-t'_2}{T'_2-t_1} = \frac{120-t'_2}{T'_2-15} = e^{0.0558} = 1.057 \quad (F)$$

由式(C)：

$$\frac{120-80}{120-T'_2} = \frac{90-15}{2(t'_2-15)} \quad (G)$$

联解 (F)、(G) 两式，得 $\quad t'_2 = 61.9℃ \quad T'_2 = 69.9℃$

②
$$\frac{Q'}{Q} = \frac{T_1-T'_2}{T_1-T_2} = \frac{120-69.9}{120-80} = 1.25$$

即传热速率增加了 25%。

① 本例说明解题中首先要弄清某一操作条件变化会引起哪些量发生变化。题中由于 $W_c \to W'_c$，使 $t_2 \to t'_2$、$T_2 \to T'_2$、$\Delta t_m \to \Delta t'_m$；同时由于 $\alpha_i \propto W_c^{0.8}$，所以有 $\alpha_i \to \alpha'_i$，$K \to K'$，以及 $Q \to Q'$。

② 对操作型题，经常使用对比法求解。此时往往假设流体的物性未变，这会带来一些误差，但作为工程计算是允许的。

③ 要了解用方程联立求解以代替试差的数学处理方法。请读者自行分析如两流体为并流换热，如何处理才能避免试差。

④ 本例中，气侧为传热控制步骤，冷却水量增大，传热系数基本未变，热流量的变化主要是平均推动力增大的结果。

通过对操作型问题的计算和分析，可以了解如何对传热过程实施调节。例如，若换热的目的是热流体冷却，当热流体的流量或进口温度发生变化，而工艺要求其出口温度保持原数值不变，可通过调节冷却介质的流量来改变换热器内的传热速率。

如果冷流体的对流传传系数远大于热流体的对流传热系数，调节冷却介质的流量，K 基本上不会变化，调节作用主要靠 Δt_m 变化（如例 4-15）；如果冷流体的对流传热系数远小于热流体或与之相当，改变冷却介质的流量，会使 Δt_m 和 K 皆有较大的变化，因此调节作用较强。

但若换热器在原工况下冷却介质的温升已经很小，则增大冷却介质流量不会使 Δt_m 有较大增加。此时，若热流体对流传热不是控制步骤，增大冷却介质流量可使 K 值增大，从而提高传热速率；若热流体对流传热是控制步骤，增大冷却介质的流量则无调节作用。

当然，改变冷却介质的进口温度也会有效地改变 Δt_m，但往往受到客观工程条件的限制（参见本节内容六）。

对于以加热冷流体为目的的传热过程，也可通过改变加热介质有关参数予以调节，其作用原理相同。

在进行操作型传热计算时，若出口温度 T_2 和 t_2 均为未知，计算相当复杂。此时使用传热效率-传热单元数法计算比较简便，请参阅有关手册。

（三）壁温计算

在某些对流传热系数关联式中，需知壁温才能计算；在选择换热器的类型和管子材料时，也需要知道壁温。

对于定常的传热过程，将对流传热方程和热传导方程联立求解，就可以求出管壁两侧的温度。在一般管壁较薄的情况下，金属壁的热阻很小，可认为管壁两侧温度基本相等。

设管内、外截面上流体的平均温度为 t_i 和 t_o，取管壁温度为 t_w，如考虑污垢热阻的影响，壁温可用下式计算：

$$\frac{t_o-t_w}{t_w-t_i}=\frac{\frac{1}{\alpha_o}+R_{so}}{\frac{1}{\alpha_i}+R_{si}} \tag{4-60}$$

此式表明，传热面两侧温差之比，等于两侧热阻之比，故壁温 t_m 必接近于热阻较小一侧流体的温度。

【例 4-16】 某废热锅炉中，管内高温气体进口温度 550℃，$\alpha_i=150\text{W}/(\text{m}^2\cdot℃)$；管外水在 300kPa（绝压）下沸腾，$\alpha_o=10^4\text{W}/(\text{m}^2\cdot℃)$。试求以下两种情况下的传热系数和壁温：①管壁清洁无垢；②外侧有污垢存在，$R_{so}=0.005\text{m}^2\cdot℃/\text{W}$。

解 ① $\dfrac{1}{K}=\dfrac{1}{\alpha_o}+\dfrac{1}{\alpha_i}=\dfrac{1}{10^4}+\dfrac{1}{150}=6.77\times10^{-3}$

$K=148\text{W}/(\text{m}^2\cdot℃)$

在 300kPa（绝压）下，水的饱和温度为 133.3℃。

由式(4-60) 得：$\dfrac{t_o-t_w}{t_w-t_i}=\dfrac{\dfrac{1}{\alpha_o}}{\dfrac{1}{\alpha_i}}$

所以
$$\frac{133.3-t_w}{t_w-550}=\frac{\frac{1}{10^4}}{\frac{1}{150}}$$
$$t_w=139.5℃$$

计算表明，传热系数 K 接近于 α 小的一个，而壁温接近于热阻小（α 大）的一侧的流体温度，在题中为沸腾液体的温度。

② 因为 $R_{so}=0.005\text{m}^2\cdot℃/\text{W}$

$$\frac{1}{K}=\frac{1}{\alpha_o}+R_{so}+\frac{1}{\alpha_i}=\frac{1}{10^4}+0.005+\frac{1}{150}$$
$$=1.18\times10^{-2}$$
$$K=84.7\text{W}/(\text{m}^2\cdot℃)$$

$$\frac{133.3-t_w}{t_w-550}=\frac{\frac{1}{10^4}+0.005}{\frac{1}{150}}=0.765$$

$$t_w=313.9℃$$

管外侧存在污垢热阻使传热系数急剧下降而壁温大为升高。因此锅炉必须定期除去水垢，以免管壁温度过高而导致烧毁甚至引起爆炸事故。

▲ 学习本节后可做习题 4-20～4-25，思考题 4-10、4-11。

六、工业热源与冷源

工业上的传热过程有以下三种情况。

① 一种工艺流体被加热或沸腾，另一侧使用外来工业热源，热源温度应高于工艺流体的出口温度。

② 一种工艺流体被冷却或冷凝，另一侧使用外来工业冷源，冷源温度应低于工艺流体的出口温度。

③ 需要冷却的高温工艺流体同需要加热的低温工艺流体之间进行换热，其目的是节约外来热源和冷源以降低操作成本。但工艺流体的温度以及能用于交换的能量是由工艺过程本身决定的，不能任意选择，往往还需要消耗一些外来热源或冷源使流体达到要求的温度。

因此，在化工生产中，不可避免地要使用外来工业热源和冷源，其能源消耗在成本中占相当大的比例。

对热源和冷源的一般要求如下。

① 温度必须满足工艺要求。

② 易于输送、使用和调节。

③ 腐蚀性小，稳定性好，不易结垢，价廉易得。

工业上常用的热源如下。

① 电热。其特点是加热的温度范围很广，便于控制和调节，但使用成本很高，一般只在特殊要求的场合使用。

第四章 传热

② 饱和水蒸气。这是最常用的工业热源，它的对流传热系数高，可用调节压强（如通过减压阀）的方法来调节温度。由于高压蒸汽直接作为热源并不经济，故饱和蒸汽温度一般不超过 180℃（相应的表压为 0.9MPa）。

③ 热水。可使用低压蒸汽通入冷水中制取，如果使用量大，也可直接使用锅炉热水。

④ 烟道气。常用于需要高温加热的场合，但其传热系数低，温度也不易控制。

⑤ 其他高温载热体。当需要将流体加热到较高温度，也可使用矿物油、联苯混合物、熔盐等。

这些工业热源及其适用温度范围见表 4-9。

表 4-9　工业热源及其适用温度范围

加热剂	热水	饱和蒸汽	矿物油	联苯混合物（俗称道生油）	熔盐（KNO_3 53%，$NaNO_2$ 40%，$NaNO_3$ 7%）	烟道气
适用温度/℃	40~100	100~180	180~250	255~380	142~530	500~1000

常用的工业冷源如下。

① 冷却用水。如河水、井水、城市水厂给水等，水温随地区和季节而变。深井水的水温较低而稳定，一般在 15~20℃ 左右。水的冷却效果好，也最为常用。随水的硬度不同，对换热后的水出口温度有一定限制，一般不宜超过 60℃，在不易清洗的场合不宜超过 50℃，以免水垢的迅速生成。

② 空气。在缺乏水资源的地方可采用空气冷却，其主要缺点是传热系数低、需要的传热面积大。

③ 低温冷却剂。如果要求将物料冷到环境温度以下可使用低温盐水、液氨、液氮等作为冷源，由于需要消耗额外的机械能量，故成本较高。

热源和冷源的用量和进、出口温度，对传热过程的温差和传热系数有很大影响，从而影响设备投资和操作费用。因此，要正确选用适宜温度的热源和冷源，并确定其适宜用量和出口温度。

*第五节　热辐射

一、热辐射的基本概念

（一）热辐射概述

理论上，物体在一定温度下可以同时发射波长从零到无穷大的各种电磁波。但能被物体吸收并转变为热能的热辐射波长在 0.38~1000μm 之间，大多集中于 0.76~20μm 之间的红外线区段。

热辐射就其本质而言和光辐射完全相同，区别仅在于波长不同。故热辐射也遵循光辐射的折射、反射定律，在均一介质中做直线传播。在真空和有些气体中可完全透过。

如图 4-28 所示。若投射在某一物体上的总辐射能为 Q，有部分能量 Q_A 被吸收，部分能量 Q_R 被反射，部分能量 Q_D 透过物体。按能量守恒定律

$$Q = Q_A + Q_R + Q_D \qquad (4-61)$$

或

$$\frac{Q_A}{Q} + \frac{Q_R}{Q} + \frac{Q_D}{Q} = 1$$

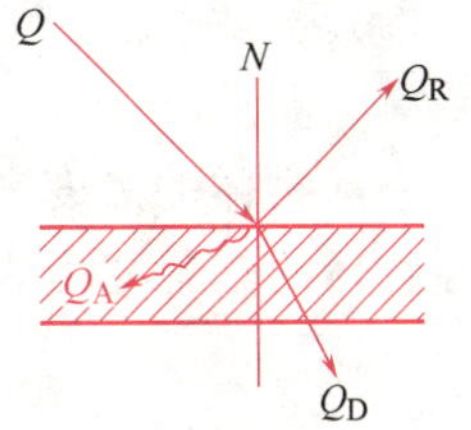

图 4-28 辐射能的吸收、反射和透过

式中各比值 $\frac{Q_A}{Q} = A$，$\frac{Q_R}{Q} = R$ 和 $\frac{Q_D}{Q} = D$ 依次称为该物体对辐射的 吸收率、反射率和透过率，于是上式可写为

$$A + R + D = 1 \qquad (4-61a)$$

物体的吸收率、反射率和透过率的大小，与该物体的性质、温度、相态以及表面状况等因素有关。固体和液体，在一般情况下不能透过热辐射，故透过率 $D \approx 0$；单原子和由对称双原子构成的气体（如 He、O_2、N_2 等），一般可视为透热体，即 $D \approx 1$；而多原子与不对称双原子气体（如 CO、CO_2、H_2O 等）则能有选择地吸收某些波段范围的辐射能。

物体的吸收率 A，表示物体吸收辐射的能力。当 $A = 1$，这种物体称为绝对黑体或黑体。实际上绝对黑体并不存在，但有些物体比较接近黑体，如无光泽的黑漆表面 $A = 0.96 \sim 0.98$。引入黑体的概念是研究和处理实际问题的需要，可以作为一种比较标准。

（二）黑体的辐射能力——斯蒂芬-玻尔兹曼定律

黑体的辐射能力 E_0，即单位时间内单位黑体表面向外界辐射的全部波长的总能量。理论证明

$$E_0 = \sigma_0 T^4 \quad (\text{W/m}^2) \qquad (4-62)$$

式中　σ_0——黑体的辐射常数，$\sigma_0 = 5.67 \times 10^{-8}$，$W/(m^2 \cdot K^4)$；

　　　T——黑体的绝对温度，K。

式 (4-62) 称为斯蒂芬-玻尔兹曼定律。为了使用方便，通常将此式写为

$$E_0 = C_0 \left(\frac{T}{100}\right)^4 \qquad (4-63)$$

式中　C_0——黑体的辐射系数，其值为 $5.67 W/(m^2 \cdot K^4)$。

由式 (4-63) 知，黑体的辐射能力与其绝对温度的四次方成正比，表明它对温度十分敏感，低温时辐射能往往可以忽略，高温时则往往成为传热的主要方式。

• 【例 4-17】　试计算某一黑体表面温度分别为 37℃ 和 637℃ 时的辐射能力。

解　黑体在 37℃ 时，$E_{01} = C_0 \left(\frac{T_1}{100}\right)^4 = 5.67 \times \left(\frac{273 + 37}{100}\right)^4 = 523.6 W/m^2$

黑体在 637℃ 时，$E_{02} = C_0 \left(\frac{T_2}{100}\right)^4 = 5.67 \times \left(\frac{273 + 637}{100}\right)^4 = 3.89 \times 10^4 W/m^2$

（三）实际物体的辐射能力

在同一温度下，实际物体的辐射能力恒小于黑体的辐射能力。不同物体的辐射能力也有很大差别。实际物体与同温度黑体的辐射能力的比值称为该物体的黑度，用 ε 表示，可用实验测定。

$$\varepsilon = \frac{E}{E_0} \tag{4-64}$$

实际物体的黑度表征其辐射能力的大小,其值恒小于 1。由式(4-63)和式(4-64),可将实际物体的辐射能力表示为

$$E = \varepsilon E_0 = \varepsilon C_0 \left(\frac{T}{100}\right)^4 \tag{4-65}$$

物体的黑度不单纯是颜色的概念。实验证明,物体的黑度主要取决于物体的性质、表面温度和表面状况(如粗糙度、氧化程度)等。表 4-10 给出了某些常见材料的黑度值。由此表可以看出,金属表面的粗糙程度对黑度 ε 影响较大。非金属材料的黑度值通常都较高,一般在 0.85~0.95 之间,在缺乏资料时,可近似取 0.90。

表 4-10 常用工业材料的黑度 ε 值

材 料	温 度/℃	黑度 ε	材 料	温 度/℃	黑度 ε
红砖	20	0.93	铜(氧化的)	200~600	0.57~0.87
耐火砖	—	0.8~0.9	铜(磨光的)	—	0.03
钢板(氧化的)	200~600	0.8	铝(氧化的)	200~600	0.11~0.19
钢板(磨光的)	940~1100	0.55~0.61	铝(磨光的)	225~575	0.039~0.057
铸铁(氧化的)	200~600	0.64~0.78			

(四)灰体的辐射能力和吸收能力——克希荷夫定律

实际物体的吸收率与入射的辐射波长的关系比较复杂。为了使辐射传热工程问题得到简化,引入灰体的概念。**灰体**是对各种辐射波长具有相同吸收率的理想化物体。实验表明,大多数工程材料,对于波长在 0.76~20μm 范围内的这部分热辐射能,其吸收率随波长的变化不大,故可将这些实际物体视为灰体。灰体的辐射能力也可用黑度 ε 来表征。

关于灰体的吸收率,已经证明:同一灰体的吸收率与其黑度在数值上相等,即

$$A = \varepsilon \tag{4-66}$$

此式称为**克希荷夫定律**。该式表明,灰体的辐射能力越大,其吸收能力也越大。因此,实际物体对投入辐射的吸收率均可近似地用其黑度的数值。根据黑度的定义,式(4-66)也可表示为

$$\frac{E}{A} = E_0 \tag{4-67}$$

这是克希荷夫定律的另一种表达式,它说明灰体在一定温度下的辐射能力和吸收率的比值,恒等于同温度下黑体的辐射能力。

二、两固体间的热辐射

工业上常遇到的两固体间的热辐射,通常可视为灰体间的热辐射。两固体间由于辐射而进行热传递时,从一个物体向各个方向发出的辐射能,只有一部分到达另一物体的表面,而到达的这一部分能量又有部分反射出来而不能全部吸收;同理,从另一物体表面辐射和反射出来的辐射能,也只有一部分到达对方表面,这部分能量又有一部分被吸收、另一部分被反射。这种过程不断地反复进行。因此,在计算两固体间的相互辐射时,必须考虑到两固体的

吸收率和反射率、形状和大小，以及两物体间的距离和相互位置。两固体间辐射传热总的结果，是热能从温度较高的物体传递给温度较低的物体。一般可用下式计算

$$Q_{1-2}=C_{1-2}\varphi A\left[\left(\frac{T_1}{100}\right)^4-\left(\frac{T_2}{100}\right)^4\right] \tag{4-68}$$

式中　Q_{1-2}——辐射传热速率，W；

　　　C_{1-2}——总辐射系数，W/(m²·K⁴)；

　　　A——辐射传热面积，m²，当两物体间面积不相等时，取辐射面积较小的一个（表4-11中的A_1）；

　　T_1、T_2——分别为热、冷物体表面的绝对温度，K；

　　　φ——几何因子或角系数，无因次。

对于工业上常遇到的情况，辐射面积A、角系数φ、总辐射系数C_{1-2}的求取可参见表4-11及图4-29。

表4-11　角系数值与总辐射系数计算式

序　号	辐　射　情　况	面积A	角系数φ	总辐射系数C_{1-2}
1	极大的两平行面	A_1或A_2	1	$\dfrac{C_0}{\dfrac{1}{\varepsilon_1}+\dfrac{1}{\varepsilon_2}-1}$
2	面积有限的两相等平行面	A_1	<1①	$\varepsilon_1\varepsilon_2 C_0$
3	很大的物体2包住物体1	A_1	1	$\varepsilon_1 C_0$
4	物体2恰好包住物体1 $A_2\approx A_1$	A_1	1	$\dfrac{C_0}{\dfrac{1}{\varepsilon_1}+\dfrac{1}{\varepsilon_2}-1}$
5	在3、4两种情况之间	A_1	1	$\dfrac{C_0}{\dfrac{1}{\varepsilon_1}+\dfrac{A_1}{A_2}\left(\dfrac{1}{\varepsilon_2}-1\right)}$

① φ值可由图4-29查得。

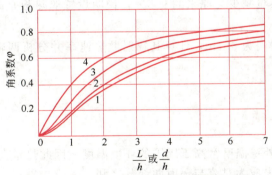

图4-29　平行面间直接辐射热交换的角系数

$\dfrac{L}{h}$或$\dfrac{d}{h}=\dfrac{\text{边长（长方形用短的边长）或直径}}{\text{辐射面间的距离}}$

1—圆盘形；2—正方形；3—长方形（边之比为2∶1）；4—长方形（狭长）

● 【例4-18】　室内有一高为0.5m，宽为1m的铸铁炉门，表面温度为627℃，室温为27℃，试求：①炉门辐射散热速率；②若炉门前很小距离处平行放置一块同样大小的

已氧化的铝质遮热板,达到定常时炉门与遮热板的辐射散热速率各为多少?

解 由表4-10取铸铁的黑度为0.78,铝板的黑度为0.15。

① 此时炉门为四壁包围,设壁温等于室温,由表4-11知:
$\varphi = 1$,$C_{1-2} = \varepsilon_1 C_0 = 0.78 C_0$,$A = A_1 = 0.5 \times 1 = 0.5 \text{m}^2$,所以

$$Q_{1-2} = C_{1-2} \varphi A_1 \left[\left(\frac{T_1}{100}\right)^4 - \left(\frac{T_2}{100}\right)^4 \right]$$

$$= 0.78 \times 5.67 \times 1 \times 0.5 \times \left[\left(\frac{273+627}{100}\right)^4 - \left(\frac{273+27}{100}\right)^4 \right]$$

$$= 1.43 \times 10^4 \text{W}$$

② 因炉门与遮热板相距很近,两者之间的辐射可视为两无限大平板间的热辐射。设遮热板的温度为T_3,由表4-11知 $C_{1-3} = \dfrac{C_0}{\dfrac{1}{\varepsilon_1} + \dfrac{1}{\varepsilon_3} - 1}$,$\varphi = 1$,$A = A_1$,所以

$$Q_{1-3} = C_{1-3} \varphi A_1 \left[\left(\frac{T_1}{100}\right)^4 - \left(\frac{T_3}{100}\right)^4 \right]$$

$$= \frac{5.67}{\frac{1}{0.78} + \frac{1}{0.15} - 1} \times 1 \times 0.5 \times \left[\left(\frac{900}{100}\right)^4 - \left(\frac{T_3}{100}\right)^4 \right] \quad (A)$$

遮热板为四周墙壁所包围,所以

$$Q_{3-2} = \varepsilon_3 C_0 \varphi A_3 \left[\left(\frac{T_3}{100}\right)^4 - \left(\frac{T_2}{100}\right)^4 \right] = 0.15 \times 5.67 \times 1 \times 0.5 \times \left[\left(\frac{T_3}{100}\right)^4 - \left(\frac{300}{100}\right)^4 \right] \quad (B)$$

在定常传热条件下,$Q_{1-3} = Q_{3-2}$,联解式(A)、式(B)可得

$$T_3 = 755\text{K} = 482\text{℃}$$

$$Q_{1-3} = Q_{3-2} = 0.15 \times 5.67 \times 0.5 \left[\left(\frac{755}{100}\right)^4 - \left(\frac{300}{100}\right)^4 \right] = 134 \text{W}$$

增加遮热板后散热量减少为原来的9.5%,说明设置遮热板是减少炉门热损失的有效措施。

若题中遮热板距炉门为0.1m,计算其辐射散热速率并分析两辐射面间距离变化对散热速率的影响。

三、辐射对流联合传热

化工生产中设备的外壁温度常高于周围的环境温度,因此热量会由壁面以对流和辐射两种形式散失。设备热损失应为对流与辐射两部分之和。

由对流散失的热量为

$$Q_C = \alpha_C A_W (T_W - T) \tag{4-69}$$

由辐射散失的热量为

$$Q_R = C_{1-2} \varphi A_W \left[\left(\frac{T_W}{100}\right)^4 - \left(\frac{T}{100}\right)^4 \right] \tag{4-70}$$

为了方便起见,可将式(4-70)也写成对流传热速率方程的形式:

$$Q_R = \alpha_R A_W (T_W - T) \tag{4-71}$$

则壁面总的散热量为

$$Q = Q_C + Q_R = (\alpha_C + \alpha_R)(T_W - T) = \alpha_T A_W (T_W - T) \tag{4-72}$$

式中　α_C——对流传热系数，$W/(m^2 \cdot K)$；

　　　α_R——辐射传热系数，$W/(m^2 \cdot K)$；

　　　α_T——辐射对流联合传热系数，$W/(m^2 \cdot K)$；

　　　A_W——设备外壁的面积，m^2；

　　　T_W——设备外壁的绝对温度，K；

　　　T——设备周围环境温度，K。

对于有保温层的设备和管道等外壁对周围环境散热的联合传热系数 α_T，可用下列公式估算。

① 空气自然对流，当 $T_W < 423K$ 时

在平壁保温层外：
$$\alpha_T = 9.8 + 0.07(T_W - T) \tag{4-73}$$

在管道及圆筒壁保温层外：
$$\alpha_T = 9.4 + 0.052(T_W - T) \tag{4-74}$$

② 空气沿粗糙表面强制对流时

空气速度 $u \leqslant 5 m/s$：

$$\alpha_T = 6.2 + 4.2u \tag{4-75}$$

空气速度 $u > 5 m/s$：

$$\alpha_T = 7.8 u^{0.78} \tag{4-76}$$

▲ 学习本节后可做习题 4-26～4-28。

第六节　换热器

换热器是许多工业部门的通用设备，在化工生产中可用做加热器、冷却器、冷凝器、蒸发器和再沸器等。根据冷、热流体热量交换的方式，换热器可以分为三大类，即**直接接触式**、**蓄热式**和**间壁式**。

（1）直接接触式换热器　对于某些传热过程，例如热气体的直接水冷或热水的直接空气冷却，可使冷、热流体直接接触混合传热。这种接触方式，传热面积大，设备也简单。但由于冷、热流体直接接触，传热中往往伴有传质，过程机理和单纯传热有所不同，应用也受到工艺要求的限制。

（2）蓄热式换热器　蓄热式换热器主要由对外充分隔热的蓄热室构成，室内装有热容量大的固体填充物。热流体通过蓄热室时将冷的填充物加热，当冷流体通过时则将热量带走。热、冷流体交替通过蓄热室，利用固体填充物来积蓄或放出热量而达到热交换的目的。蓄热器结构简单，可耐高温，常用于高温气体热量的利用或冷却。其缺点是设备体积较大，过程是不定常的交替操作，且不能完全避免两种流体的掺杂。所以这类设备化工上用得不多。

（3）间壁式换热器 其特点是在冷、热流体之间用一金属壁（或石墨等导热性能良好的非金属壁）隔开，使两种流体在不发生混合的情况下进行热量传递。

本节介绍间壁式换热器的型式与构造，并着重讨论最常用的列管式换热器。

一、间壁式换热器的类型

从传热面的基本几何特征分类，间壁换热器可分为管式和板式。

（一）夹套式换热器

如图 4-30 所示，这种换热器在容器外壁焊有一个夹套，夹套内通入加热剂或冷却剂。传热面就是夹套所在的整个容器壁，故属于最早的一种板式换热器。其特点是结构简单，但传热面受容器壁面限制，传热系数也不高。夹套换热器广泛用于反应器的加热和冷却。釜内通常设置搅拌以提高釜内传热系数，并使釜内液体受热均匀。

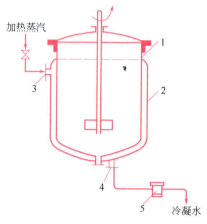

图 4-30 夹套式换热器
1—釜；2—夹套；3—蒸汽进口；
4—冷凝水出口；5—冷凝水疏水器

（二）沉浸式蛇管换热器

如图 4-31 所示，这种换热器是将金属管绕成各种与容器相适应的形状，并沉浸在容器内的液体中。优点是结构简单、制造方便、管内能承受高压并可选择不同材料以利防腐，管外便于清洗。缺点是管外容器中的流动情况较差，对流传热系数小，平均温差也较低。适用于反应器内的传热、高压下的传热以及强腐蚀性介质的传热。

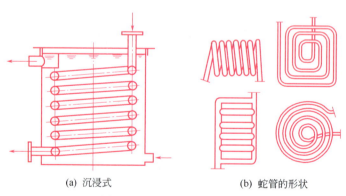

(a) 沉浸式　　　　(b) 蛇管的形状

图 4-31 沉浸式蛇管换热器

（三）喷淋式换热器

如图 4-32 所示，主要作为冷却设备，这种换热器是将换热管成排地固定在钢架上，热流体在管内流动，与从上方自由喷淋而下的冷却水逆流换热。喷淋换热器的管外是一层湍动程度较高的液膜，并且这种换热器多放在空气流通之处，冷却水的蒸发也带走一部分热量，故比沉浸式换热器传热效果好。结构简单，管外便于清洗，水消耗量也不大，特别适用于高压流体的冷却。缺点是占地面积较大，喷淋也不易均匀。

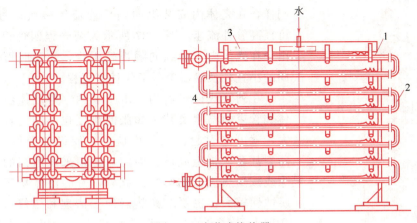

图 4-32　喷淋式换热器
1—直管；2—U 形管；3—水槽；4—齿形槽板

（四）套管式换热器

套管式换热器是由直径不同的直管制成同心套管，并用 U 形弯头连接而成（图 4-33）。这种换热器中的管内流体和环隙流体皆可选用较高的流速，故传热系数较大，并且两流体可安排为纯逆流，对数平均推动力较大。优点是结构简单，能承受高压，传热面易于增减。缺点是单位传热面的金属耗量很大，不够紧凑，介质流量较小和热负荷不大，一般适用于压强较高的场合。

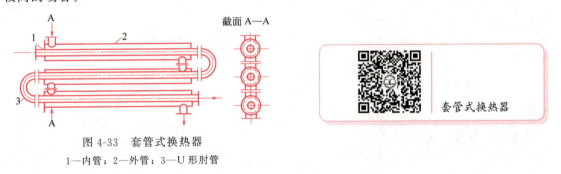

图 4-33　套管式换热器
1—内管；2—外管；3—U 形肘管

（五）列管式换热器

列管式换热器（又称管壳式换热器）是应用最广的间壁式换热器。列管式换热器主要由壳体、管束、折流挡板、管板和封头等部分组成。管束两端固定在管板上，管板外是封头，供管程流体的进入和流出，保证各管中的流动情况比较一致（图 4-34）。常用的折流挡板有圆缺形和圆盘形两种（图 4-35 和图 4-36），圆缺形挡板应用最广泛。

图 4-34 所示的换热器为单壳程单管程换热器。为了调节管程和壳程流速，可采用多管程和多壳程。如在两端封头内设置适当的隔板，使全部管子分为若干组，管程流体依次通过每组管子往返多次。管程数增多虽可提高管内流速和管内对流传热系数，但流体流动阻力和机械能损失增大，传热平均推动力也会减小，故管程数不宜太多，以 2、4、6 程较为常见。

同样，在壳体内安装纵向隔板使流体多次通过壳体空间，可提高管外流速。图 4-37 所示为两壳程四管程换热器。但由于在壳体内安装纵向隔板较困难，需要时可采用多个相同的小直径换热器串联来代替多壳程。

在列管式换热器内，由于管内、外流体温度不同，壳体和管束的温度及其热膨胀的程度也不同。若两者温差较大，就可能引起很大的内应力，使设备变形、管子弯曲、断裂甚至从板上脱落。因此，必须采取适当的措施，以消除或减少热应力的影响。此外，有的流体易于结垢，有的腐蚀性较大，也要求换热器便于清理和维修。目前，已有几种不同型式的换热器系列化生产，以满足不同的工艺需要。

（1）固定管板式换热器 图 4-34 所示的固定管板式换热器，适用于冷、热流体温差不大（小于 50℃）的场合使用。这种热换器的结构最为简单，加工成本低，但壳程清洗困难，要求管外流体是洁净的，不易结垢的。当温差稍大，而壳体操作压强又不太高时，可在壳体上安装热膨胀节以减小热应力。

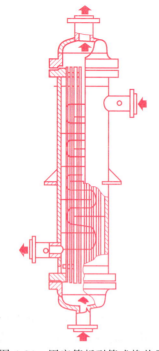

图 4-34　固定管板列管式换热器

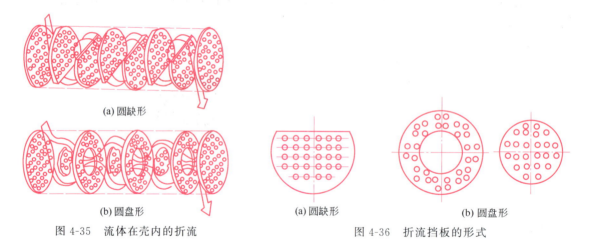

(a) 圆缺形

(b) 圆盘形

图 4-35　流体在壳内的折流

(a) 圆缺形

(b) 圆盘形

图 4-36　折流挡板的形式

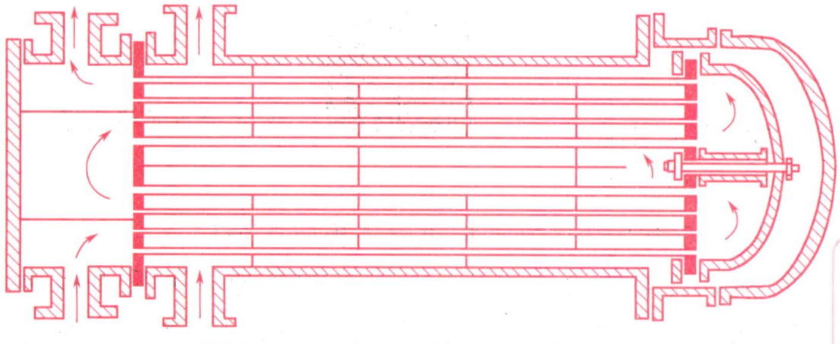

图 4-37　两壳程四管程的浮头式换热器

浮头式换热器

（2）U形管换热器 图4-38为一U形管换热器，其结构特点为每根管子都弯成U形，两端固定在同一块管板上，封头用隔板分成两室，故相当于双管程。这样，每根管子皆可自由伸缩，与壳体无关，解决了温差补偿问题，结构也不复杂。缺点是管内清洗比较困难。

U形管换热器

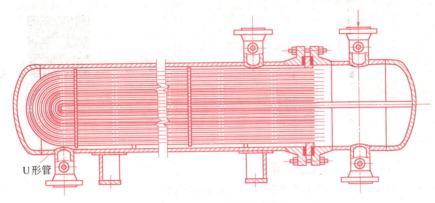

图4-38　U形管换热器

（3）浮头式换热器 浮头式换热器中两端的管板有一端不与壳体连接，这一端的封头可在壳体内与管束一起自由移动（图4-37）。这种结构不但消除了热应力，而且整个管束可从壳体中抽出，便于管内外的清洗和检修。因此，尽管其结构复杂、造价较高，但应用十分广泛。

这些换热器的系列型号、规格参见附录二十。

（六）其他高效换热器

以上各种传统的间壁换热器中普遍存在的问题是结构不够紧凑，金属耗量大，换热器单位体积所能提供的传热面积较少。随着工业的发展，不断涌现出新型高效的换热器。基本革新思路是：①在有限的体积内增加传热面积；②增加间壁两侧流体的湍动程度以提高传热系数。

1. 螺旋板式换热器

螺旋板式换热器是由两张平行薄钢板卷制而成，在其内部形成一对同心的螺旋形通道。换热器中央设有隔板，将两个螺旋形通道隔开。两板之间焊有定距柱以维持通道间距，在螺旋板两侧焊有盖板。冷、热流体分别由相邻螺旋形通道流过，通过薄板进行换热（图4-39）。

螺旋板换热器优点是传热系数大，水对水换热时K可达$2000 \sim 3000 W/(m^2 \cdot K)$；结构紧凑，单位体积的传热面约为列管式的3倍；冷、热流体间为纯逆流流动，传热平均推动力大；由于流速较高以及离心力的作用，在较低的Re（一般为$1400 \sim 1800$）下即可达湍流，使流体对器壁有冲刷作用而不易结垢和堵塞。主要缺点是操作压强和温度不能太高（目前操作压强不大于2MPa，温度不超过$300 \sim 400℃$），流体流动阻力较大，检修困难。

2. 平板式换热器

平板式换热器是由传热板片、密封垫片和压紧装置三部分组成。图4-40所示为若干矩形板片，其上四角开有圆孔，板片间用密封垫片隔开并可形成不同的流体通道。冷、热流体在板片两侧流过，通过板片进行换热。板片厚度为 0.5～3mm，通常压制成各种波纹形状，既增加刚度和实际传热面积，又使流体分布均匀，增加湍动程度。

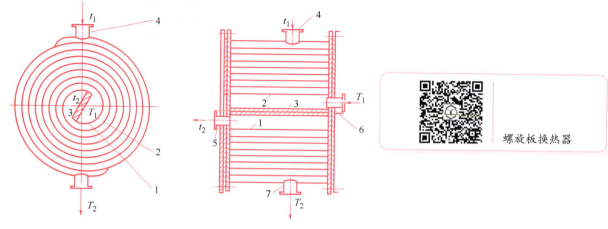

图 4-39 螺旋板式换热器

1，2—金属片；3—隔板；4，5—冷流体连接管；6，7—热流体连接管

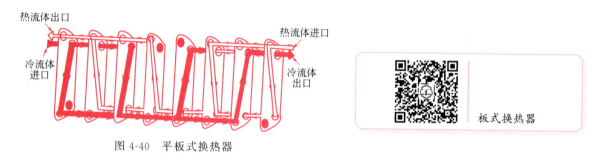

图 4-40 平板式换热器

平板式换热器的主要优点是：①传热系数高，水对水之间的传热 K 值可达 1500～4700W/(m²·K)，而在列管式换热器中 K 值一般为 1100～2300W/(m²·K)；②结构紧凑，单位体积设备提供的传热面积大，因而热损失也较小，板片间距为 4～6mm 时，常用的板式换热器每立方米体积可具有 250～1000m² 的传热面积，而列管式换热器一般为 40～150m²；③操作灵活性大，检修清洗方便，这是因为板式换热器具有可拆结构，可根据需要调整板片数目、流动方式和两侧流体的流动程数。

主要缺点是允许的操作压强和温度较低。通常操作压强不超过 2MPa，否则易渗漏；操作温度受垫片材料耐热性限制，对合成橡胶垫片不超过 130℃，对压缩石棉垫片也不超过 250℃。另外，不宜于处理特别容易结垢的流体，单台处理量也比较小。

3. 板翅式换热器

板翅式换热器是一种轻巧、紧凑、高效的换热装置，过去由于成本较高，仅用于少数高科技部门，现已逐渐用于其他工业并取得良好效果。

板翅式换热器是由若干基本元件和集流箱等组成。基本元件是由各种形状的翅片、平隔板、侧封条组装而成，如图 4-41 所示。将各基本元件适当排列（两元件之间隔板共用），并用钎焊固定，制成逆流式或错流式板束（图 4-42）。然后将带有流体进、出口管的集流箱焊到板束上，就成为板翅式换热器。其材料通常用铝合金制造。

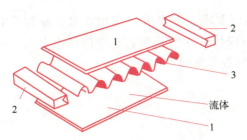
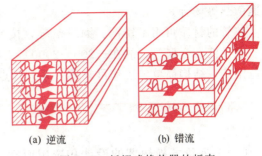

图 4-41 板翅式换热器单元体分解图
1—平隔板；2—侧封条；3—翅片（二次表面）

图 4-42 板翅式换热器的板束

板翅式换热器结构高度紧凑，所用翅片既促进流体的湍动，传热系数高，又与隔板一起提供了传热面，单位体积的传热面积可达 2500~4000 m^2。同时，翅片对隔板有支撑作用，允许操作压强也较高，可达 5MPa。其缺点是制造工艺复杂，难以清洗和检修。

4. 翅片管换热器

翅片管是在普通金属管的两侧（一般为外侧）安装各种翅片制成，既增加了传热面积，又改善了翅片侧流体的湍动程度。常用的翅片有横向和纵向两种形式［图 4-43(a)、(b)］。

翅片与光管的连接应紧密无间，否则接连处热阻很大，影响传热效果。常用的连接方法有热套、镶嵌、缠绕、焊接等，也可采用整体轧制或机械加工的方法制造。

翅片管对外侧传热系数很小的传热过程有显著的强化效果，用翅片管制成的空气冷却器

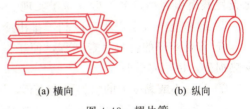

图 4-43 翅片管

在化工生产中应用很广。我国是一个水资源缺乏的国家，用空气冷却代替水冷，对缺水地区十分适用，在水源比较充足的地方使用，也可取得一定的经济效益。

5. 热管

热管是一种新型换热元件。最简单的热管是在抽除不凝气体的金属管内充以定量的某种工作液体，然后将两端封闭（图 4-44）。当加热段受热时，工作液体受热沸腾，产生的蒸汽流至冷却段凝结放热。冷凝液沿具有微孔结构的吸液芯网在毛细管力的作用下回流至加热段再次沸腾。如此过程反复循环，热量由加热段传入，在冷却段传出。由于蒸发和冷凝都是有相变的对流传热过程，对流传热系数很大，较小的面积便可传递大的热量。故可利用热管的外表面作为冷、热流体换热的介质，也可采用外表面加翅片的方法进行强化，因此用于传热系数很小的气-气传热过程也很有效。特别适用于低温差传热（如工业余热利用）以及要求

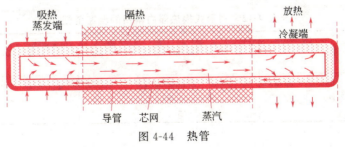

图 4-44 热管

迅速散热等场合。

热管的材质可用不锈钢、铜、铝等，按操作温度要求，工作液可选用液氮、液氨、甲醇、水及液态金属等，故在－200～2000℃之间都可应用。这种新型装置以传热能力大、应用范围广、结构简单、工作可靠等一系列优点，受到各方面的重视。

二、列管式换热器的工艺设计和选用

（一）列管式换热器的设计和选用原则

1. 冷、热流体通道的选择

在列管式换热器中，流体走壳程还是走管程，可按下列经验性原则确定。

① 不洁净易结垢的流体应走便于清洗的一侧。例如，对固定管板式换热器应走管程，而对 U 形管换热器应走壳程。

② 腐蚀性流体宜走管程，以避免壳体和管束同时被腐蚀。

③ 压强高的宜走管程，以避免壳体承受过高压力。

④ 对流传热系数明显较低的物料宜走管程，以利于提高流速。因为管内截面积通常都比壳程截面积为小，多管程也易于实现。

⑤ 饱和蒸汽宜走壳程，以利于排出冷凝液。

⑥ 需要冷却的物料宜走壳程，便于散热。但有时为了较充分利用高温流体的热量，减少热损失，也可走管程。

⑦ 流量小或黏度大的物料可走壳程，因为在折流挡板的作用下，$Re>100$ 即可达到湍流。

以上各点常常不能同时满足，应视工程实际情况抓主要矛盾，做出合理的选择。

2. 流动方式的选择

一般情况下，应尽量采用逆流换热。但在某些对流体出口温度有严格限制的特殊情况下，例如热敏性物料的加热过程，为了避免物料出口温度过高而影响产品质量，可采用并流操作。

除逆流和并流之外，冷、热流体还可做多管程或多壳程的复杂折流流动。当流量一定时，管程或壳程越多，流速增大，传热系数越大，其不利的影响是流体阻力损失也越大，平均温差也有降低。要通过计算权衡其综合效果并进行调整，或改用几个逆流换热器串联。

3. 流速的选择

流体在管程或壳程中的流速，既影响对流传热系数，又影响流动阻力，也对管壁冲刷程度和污垢生成有影响。所以，最适宜的流速要通过技术经济比较才能定出，一般管内、管外都要尽量避免出现层流状态。表 4-12 和表 4-13 列出了常用流速范围，可供设计时参考。

表 4-12　列管式换热器内常用的流速范围

液体种类	流速/m·s^{-1}	
	管　程	壳　程
一般液体	0.5～3	0.2～1.5
易结垢液体	>1	>0.5
气体	5～30	9～15

表 4-13　不同黏度液体在列管式换热器中的流速（在钢管中）

液体黏度/×10⁻³Pa·s	最大流速/m·s⁻¹	液体黏度/×10⁻³Pa·s	最大流速/m·s⁻¹
>1500	0.6	100~35	1.5
1000~500	0.75	35~1	1.8
500~100	1.1	<1	2.4

4. 流体两端温度和温度差的确定

若换热器中两侧均为工艺流体，一般两端温差不宜小于20℃。选定热源或冷源时，通常其进口温度已知，如对冷却水和空气的进口温度一般可取一年中最高的日平均温度；但其出口温度需要设计者选择，这也是一个经济权衡问题。例如，冷却水出口温度越高，其用量就越少，输送流体的动力消耗越小，操作费用降低；但是传热过程的平均推动力也就越小，所需的传热面积增大，使设备费用增加。一般高温端温差不应小于20℃，低温端温差不应小于5℃，平均温差不小于10℃。此外，冷却水出口温度一般不宜高于50~60℃，以避免大量结垢；在采用多管程、多壳程的换热器时，冷却剂的出口温度不应高于工艺物流的出口温度；在冷凝带有惰性气体的工艺物料时，冷却剂的出口温度应较工艺物料的露点温度低5℃以上；这些都是技术上的限制。

5. 换热管规格与排列方式的选择

换热管直径越小，换热器单位容积的传热面积越大，结构比较紧凑。考虑到制造和维修方便。我国试行的系列标准采用 $\phi 19 \times 2$、$\phi 25 \times 2$ 和 $\phi 25 \times 2.5$ 等几种规格。对洁净的流体，管径可取得小一些，而对于管内同时存在气液两相流动的一些情况，管径要取得更大些。

管长的选择要考虑清洗方便和管材的合理使用。在相同的传热面积下，管子较长时管程数减少，压力降也减小。国内生产的钢管长多为6m，故系列标准中管长常为3的某一倍数，其中3m和6m较为常用。此外，管长与壳内径的比例应适当，一般为4~6。

管子在管板上常用的排列方式为正三角形、正方形直列和正方形错列三种，如图4-45所示。与正方形相比，正三角形排列比较紧凑，管外流体湍动程度较高，传热系数大。正方形排列比较松散，传热效果较差，但管外清洗比较方便，适宜于易结垢液体。如将正方形直列的管束斜转45°安装成正方形错列，传热效果会有所改善。

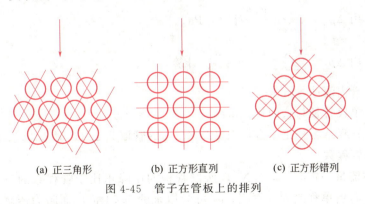

(a) 正三角形　　(b) 正方形直列　　(c) 正方形错列

图 4-45　管子在管板上的排列

系列标准中，固定管板式换热器采用正三角形排列；U形管换热器与浮头式换热器 $\phi 19$ 的管子按正三角形排列，$\phi 25$ 的管多按正方形错列。管中心距 t 与管子及管板的连接方法有关，通常胀管法连接时 $t = (1.3 \sim 1.5)d_0$，焊接连接时 $t = 1.25 d_0$。对 $\phi 19$ 的管子，t 常取

25.4mm；ϕ25 的管子，t 常取 32mm。

6. 折流挡板

安装折流挡板的目的是提高管外传热系数，为了取得良好效果，折流挡板的形状和间距必须适当。对于常用的圆缺形挡板，弓形缺口太大或太小都会产生流动"死区"（图 4-46），既不利于传热又增大流体阻力。一般弓形缺口的高度可取为壳体内径的 10%～40%，通用的是 25%。

(a) 切口过小

(b) 切口适当

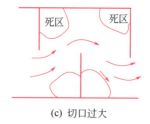
(c) 切口过大

图 4-46 挡板切口对流动的影响

挡板间距对壳程的流动也有重要影响。间距过小，不便于制造和检修，阻力也较大；间距过大，不能保证流体垂直流过管束，使对流传热系数下降。一般取挡板间距为壳体内径的 0.2～1.0 倍。我国系列标准中采用的挡板间距为 100mm，150mm，200mm，300mm，450mm，600mm 等（参考附录二十）。

（二）流体通过换热器的流动阻力

流体通过换热器的流动阻力越大，其动力消耗也越高。设计和选用列管换热器时，应对管程和壳程的流动阻力分别进行估算。

1. 管程流动阻力压降 Δp_i

管程流动阻力可按一般流体流动阻力计算公式计算。对于多程换热器，以压降表示的管程总阻力 Δp_i 等于各程直管阻力 Δp_1 与回弯阻力和进出口等局部阻力 Δp_2 的总和。

$$\Delta p_i = (\Delta p_1 + \Delta p_2) f_i N_p \tag{4-77}$$

式中 Δp_1——用 $\Delta p_1 = \lambda \dfrac{l}{d_i} \times \dfrac{u_i^2 \rho}{2}$ 计算，Pa；

Δp_2——用 $\Delta p_2 = \sum \zeta \dfrac{u_i^2 \rho}{2} \approx 3 \dfrac{u_i^2 \rho}{2}$ 计算，Pa；

u_i——管内流速，m/s；

l, d_i——单根管长与管内径，m；

f_i——管程结垢校正系数，对 $\phi25\times2.5$ 的管取为 1.4，对 $\phi19\times2$ 的管，取为 1.5；

N_p——管程数。

当管程流体流量一定时，$u_i \propto N_p$，所以管程的压降正比于管程数的三次方。对于同样大小的换热器，若由单程改为双管程，α_i 可为原来的 1.74 倍，而阻力压降则增为 8 倍。因此，管程数的选择要兼顾传热与流体阻力两个方面的得失。

2. 壳程流动阻力压降 Δp_0

壳程流体阻力的计算公式较多，由于流动状态比较复杂，不同公式计算结果往往很不一致。下面介绍一个较简单的计算式：

$$\Delta p_0 = \lambda_0 \frac{D(N_B+1)}{d_e} \times \frac{\rho u_0^2}{2} \quad (\text{Pa}) \tag{4-78}$$

式中　$\lambda_0 = 1.72 Re^{-0.19}$，$Re = \dfrac{d_e u_0 \rho}{\mu}$；

　　　D——壳内径，m；

　　　N_B——折流板数目，$N_B \approx \dfrac{l}{h} - 1$，$h$ 为折流板间距。

当量直径 d_e，流速 u_0 的计算参见式(4-24) 和式(4-27)。

壳程阻力基本上反比于折流板间距的三次方，若挡板间距减小一半，传热系数 α_0 约为原来的 1.46 倍，而阻力则约为原来的 8 倍。因此，选择挡板间距时，也要综合考虑。

表 4-14 列出了列管式换热器中工艺物流最大允许的压力降数值，可供参考。一般来说，对液体，其压降常在 $10^4 \sim 10^5$ Pa 左右；对气体，为 $10^3 \sim 10^4$ Pa。

表 4-14　列管式换热器允许的压降范围　　　　　　　　　　　　单位：MPa

流体压强(绝压)	真空	0.1~0.17	0.17~1.1	1.1~3.1
允许压降($\Delta p_\text{允}$)	$p/10$	0.005~0.035	0.035	0.035~0.18

（三）系列标准换热器的选用步骤

根据生产要求的换热任务，并选定适当的载热体及出口温度后，可计算出热负荷 Q 和逆流平均温度差 $\Delta t_\text{m逆}$。根据传热速率方程，并结合式(4-50) 有

$$Q = KA\Delta t_\text{m} = KA\psi \Delta t_\text{m逆}$$

要求取传热面积 A 还需知道传热系数 K 和校正系数 ψ。而 K 和 ψ 均与换热器的型式、结构和尺寸以及传热面积有关。故选用换热器必须通过试差，可按下列步骤进行。

1. 初选换热器的型号、规格和尺寸

① 初步选定换热器的流动方式，计算 ψ，ψ 值应大于 0.8，否则应改变流动方式重新计算。

② 依据经验（或表 4-8）估计传热系数 $K_\text{估}$，估算传热面积 $A_\text{估}$。

③ 根据 $A_\text{估}$ 数值，在系列标准中初选适当型号、规格的换热器。可参见附录二十（表中换热面积为<u>计算换热面积</u>，而在换热器型号中使用的是<u>公称换热面积</u>，它是 5m^2 的倍数，由计算面积四舍五入而得。例如当计算面积为 38.1m^2 时，公称面积为 40m^2）。

2. 计算管、壳程的传热系数和压降

① 参考表 4-12、表 4-13 选定流速，确定管程数，计算管程 α_i 和 Δp_i。注意应使 $\alpha_i > K_\text{估}$，$\Delta p_i < \Delta p_\text{允}$。

② 参考表 4-12 的流速范围，选定挡板间距，计算壳程的 α_0 和 Δp_0 并做适当的调整。对壳程也应有 $\alpha_0 > K_\text{估}$，$\Delta p_0 < \Delta p_\text{允}$。

3. 计算传热系数、校核传热面积

选择适当的污垢热阻数值（表 4-7），计算 $K_\text{计}$ 和 $A_\text{计}$。若 $K_\text{计} > K_\text{估}$，$A_\text{计} < A_\text{估}$，则原则上计算可行。考虑到传热计算式的准确程度及其他未可预料的因素，应使选用的换热器传热面积有 10%~25% 的裕度。如不能满足需要，应根据实际可能改变选用条件，反复试算，

使最后的选用方案技术上可行，经济上合理。

【例 4-19】 某炼油厂拟用原油在列管式换热器中回收柴油的热量。已知原油流量为 44000kg/h，进口温度 70℃，要求其出口温度不高于 110℃；柴油流量为 34000kg/h，进口温度为 175℃。试选一适当型号的列管式换热器，已知物性数据如下：

物　　料	$\rho/kg \cdot m^{-3}$	$c_p/kJ \cdot kg^{-1} \cdot ℃^{-1}$	$\lambda/W \cdot m^{-1} \cdot ℃^{-1}$	$\mu/Pa \cdot s$
原油	815	2.2	0.148	3×10^{-3}
柴油	715	2.48	0.133	0.64×10^{-3}

解 ① 初选换热器的型号规格。

当不计热损失时，换热器的热负荷为：

$$Q = W_c c_{pc}(t_2 - t_1) = \frac{44000}{3600} \times 2.2 \times 10^3 \times (110 - 70)$$

$$= 1.08 \times 10^6 \text{ W}$$

柴油出口温度为 $T_2 = T_1 - \dfrac{Q}{W_h c_{ph}} = 175 - \dfrac{1.08 \times 10^6}{\dfrac{34000}{3600} \times 2.48 \times 10^3} = 129℃$

逆流过程如图 4-47 所示。

逆流平均温度差：

$$\Delta t_{m逆} = \frac{\Delta t_1 - \Delta t_2}{\ln \dfrac{\Delta t_1}{\Delta t_2}} = \frac{(175-110)-(129-70)}{\ln \dfrac{175-110}{129-70}} = 61.9℃$$

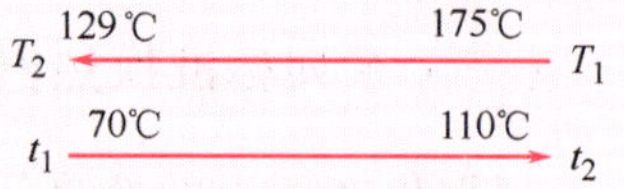

图 4-47　例 4-19 图

初估 ψ 值：$R = \dfrac{T_1 - T_2}{t_2 - t_1} = \dfrac{175 - 129}{110 - 70} = 1.15$

$$P = \frac{t_2 - t_1}{T_1 - t_1} = \frac{110 - 70}{175 - 70} = 0.381$$

初步决定采用单壳程、偶数管程的浮头式换热器。由图 4-23(a) 查得校正系数 $\psi = 0.92$，因为 $\psi > 0.8$，可行。

$$\Delta t_m = \psi \Delta t_{逆} = 0.92 \times 61.9 = 56.9℃$$

参照表 4-8，初步估计传热系数 $K_{估} = 250 \text{W}/(m^2 \cdot ℃)$，则

$$A_{估} = \frac{Q}{K_{估} \Delta t_m} = \frac{1.08 \times 10^6}{250 \times 56.9} = 75.9 \text{ m}^2$$

由于两流体温差较大，同时为了便于清洗，参照附录中的换热器系列标准，初步选定 BES-600-1.6-90-6/25-4I 型浮头式内导流换热器。有关参数见表 4-15。

表 4-15　BES-600-1.6-90-6/25-4I 型浮头式内导流换热器主要参数

外壳直径 D/mm	600	管程数 N_p	4
公称面积$/m^2$	90	管数 N_T	188
公称压强$/MPa$	1.6	管子排列方式	正方形错列
管子尺寸$/mm$	$\phi 25 \times 2.5$	管中心距$/mm$	32
管长$/m$	6	计算换热面积$/m^2$	86.9

② 计算管、壳程的对流传热系数和压降。

a. 管程　为充分利用柴油热量，采用柴油走管程，原油走壳程。

管程流通面积　$S_i = \dfrac{\pi}{4} d_i^2 \dfrac{N_T}{N_P} = \dfrac{\pi}{4} \times 0.02^2 \times \dfrac{188}{4} = 0.0148 \text{m}^2$

管内柴油流速　$u_i = \dfrac{W_h}{3600 \rho_i s_i} = \dfrac{34000}{3600 \times 715 \times 0.0148} = 0.893 \text{m/s}$

$$Re_i = \dfrac{d_i u_i \rho_i}{\mu_i} = \dfrac{0.02 \times 0.893 \times 715}{0.64 \times 10^{-3}} = 1.99 \times 10^4$$

管程柴油被冷却，故由式(4-17)得

$$\alpha_i = 0.023 \dfrac{\lambda_i}{d_i} Re_i Pr_i^{0.3} = 0.23 \times \dfrac{0.133}{0.02} \times (1.99 \times 10^4)^{0.8} \times \left(\dfrac{2.48 \times 10^3 \times 0.64 \times 10^{-3}}{0.133} \right)^{0.3}$$
$$= 884 \text{W}/(\text{m}^2 \cdot \text{℃})$$

由式(4-77)，管程压降为：

$$\Delta p_i = \left(\lambda \dfrac{l}{d} + 3 \right) f_i N_p \dfrac{u_i^2 \rho_i}{2}$$

取管壁粗糙度 $\varepsilon = 0.15 \text{mm}$，$\varepsilon/d = 0.0075$，查图 1-34 可得摩擦系数

$$\lambda = 0.034$$

所以　$\Delta p_i = \left(0.034 \times \dfrac{6}{0.02} + 3 \right) \times 1.4 \times 4 \times \dfrac{0.893^2 \times 715}{2} = 2.11 \times 10^4 \text{Pa}$

b. 壳程　选用缺口高度为 25% 的弓形挡板，取折流板间距 h 为 300mm，故折流板数目 $N_B = \dfrac{l}{h} - 1 = \dfrac{6}{0.3} - 1 = 19$。

壳程流道面积　$S_o = h D (1 - d_o/t) = 0.3 \times 0.6 \times \left(1 - \dfrac{0.025}{0.032} \right) = 0.0394 \text{m}^2$

壳程中原油流速 $u_o = \dfrac{W_c}{3600 \rho_o s_o} = \dfrac{44000}{3600 \times 815 \times 0.0394} = 0.381 \text{m/s}$

正方形排列的当量直径为

$$d_e = \dfrac{4 \left(t^2 - \dfrac{\pi}{4} d_o^2 \right)}{\pi d_o} = \dfrac{4 \times \left(0.032^2 - \dfrac{\pi}{4} \times 0.025^2 \right)}{\pi \times 0.025} = 0.027 \text{m}$$

$$Re_o = \dfrac{d_e u_o \rho_o}{\mu_o} = \dfrac{0.027 \times 0.381 \times 815}{3.0 \times 10^{-3}} = 2.79 \times 10^3$$

$$Pr_o = \dfrac{c_p \mu}{\lambda} = \dfrac{2.2 \times 10^3 \times 3 \times 10^{-3}}{0.148} = 44.6$$

壳程中原油被加热，取 $\left(\dfrac{\mu}{\mu_W} \right)^{0.14} = 1.05$，所以按式(4-23)：

$$\alpha_o = 0.36 \dfrac{\lambda_o}{d_e} (Re_o)^{0.55} Pr_o^{\frac{1}{3}} \left(\dfrac{\mu}{\mu_W} \right)^{0.14}$$

$$= 0.36 \times \frac{0.148}{0.027} \times 2790^{0.55} \times 44.6^{\frac{1}{3}} \times 1.05 = 577 \text{W}/(\text{m}^2 \cdot \text{°C})$$

壳程压降：
$$\lambda_o = 1.72 Re_o^{-0.19} = 1.72 \times 2790^{-0.19} = 0.381$$

$$\Delta p_o = \lambda_o \frac{D(N_B+1)}{d_e} \times \frac{u_o^2 \rho_o}{2} = 0.381 \times \frac{0.6 \times (19+1)}{0.027} \times \frac{0.381^2 \times 815}{2} = 1.0 \times 10^4 \text{Pa}$$

③ 计算传热面积。

传热系数：
$$\frac{1}{K_{\text{计}}} = \frac{1}{\alpha_o} + R_{so} + \frac{\delta d_o}{\lambda d_m} + R_{si}\frac{d_o}{d_i} + \frac{d_o}{\alpha_i d_i}$$

取 $R_{si} = 0.0002 \text{m}^2 \cdot \text{°C}/\text{W}$，$R_{so} = 0.001 \text{m}^2 \cdot \text{°C}/\text{W}$，忽略管壁热阻，则

$$\frac{1}{K_{\text{计}}} = \frac{1}{577} + 0.001 + 0.0002 \times \frac{25}{20} + \frac{25}{884 \times 20} = 4.4 \times 10^{-3}$$

$$K_{\text{计}} = 227 \text{W}/(\text{m}^2 \cdot \text{°C})$$

$$A_{\text{计}} = \frac{Q}{K_{\text{计}} \Delta t_m} = \frac{1.08 \times 10^6}{227 \times 56.9} = 83.6 \text{m}^2$$

因为 $K_{\text{计}} < K_{\text{估}}$，$A_{\text{计}} > A_{\text{估}}$，原因在于壳程传热系数过低。调整折流挡板间距 h 为 200mm，重新计算可得：

$\alpha_o = 722 \text{W}/(\text{m}^2 \cdot \text{°C})$，$K_{\text{计}} = 247 \text{W}/(\text{m}^2 \cdot \text{°C})$，$A_{\text{计}} = 76.8 \text{m}^2$，与原估值相符。由表 4-15 知该型换热器的面积为 86.9m^2，故

$$\frac{A_{\text{实}}}{A_{\text{计}}} = \frac{86.9}{76.8} = 1.13$$

即传热面有 13% 的裕度。

但壳程压降 $\Delta p_o = 3.13 \times 10^4 \text{Pa}$，增大了 3.13 倍。

核算表明所选换热器的规格是可用的。

▲ 学习本节后可做习题 4-29、4-30；思考题 4-12、4-13。

三、传热过程的强化

所谓强化传热过程，就是力求用较少的传热面积或较小体积的传热设备来完成同样的传热任务以提高经济性。由传热速率方程知，增大传热面积 A、传热平均温差 Δt_m、传热系数 K 均可使传热速率提高。

1. 增大传热面积 A

从各型换热器的介绍可知，增大传热面积不能单靠加大设备的尺寸来实现，必须改进设备的结构，使单位体积的设备提供较大的传热面积。

当间壁两侧对流传热系数相差很大时，增大 α 小的一侧的传热面积，会大大提高传热速率。例如，用螺纹管或翅片管代替光滑管可显著提高传热效果。此外，使流体沿流动截面均匀分布，减少"死区"，可使传热面得到充分利用。

2. 增大传热平均温差 Δt_m

平均温差大小主要由冷热两种流体的温度条件所决定。从节能的观点出发，近年来的趋势是尽可能在低温差条件下传热。因此，当两边流体均为变温时，应尽可能从结构上采用逆流或接近逆流，以得到较大的 Δt_m。如螺旋板换热器就具有 Δt_m 大的特点。

3. 增大传热系数 K

提高传热系数，是强化传热过程的最现实和有效的途径。从传热系数计算公式：

$$K = \frac{1}{\frac{1}{\alpha_o} + R_{so} + \frac{\delta d_o}{\lambda d_m} + R_{si}\frac{d_o}{d_i} + \frac{d_o}{\alpha_i d_i}}$$

可知，减小分母中任何一项，均可使 K 增大。但要有效地增大 K 值，应设法减小其中对 K 值影响最大、最有控制作用的那些热阻项。一般金属壁热阻、一侧为沸腾或冷凝时的热阻均不会成为控制因素，因此，应着重考虑无相变流体一侧的热阻和污垢热阻。

① 加大流速，增大湍动程度，减小层流内层厚度，可有效地提高无相变流体的对流传热系数。例如，列管式换热器中增加管程数、壳体中增加折流挡板等。但随着流速提高，阻力增大很快，故提高流速受到一定的限制。

② 增大对流体的扰动。通过设计特殊的传热壁面，使流体在流动中不断改变方向，提高湍动程度。如管内装扭曲的麻花铁片、螺旋圈等添加物；采用各种凹凸不平的波纹状或粗糙的换热面，均可提高传热系数，但这样也往往伴有压降增加。近年来，发展了一种壳程用折流杆代替折流板的列管式换热器，即在管子四周加装一些直杆，既起固定管束的作用，又加强了壳程流体的湍动。此外，利用传热进口段的层流内层较薄、局部传热系数较高的特点，采用短管换热器，也有利于提高管内传热系数。

③ 防止污垢和及时清除污垢，以减小污垢热阻。例如，增大流速可减轻垢层的形成和增厚；易结垢流体要走便于清洗的一侧；采用可拆卸结构的换热器等。

4. 换热网络优化

在实际生产中，企业会有许多工艺要求不同的换热设备构成换热网络。合理安排换热介质的流动次序，充分利用高温介质加热低温介质，并通过控制系统保持换热网络物流的供给性质（例如输入温度和流率）在一个给定的范围之内，避免受化工过程中其他因素的影响，对节能降耗具有重要的作用。

就研究领域而言，主要借助于激光测速、全速摄影和红外摄像等高科技仪器，利用数值模拟软件，研究换热器的流场分布和温度场分布，了解强化传热的机理。同时，随着微电子机械、生物芯片的开发，微尺度传热学理论正在迅速发展。

总之，强化传热的途径是多方面的。对于实际的传热过程，要具体问题具体分析，并对设备的结构与制造费用、动力消耗、检修操作等予以全面的考虑，采取经济合理的强化措施。

【案例 4-1】 能源优化与节能减排

能源是能够提供能量的资源，这里的能量通常指热能、电能、光能、机械能、化学能等。常规能源主要有煤、石油、天然气和水能；新能源主要有太阳能、风能、地热能、海洋能、生物能、氢能以及用于核能发电的核燃料等能源。中国是世界上第二能源生产国和消费国。中国能源资源总量比较丰富；但人均能源资源拥有量较低，为煤炭、石油净进口国。中国耕地资源不足世界人均水平的30%，制约了生物质能源的开发。中国能源资源赋存分布不均衡，大规模、长距离的北煤南运、北油南运、西气东输、西电东送，是中国能源流向的显著特征和能源运输的基本格局。人类面临的问题是能源资源枯竭和环境污染严重，必须大力加快发展新能源和可再生能源，增强能源供给能力，同时大力实施节能减排。

新能源，如太阳能、风能、地热能、海洋能、生物能、氢能以及核能的开发是改善能源结构的优先方向。但是，煤炭作为中国的主要能源且在相当长时期内难以改变。煤炭消费是造成煤烟型大气污染，温室气体排放的主要来源。清洁煤化工是中国必须发展的特色产业，值得关注。

长期以来，以卡诺循环为主的热机效率大约是30%。但是，依据热力学第二定律的熵变原理，当热机内的微观粒子运动有序，并向宏观有序发展（做功）时，即熵$S \rightarrow 0$，热机效率可达100%。如何利用上述原理，提高热机效率是大有作为的。

在化工行业中，尤其是大化工企业，依据热力学第二定律，关注热量能级，即充分利用自身产生的高温介质和低温介质，合理设置换热网络，是提高能量利用率和节能降耗的重要手段。另外，对于高温化工设备，不能仅以"平均温度"的概念处理问题，必须关注温度分布或者说"局部温度"，例如锅炉中局部高温就可能烧毁管道。

在日常生活中，使用节能设备（例如，能效标识1级的空调、冰箱等），及时关闭电源等均是节能降耗的有效手段。

【案例 4-2】 换热设备设计

某企业采用研磨机制备纳米分散液。研磨过程导致料液升温，为了维持料液出口温度低于40℃，采用制冷机制备冷却水（5℃左右）对料液进行降温。企业采用夹套式换热器（见图4-30）换热，纳米分散液在釜内，制冷水在夹套内。为了提高研磨机产量，企业要求将料液循环量提高1倍以上；试提出换热设备解决方案。

解 现场调查：企业使用的夹套式换热器内径600mm，夹套高度600mm，夹套宽度50mm。制冷机扬程30m，流量30m³/h。经测试，纳米分散液循环量小于2m³/h，可维持料液出口温度低于40℃。

分析：当纳米分散液循环量提高1倍，热负荷将增大1倍。即$Q'=2Q$。根据热量衡算原则，冷水用量也需提高1倍。由于制冷机流量很大，容易实现。现场将冷水用量提高1倍，进行测试，纳米分散液循环量提高很少。实验结果表明，冷水用量并非关键因素。

应对措施：根据以上分析，设想用1个小型的列管式热换器替代夹套式换热器，让纳米分散液走管程，冷却水走壳程，以提高传热系数，同时适当增大传热面积。

设计和检验：经过计算，采用公称直径325mm的换热器，内置ϕ25mm的换热管，换热管长度0.6m，数量40根。换热面积为1.8m²。安装后现场测试，可满足将料液循环量提高1倍以上的要求，且余量很大。

思考题

4-1 分析下列定律的前提、内容、意义和应用。

傅里叶定律　牛顿冷却定律　斯蒂芬-玻尔兹曼定律　克希荷夫定律

4-2 掌握下列概念的内容和意义。

Re 数　Pr 数　Gr 数　Nu 数　传热推动力　传热阻力　热流方向　串联热阻　传热面积　传热速率方程　热量衡算方程　对流传热方程

4-3 讨论下列概念的定义，并对各组中概念的联系和区别做出比较。

$\begin{cases} 热传导 \\ 对流 \\ 辐射 \end{cases}$ $\begin{cases} 导热系数 \\ 传热系数 \\ 对流传热系数 \end{cases}$ $\begin{cases} 热流量（传热速率）\\ 热通量（热流密度）\end{cases}$ $\begin{cases} 并流 \\ 逆流 \\ 错流 \end{cases}$

$\begin{cases} 黑体 \\ 灰体 \\ 实际物体 \end{cases}$ $\begin{cases} 对数平均温差 \\ 算术平均温差 \end{cases}$ $\begin{cases} 温度梯度 \\ 速度梯度 \end{cases}$ $\begin{cases} 自然对流 \\ 强制对流 \end{cases}$

$\begin{cases} 定性温度 \\ 特征尺寸 \end{cases}$ $\begin{cases} 核状沸腾 \\ 膜状沸腾 \end{cases}$ $\begin{cases} 膜状冷凝 \\ 滴状冷凝 \end{cases}$

4-4 说明换热设备中下列名称的特征及其差别。

$\begin{cases} 管式换热器 \\ 板式换热器 \end{cases}$ $\begin{cases} 管程 \\ 壳程 \end{cases}$ $\begin{cases} 三角形排列 \\ 正方形排列 \end{cases}$ $\begin{cases} 直列 \\ 错列 \end{cases}$ $\begin{cases} 传热面积 \\ 流通面积 \end{cases}$

4-5 试写出单层圆筒壁任意半径 r 处的温度表达式，并分析其温度分布情况［提示：对式(4-6a) 做不定积分］。

4-6 如何选取圆管强制湍流对流传热系数计算公式中 Pr 数的指数 n？为什么？

4-7 圆管内强制湍流的对流传热系数 α 与流体的热导率 λ、密度 ρ、黏度 μ、比热容 c_p 有何关系？若流体的流量一定，对流传热系数与管径 d 有何关系？

4-8 冷凝传热和沸腾传热过程中，Δt 对传热速率 Q 有何影响？

4-9 在一台螺旋板式换热器中，冷、热水流量均为 2000kg/h，热水进口温度 $T_1=80$℃；冷水进口温度 $t_1=10$℃。现要求将冷水加热至 50℃，问并流操作能否做到？（提示：并流操作冷流体可能达到的最高出口温度 $t_{2\max}$ 等于热流体的出口温度）

4-10 在列管式换热器中，用饱和水蒸气走管外加热空气，试问：①传热系数接近于哪种流体的对流传热系数？②壁温接近于哪种流体的温度？

4-11 在套管式换热器中，冷水和热气体逆流换热使热气体冷却。设流动均为湍流，气体侧的对流传热系数远小于水侧对流传热系数，污垢热阻和管壁热阻可忽略。试讨论：①若要求气体的生产能力增大 10%，应采取什么措施，并说明理由；②若因气候变化，冷水进口温度升高，要求维持原生产能力不变，应采取什么措施，说明理由。

4-12 在列管式换热器中，欲加大管方和壳方流速，可采取什么措施？会产生什么影响？

4-13 间壁式换热器有哪几种？试比较其优缺点和适用场合。

4-14 试分析强化传热的途径。螺旋板换热器是从哪些方面强化传热的？

习题

4-1 如图 4-48 所示，已知某炉壁由单层均质材料组成，$\lambda=0.57$W/(m·℃)。用热电偶测得炉外壁温度为 50℃，距外壁 $\dfrac{1}{3}$ 厚度处的温度为 250℃，求炉内壁温度。

［答：$t_1=650$℃］

4-2 某工业炉壁由下列三层依次组成（如图4-49所示）：耐火砖的导热系数 $\lambda_1 = 1.05 \text{W}/(\text{m} \cdot \text{°C})$，厚度为 0.23m；绝热层导热系数 $\lambda_2 = 0.144 \text{W}/(\text{m} \cdot \text{°C})$；红砖导热系数 $\lambda_3 = 0.94 \text{W}/(\text{m} \cdot \text{°C})$，厚度为 0.23m。已知耐火砖内侧温度 $t_1 = 1300\text{°C}$，红砖外侧温度为 50°C，单位面积的热损失为 607W/m^2。试求：① 绝热层的厚度；② 耐火砖与绝热层接触处温度。

［答：$\delta_2 = 0.230$m，$t_2 = 1167$°C］

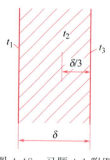

图 4-48 习题 4-1 附图

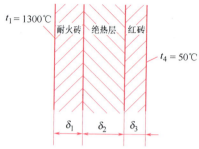

图 4-49 习题 4-2 附图

4-3 某蒸汽管外径为 159mm，管外保温材料的热导率 $\lambda = 0.11 + 0.0002t$ W/(m·°C)（式中 t 为温度），蒸汽管外壁温度为 150°C。要求保温层外壁温度不超过 50°C，每米管长的热损失不超过 200W/m，问保温层厚度应为多少？

［答：$\delta = 40.1$mm］

4-4 $\phi 76 \times 3$ 的钢管外包一层厚 30mm 的软木后，又包一层厚 30mm 的石棉。软木和石棉的热导率分别为 0.04W/(m·°C) 和 0.16W/(m·°C)。已知管内壁温度为 −110°C，最外侧温度为 10°C，求每米管道所损失的冷量。

［答：$Q/l = -44.8$W/m］

*4-5 在其他条件不变情况下，将习题 4-4 中保温材料交换位置，求每米管道损失的冷量。说明何种材料放在里层较好。

［答：$Q/l = -59.0$W/m］

4-6 常压空气在内径为 20mm 的管内由 20°C 加热至 100°C，空气的平均流速为 12m/s，试求空气侧的对流传热系数。

［答：$\alpha = 55.3$W/(m^2·°C)］

4-7 水以 1.0m/s 的流速在长 3m 的 $\phi 25 \times 2.5$ 的管内由 20°C 加热至 40°C，试求水与管壁之间的对流传热系数。若水流量增大 50%，对流传热系数为多少？

［答：① $\alpha = 4.58 \times 10^3$ W/(m^2·°C)；② $\alpha' = 6.34 \times 10^3$ W/(m^2·°C)］

4-8 在常压下用套管换热器将空气由 20°C 加热至 100°C，空气以 60kg/h 的流量流过套管环隙，已知内管 $\phi 57 \times 3.5$mm，外管 $\phi 83 \times 3.5$mm，求空气的对流传热系数。

［答：非圆管过渡流 $\alpha = 39.7$W/(m^2·°C)］

4-9 某种黏稠液体以 0.3m/s 的流速在内径为 50mm、长 4m 的管内流过，若管外用蒸汽加热，试求管壁对流体的传热系数。已知液体的物性数据为：$\rho = 900$kg/m^3，$c_p = 1.89$kJ/(kg·°C)，$\lambda = 0.128$W/(m·°C)，$\mu = 0.01$Pa·s。

［答：层流，$\alpha = 67.8$W/(m^2·°C)］

4-10 室内分别水平放置两根长度相同、表面温度相同的蒸汽管，由于自然对流两管都向周围散失热量，已知小管的 $Gr \cdot Pr = 10^9$，大管直径为小管的 10 倍，求两管散失热量的比值为多少。

［答：$\alpha_{大} = \alpha_{小}$，$Q_{大}/Q_{小} = 10$］

4-11 温度为 52°C 的饱和苯蒸气在长 3m、外径为 32mm 的单根黄铜管表面上冷凝，铜管垂直放置，管外壁温度为 48°C，试求每小时苯蒸气的冷凝量。若将管水平放置，苯蒸气的冷凝量为多少？

[答：垂直放置时 12.8kg/h；水平放置时 25.5kg/h]

*4-12 有一外径为 40mm 的蒸汽管，管外壁温度为 100℃，周围空气与管壁的对流传热系数为 10W/(m²·K)，环境温度为 20℃。问：①每米管长热损失 Q/l 为多少？②若在管外包一层绝热材料，厚度为 30mm，热导率 $\lambda=0.8$W/(m·K)，设蒸汽管外壁温度、环境温度和空气对流传热系数均不变，则 Q/l 为多少？③若 $\lambda=0.2$W/(m·K)，Q/l 为多少？由此可以得到什么结论？

[答：①$Q/l=101$W/m；②$Q/l=160$W/m；③$Q/l=76.3$W/m]

4-13 流体的质量流量为 1000kg/h，试计算以下各过程中流体放出或得到的热量。

① 煤油自 130℃ 降至 40℃，取煤油比热容为 2.09kJ/(kg·℃)；
② 比热容为 3.77kJ/(kg·K) 的 NaOH 溶液，从 30℃ 加热至 100℃；
③ 常压下将 30℃ 的空气加热至 140℃；
④ 常压下 100℃ 的水汽化为同温度的饱和水蒸气；
⑤ 100℃ 的饱和水蒸气冷凝、冷却为 50℃ 的水。

[答：①$5.23\times10^4$W；②$7.33\times10^4$W；③$3.08\times10^4$W；④$6.27\times10^5$W；⑤$6.86\times10^5$W]

4-14 用水将 2000kg/h 的硝基苯由 80℃ 冷却至 30℃，冷却水初温为 20℃，终温为 35℃，求冷却水用量。

[答：2663kg/h]

4-15 在一套管换热器中，内管为 $\phi57\times3.5$ 的钢管，流量为 2500kg/h，平均比热容为 2.0kJ/(kg·℃) 的热液体在内管中从 90℃ 冷却为 50℃，环隙中冷水从 20℃ 被加热至 40℃，已知总传热系数为 200W/(m²·℃)，试求：①冷却水用量（kg/h）；②并流流动时的平均温度差及所需的套管长度（m）；③逆流流动时平均温度差及所需的套管长度（m）。

[答：①$W_c=2396$kg/h；②$\Delta t_{m并}=30.8℃$，$l_并=50.4$m；③$\Delta t_{m逆}=39.2℃$，$l_逆=39.6$m]

4-16 一列管式换热器，管子直径为 $\phi25\times2.5$，管内流体的对流传热系数为 100W/(m²·K)，管外流体的传热系数为 2000W/(m²·K)，已知两流体均为湍流换热，取钢管热导率 $\lambda=45$W/(m·K)，管内、外两侧污垢热阻均为 0.00118m²·K/W，试问：①传热系数 K 及各部分热阻的分配。②若管内流体流量提高一倍，传热系数有何变化？③若管外流体流量提高一倍，传热系数有何变化？

[答：①$K=63.6$W/(m²·K)；②$K'=1.51K$；③$K''=1.01K$]

4-17 一传热面积为 15m² 的列管换热器，壳程用 110℃ 的饱和水蒸气将管程某溶液由 20℃ 加热至 80℃，溶液的处理量为 2.5×10^4kg/h，比热容为 4kJ/(kg·℃)，试求此操作条件下的传热系数。

[答：$K=2035$W/(m²·℃)]

*4-18 习题 4-17 中的换热器使用一年后，由于污垢热阻增加，溶液出口温度降至 72℃，求此时的传热系数。若想使出口温度仍为 80℃，可采取什么措施？

[答：$K'=1597$W/(m²·℃)]

4-19 某厂拟用 100℃ 的饱和水蒸气将常压空气从 20℃ 加热至 80℃，空气流量为 8000kg/h。现仓库有一台单程列管换热器，内有 $\phi25\times2.5$ 的钢管 300 根，管长 2m。若管外水蒸气冷凝的对流传热系数为 10^4W/(m²·K)，两侧污垢热阻及管壁热阻均可忽略，试计算此换热器能否满足工艺要求。（提示：比较换热器的实际面积与计算需要的换热面积）

[答：$A_计=43.8$m²，$A_实=47.1$m²，换热器可用]

4-20 某换热器的传热面积为 30m²，用 100℃ 的饱和水蒸气加热物料，物料的进口温度为 30℃，流量为 2kg/s，平均比热容为 4kJ/(kg·℃)，换热器的传热系数为 125W/(m²·℃)，求：①物料出口温度；②水蒸气的冷凝量，kg/h。

[答：①$t_2=56.2℃$；②$W_h=334$kg/h]

4-21 363K 的丁醇在逆流换热器中被冷却至 323K，换热器的面积为 30m²，传热系数为 150W/(m²·K)。已知丁醇流量为 2000kg/h，冷却水的进口温度为 303K，试求冷却水的流量和出口温度。（需试差求解）

[答：$t_2=353.4K$，$W_c=1099$kg/h]

4-22 一定流量的物料在蒸汽加热器中从 20℃ 加热至 40℃，物料在管内为湍流，对流传热系数为 $10^3 \text{W}/(\text{m}^2 \cdot ℃)$，温度为 100℃ 的饱和水蒸气在管外冷凝，对流传热系数为 $10^4 \text{W}/(\text{m}^2 \cdot ℃)$。现生产要求将物料流量增大一倍，求：①物料出口温度为多少；②蒸汽冷凝量增加多少（设管壁和污垢热阻可略）。

[答：① $t'_2 = 36.7℃$；② $W'_h/W_h = 1.67$]

*__4-23__ 对题 4-22 的条件，物料流量增大一倍后，若要求其出口温度不变，应采取什么措施才能完成任务？通过计算说明。

[答：需将饱和水蒸气的温度提高至 115.6℃]

4-24 温度为 20℃ 的物料经套管换热器被加热至 45℃，对流传热系数为 $1000 \text{W}/(\text{m}^2 \cdot \text{K})$；管外用 100℃ 的饱和水蒸气加热，对流传热系数为 $10^4 \text{W}/(\text{m}^2 \cdot \text{K})$，忽略管壁及污垢热阻，计算管壁的平均温度和传热系数 K。

[答：$t_w = 93.9℃$，$K = 909.1 \text{W}/(\text{m}^2 \cdot \text{K})$]

*__4-25__ 在传热面积为 25m^2 的列管式换热器中测定换热器的传热系数。冷水进口温度 20℃，走管内；热水进口温度为 70℃，走管外，逆流操作。当冷水流量为 2.0kg/s 时，测得冷水、热水出口温度分别为 40℃ 和 30℃；当冷水流量增加一倍时，测得冷水出口温度为 31℃。设管壁和污垢热阻可略，试计算管内和管外的对流传热系数各为多少。（提示：对工况①，$\frac{1}{K} = \frac{1}{\alpha_o} + \frac{1}{\alpha_i}$；对工况②，$\frac{1}{K'} = \frac{1}{\alpha_o} + \frac{1}{\alpha'_i}$，且 $\alpha'_i = 2^{0.8} \alpha_o$）

[答：对工况①，$\alpha_i = 1304 \text{W}/(\text{m}^2 \cdot ℃)$，$\alpha_o = 510.5 \text{W}/(\text{m}^2 \cdot ℃)$；对工况②，$\alpha'_i = 2270 \text{W}/(\text{m}^2 \cdot ℃)$，$\alpha'_o = 510.5 \text{W}/(\text{m}^2 \cdot ℃)$]

4-26 有一根表面温度为 327℃ 的钢管，黑度为 0.7，直径为 76mm，长度为 3m，放在很大的红砖屋里，砖壁温度为 27℃。求达到定常后钢管的辐射热损失。

[答：$Q = 3454 \text{W}$]

*__4-27__ 两无限大平板进行辐射传热，已知 $\varepsilon_1 = 0.2$，$\varepsilon_2 = 0.7$。若在两平板之间放置一块黑度 $\varepsilon_3 = 0.04$ 的遮热板，试计算传热量减少的百分数。

[答：$Q'/Q = 10\%$]

*__4-28__ 外径为 57mm 的钢管，壁温为 100℃，外包一层厚度为 40mm 的绝热材料，$\lambda = 0.2 \text{W}/(\text{m} \cdot \text{K})$。若环境温度为 20℃，求每米钢管的热损失。（提示：辐射对流联合传热，试差求解）

[答：$Q/l = 86.8 \text{W/m}$]

4-29 流量为 30kg/s 的某油品在列管换热器壳程流过，从 150℃ 降至 110℃，将管程的原油从 25℃ 加热至 60℃。现有一列管换热器的规格为：壳径 600mm，壳方单程，管方四程，共有 368 根直径为 $\phi 19 \times 2$、长 6m 的钢管，管心距为 25mm，正三角形排列，壳程装有缺口（直径方向）为 25% 的弓形挡板，挡板间距 200mm。试核算此换热器能否满足换热要求。已知定性温度下两流体的物性如下：

流体名称	比热容 c_p /kJ·kg^{-1}·℃$^{-1}$	黏度 μ /Pa·s	热导率 λ /W·m^{-1}·℃$^{-1}$	污垢热阻 /m^2·℃·W^{-1}
原油	1.986	0.0029	0.136	0.001
油品	2.20	0.0052	0.119	0.005

[答：$A_{计} = 114 \text{m}^2$，$A_{实} = 131.8 \text{m}^2$，可用]

4-30 某厂用冷却水冷却从反应器出来的循环使用的有机液。操作条件及物性如下：

液体	温度/℃ 入口	温度/℃ 出口	质量流量 /kg·h^{-1}	比热容 /kJ·kg^{-1}·℃$^{-1}$	密度 /kg·m^{-3}	热导率 /W·m^{-1}·℃$^{-1}$	黏度 /Pa·s
有机溶液	65	50	4×10^4	2.261	950	0.172	1×10^{-3}
水	25	t_2	2×10^4	4.187	1000	0.621	0.742×10^{-3}

试选用一适当型号的列管式换热器。

本章主要符号说明

英文字母

A——传热面积，m^2；辐射吸收率；
a——热扩散系数，m^2/s；温度系数，$℃^{-1}$；
C——辐射系数；$W/(m \cdot K^4)$；
c_p——定压热容，$J/(kg \cdot ℃)$ 或 $J/(kg \cdot K)$；
D——换热器壳内径，m；辐射透过率；
E——辐射能力，W/m^2；
f——校正系数；
H——高度，m；
h——挡板间距，m；
K——传热系数，$W/(m^2 \cdot K)$；
l——管长，m；
M——冷凝负荷，$kg/(m \cdot s)$；
N_B——折流挡板数；
N_p——管程数；
n——管数；
Q——传热速率，W；
q——热通量，W/m^2；
R——热阻，$℃/W$ 或 K/W；反射率；
R_s——污垢热阻，$℃ \cdot m^2/W$ 或 $K \cdot m^2/W$；
r——比汽化焓，J/kg；
S——截面积，m^2；
T——热流体温度，℃ 或 K；
t——冷流体温度，℃ 或 K；管心距，m。

希腊字母

α——对流传热系数，$W/(m^2 \cdot ℃)$ 或 $W/(m^2 \cdot K)$；
ε——黑度；
λ——热导率，$W/(m \cdot ℃)$ 或 $W/(m \cdot K)$；摩擦系数；
σ——表面张力，N/m^2；
σ_0——黑体辐射常数，$W/(m^2 \cdot K^4)$；
ψ——温度修正系数；
φ——角系数；
δ——厚度，m；
δ_t——传热虚拟膜厚度，m。

下　标

c——冷流体；
e——当量；
g——气体；
h——热流体；
i——管内；
l——液体；
m——平均；
o——管外；
s——饱和；
w——壁面。

第四章　传热

*第五章 蒸 发

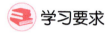学习要求

1. 熟练掌握的内容

单效蒸发过程及其计算（包括水分蒸发量、加热蒸汽消耗量、有效温度差及传热面积的计算）；蒸发器的生产能力、生产强度和单位蒸汽消耗量。

2. 理解的内容

蒸发操作的特点；多效蒸发操作的流程及最佳效数。

3. 了解的内容

蒸发过程的工业应用与分类；常用蒸发器的结构、特点和应用场合；蒸发器的选用。

第一节 概 述

一、蒸发过程及其特点

将含非挥发性物质的稀溶液加热沸腾使部分溶剂汽化并使溶液得到浓缩的过程称为**蒸发**，它是化工、轻工、食品、医药等工业中常用的一个单元操作。蒸发的主要目的如下。

① 浓缩溶液。如食盐电解得到的氢氧化钠水溶液的浓缩、果汁的浓缩等。当需要从稀溶液获得固体溶质时，常常先通过蒸发操作使溶液浓缩，然后利用结晶、干燥等操作得到固体产品。

② 制取或回收纯溶剂。如海水淡化、有机磷农药苯溶液的浓缩脱苯等。

蒸发过程的特点如下。

① 蒸发是一种分离过程，可使溶液中的溶质与溶剂得到部分分离，但溶剂与溶质分离是靠热源传递热量使溶剂沸腾汽化。溶剂的汽化速率取决于传热速率，因此把蒸发归属于传热过程。

② 被蒸发的物料是由挥发性溶剂和不挥发的溶质组成的溶液。在相同温度下，溶液的蒸气压比纯溶剂的蒸气压要小。在相同的压强下，溶液的沸点比纯溶剂的沸点要高，且一般

随浓度的增加而升高。

③ 溶剂的汽化要吸收能量,热源耗量很大。如何充分利用能量和降低能耗,是蒸发操作的一个十分重要的课题。

④ 由于被蒸发溶液的种类和性质的不同,蒸发过程所需的设备和操作方式也随之有很大的差异。如有些热敏性物料在高温下易分解,必须设法降低溶液的加热温度,并减少物料在加热区的停留时间;有些物料有较大的腐蚀性;有些物料在浓缩过程中会析出结晶或在传热面上大量结垢使传热过程恶化等。因而蒸发设备的种类和型式很多,要根据不同的要求选用适当的型式。

二、蒸发过程的分类

(一) 按加热方式

(1) 直接加热 例如通过喷嘴将燃料燃烧后的高温火焰或热烟道气直接喷入被蒸发的溶液中,使溶剂汽化。这类直接接触式蒸发器的传热速率高,金属消耗量小,但应用范围受到被蒸发物料和蒸发要求的限制。不属本章讨论范围。

(2) 间接加热 热量通过间壁式换热设备传给被蒸发溶液而使溶剂汽化。一般工业蒸发过程多属此类。

(二) 按操作压强

(1) 常压蒸发 蒸发器加热室溶液侧的操作压强略高于大气压强,此时系统中不凝气体依靠其本身的压强排出。

(2) 真空蒸发 溶液侧的操作压强低于大气压强,要依靠真空泵抽出不凝气体并维持系统的真空度。其目的是降低溶液的沸点和有效利用热源。与常压蒸发相比,真空蒸发可以使用低压蒸汽或废热蒸汽作热源;减小系统的热损失,有利于处理热敏性物料,在相同热源温度下可提高温度差。但溶液沸点的降低会使其黏度增大,沸腾时传热系数将降低;且系统需用真空装置,因而会增加一些额外的能量消耗和设备。

(3) 加压蒸发 某些蒸发过程需与前、后生产过程的系统压强相匹配,如丙烷萃取脱沥青需在 2.8～3.9MPa 下进行,则宜采用加压蒸发。

(三) 按蒸发器的效数

工业生产中被蒸发的物料多为水溶液,且常用饱和水蒸气为热源通过间壁加热。热源蒸气习惯上称为生蒸气,而从蒸发器汽化生成的水蒸气称为二次蒸汽。

(1) 单效蒸发 蒸发装置中只有一个蒸发器,蒸发时生成的二次蒸汽直接进入冷凝器而不再次利用,称为单效蒸发。

(2) 多效蒸发 将几个蒸发器串联操作,使蒸汽的热能得到多次利用。通常它是将前一个蒸发器产生的二次蒸气作为后一个蒸发器的加热蒸气,蒸发器串联的个数称为效数,最后一个蒸发器产生的二次蒸气进入冷凝器被冷凝,这样的蒸发过程称为多效蒸发。

(四) 按操作方式

(1) 间歇蒸发 它又可分为一次进料、一次出料和连续进料、一次出料两种方式。排出的蒸浓液通常称为完成液。在整个操作过程中,蒸发器内的溶液浓度和沸点均随时间而变化,因此传热的温度差、传热系数等各参数均随时间而变,达到一定溶液浓度后将完成液排出。

(2) 连续蒸发 连续进料、完成液连续排出。一般大规模生产中多采用连续蒸发。

第二节 单效蒸发过程

蒸发过程的计算包括蒸发器的物料衡算、热量衡算和传热面积计算。本节讨论的是单效、间接加热、连续定常操作的水溶液的蒸发过程,可供其他溶液蒸发计算时参考。

一、单效蒸发流程

图 5-1 为单效蒸发流程示意图。蒸发装置包括蒸发器和冷凝器(如用真空蒸发,在冷凝器后应接真空泵)。用加热蒸汽(一般为饱和水蒸气)将水溶液加热,使部分水沸腾汽化。蒸发器下部为加热室,相当于一个间壁式换热器(通常为列管式),应保证足够的传热面积和较高的传热系数。上部为蒸发室,沸腾的气液两相在蒸发室中分离,因此也称为分离室,应有足够的分离空间和横截面积。在蒸发室顶部设有除沫装置以除去二次蒸汽中夹带的液滴。二次蒸汽进入冷凝器用冷却水冷凝,冷凝水由冷凝器下部经水封排出,不凝气体由冷凝器顶部排出。不凝气体的来源有系统中原存的空气、进料液中溶解的气体或在减压操作时漏入的空气。

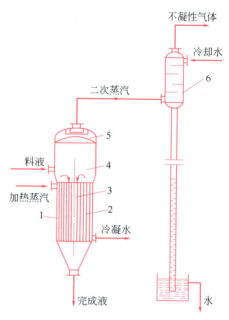

图 5-1 单效蒸发流程示意图
1—加热管;2—加热室;3—中央循环管;
4—蒸发室;5—除沫器;6—冷凝器

二、单效蒸发过程的计算

按物料衡算与热量衡算的要求先画出过程衡算示意图(图 5-2),注明出、入系统各物流和物流变量。以 1h 为物料衡算基准。令:

F——原料液量,kg/h;
w_0——原料液中溶质的质量分数;
w_1——完成液中溶质的质量分数;
W——水分蒸发量(即二次蒸汽量),kg/h;
D——加热蒸汽用量,kg/h。

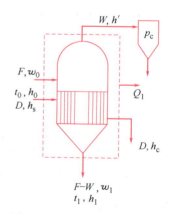

图 5-2 单效蒸发的物料衡算
和热量衡算示意图

（一）水分蒸发量的计算

设溶质在蒸发过程中不挥发，故进出口溶液中的溶质量不变。

对蒸发器做溶质的物料衡算，可得

$$Fw_0 = (F-W)w_1 \tag{5-1}$$

由式(5-1)可得蒸发器的水分蒸发量：

$$W = F\left(1 - \frac{w_0}{w_1}\right) \tag{5-1a}$$

或完成液中溶质的质量分数：

$$w_1 = \frac{Fw_0}{F-W} \tag{5-1b}$$

【例 5-1】 在单效连续蒸发器中，每小时将 1000kg 的某水溶液由 10% 浓缩至 16.7%（均为质量分数），试计算所需蒸发的水分量。

解 已知 $F=1000\text{kg/h}$，$w_0=0.10$，$w_1=0.167$，按式(5-1a)得

$$W = 1000 \times \left(1 - \frac{0.10}{0.167}\right) = 401\text{kg/h}$$

（二）加热蒸汽消耗量的计算

对图 5-2 系统做热量衡算，可得

$$Dh_s + Fh_0 = Dh_c + Wh' + (F-W)h_1 + Q_1 \tag{5-2}$$

式中 h_s——加热蒸汽的比焓，kJ/kg；

h'——二次蒸汽的比焓，kJ/kg；

h_c——冷凝水的比焓，kJ/kg；

h_1——完成液的比焓，kJ/kg；

h_0——原料液的比焓，kJ/kg；

Q_1——蒸发器的热损失，kJ/h。

由式(5-2)可得加热蒸汽用量为

$$D = \frac{Wh' + (F-W)h_1 - Fh_0 + Q_1}{h_s - h_c} \tag{5-2a}$$

对一定的焓基准态，各种溶液的比焓需通过实验求得，一般溶液的比焓随其浓度和温度变化。对于浓缩热（或稀释热）不大的溶液，其焓值可由其平均比热容做近似计算。取 0℃ 的液态水与固体溶质为溶液焓的基准态，则有：

$$h_0 = c_0 t_0 \tag{5-3}$$

$$h_1 = c_1 t_1 \tag{5-4}$$

式中 c_0——原料液在 $0 \sim t_0$ 之间的平均等压比热容，kJ/(kg·K)；

c_1——完成液在 $0 \sim t_1$ 之间的平均等压比热容，kJ/(kg·K)；

t_0——原料液进口温度，℃；

t_1——完成液出口温度，可认为等于溶液的沸点，℃。

对于溶解时热效应不大的溶液，其比热容 c_0、c_1 又可近似地用下式计算

$$c_0 = c_w(1-w_0) + c_B w_0 \tag{5-5}$$

$$c_1 = c_w(1-w_1) + c_B w_1 \tag{5-6}$$

式中　c_B——溶质的平均等压比热容，kJ/(kg·K)；

　　　c_w——水的平均等压比热容，kJ/(kg·K)。

由式(5-5) 得

$$c_B = \frac{c_0 - c_w + c_w w_0}{w_0}$$

将上式和式(5-1b) 代入式(5-6) 得

$$c_1 = c_w\left(1 - \frac{Fw_0}{F-W}\right) + c_B \frac{Fw_0}{F-W}$$

上式化简得

$$(F-W)c_1 = Fc_0 - Wc_w \tag{5-7}$$

若加热蒸汽为饱和蒸汽，冷凝水在饱和温度下排出，则

$$h_s - h_c = r \tag{5-8}$$

式中　r——加热蒸汽的比汽化焓，kJ/kg。

且近似地取

$$h' - c_w t_1 \approx r' \tag{5-9}$$

式中　r'——二次蒸汽的比汽化焓，kJ/kg。

将式(5-7)、式(5-8)、式(5-9) 代入式(5-2a) 得

$$D = \frac{Wh' + (F-W)c_1 t_1 - Fc_0 t_0 + Q_1}{h_s - h_c} = \frac{Wh' + (Fc_0 - Wc_w)t_1 - Fc_0 t_0 + Q_1}{h_s - h_c}$$

$$= \frac{W(h' - c_w t_1) + Fc_0(t_1 - t_0) + Q_1}{h_s - h_c} = \frac{Fc_0(t_1 - t_0) + Wr' + Q_1}{r} \tag{5-10}$$

即

$$Dr = Fc_0(t_1 - t_0) + Wr' + Q_1 \tag{5-10a}$$

式(5-10a) 表明，加热蒸汽相变放出的热量用于：

① 使原料液由 t_0 升温至沸点 t_1；

② 使水在 t_1 温度下汽化生成二次蒸汽；

③ 补偿蒸发器的热损失。

定义 $\dfrac{D}{W} = e$，称为<u>单位蒸汽消耗量</u>，即每蒸发 1kg 水需要消耗的加热蒸汽量，kg 蒸汽/kg 水。这是蒸发器的一项重要的技术经济指标。

若原料液在沸点下加入，则 $t_0 = t_1$，忽略热损失，则 $Q_1 = 0$，式(5-10a) 可简化为

$$e = \frac{D}{W} = \frac{r'}{r} \tag{5-11}$$

在较窄的饱和温度范围内，水的比汽化焓变化不大，若再近似认为 $r = r'$，则 $D \approx W$，$e \approx 1$，也就是在上述各假设的条件下，采用单效蒸发时，汽化 1kg 水消耗 1kg 加热蒸汽。实际上，由于溶液的热效应的存在和热量损失不能忽略，$e \geq 1.1$。

● **【例 5-2】**　若例 5-1 中单效蒸发器的平均操作压强为 40kPa，相应的溶液沸点为 80℃，该温度下的比汽化焓为 2307kJ/kg。加热蒸汽的绝压为 200kPa，原料液的平均比热

容为 3.70kJ/(kg·K)，蒸发器的热损失为 10kW，原料液的初始温度为 20℃，忽略溶液的浓缩热和沸点上升的影响。试求加热蒸汽的消耗量。

解 查附录七、附录八得 200kPa 下饱和水蒸气的比汽化焓 $r=2205$kJ/kg，80℃下的比汽化焓 $r'=2307$kJ/kg。

已知 $F=1000$kg/h，$c_0=3.70$kJ/(kg·K)，$t_1=80$℃，$t_0=20$℃，$Q_1=10$kW$=10\times3600$kJ/h。由例 5-1 已得 $W=401$kg/h。

按式 (5-10) 得

$$D=\frac{1000\times3.70\times(80-20)+401\times2307+10\times3600}{2205}=537\text{kg/h}$$

则

$$e=\frac{537}{401}=1.34\text{kg 蒸汽/kg 水}$$

（三）加热室的传热面积计算

根据间壁式换热器的传热速率方程可得

$$A=\frac{Q}{K\Delta t_m} \tag{5-12}$$

式中　A——蒸发器加热室的传热面积，m^2；
　　　Q——加热室的传热速率，即蒸发器的热负荷，W；
　　　K——加热室的传热系数，W/($m^2\cdot$℃)；
　　Δt_m——加热室间壁两侧流体间的有效温度差，℃。

（1）蒸发器的热负荷 Q　由于蒸发器的热损失占总供热负荷的比例较小，所以 Q 可近似按下式计算

$$Q\approx D(h_s-h_c)=Dr \tag{5-13}$$

（2）传热系数 K　忽略管壁热阻，以管外表面积计的传热系数为

$$K=\frac{1}{\dfrac{1}{\alpha_o}+R_o+R_i\dfrac{d_o}{d_i}+\dfrac{1}{\alpha_i}\times\dfrac{d_o}{d_i}} \tag{5-14}$$

式中　α_o——加热管外蒸汽冷凝时的对流传热系数，W/($m^2\cdot$℃)；
　　　α_i——加热管内溶液沸腾时的对流传热系数，W/($m^2\cdot$℃)，它是影响 K 值的一个重要因素，其大小与溶液性质、蒸发器结构以及操作条件有关；
　　　R_o——管外污垢热阻，($m^2\cdot$℃)/W，可按表 4-7 的经验数据选取；
　　　R_i——管内污垢热阻，($m^2\cdot$℃)/W，其值与溶液性质、管壁温度、蒸发器的结构以及管内液体的流动情况等有关，有时在蒸发过程中有溶质析出，形成较大的污垢热阻，在蒸发器计算中应根据经验取值，它常常是蒸发器热阻的主要部分。

由于现有计算管内沸腾传热系数的关联式准确性较差，目前在蒸发器计算中，K 值多数根据实验数据选定。表 5-1 列出了一些常用蒸发器的 K 值的大致范围，可供估算使用。

表 5-1 各种蒸发器的传热系数 K 值

蒸发器型式	传热系数 $K/W \cdot m^{-2} \cdot ℃^{-1}$	蒸发器型式	传热系数 $K/W \cdot m^{-2} \cdot ℃^{-1}$
标准式（自然循环）	600～3000	外热式（强制循环）	1200～7000
悬筐式	600～3000	升膜式	1200～6000
外热式（自然循环）	1200～6000		

（3）加热室的有效温度差 Δt_m 对于一侧为水蒸气冷凝、另一侧为液体沸腾情况，理论上温差即为加热蒸汽的饱和温度与液体在操作压强下的沸点温度之差，这个压强是由冷凝器操作决定的。在加热室中，管外的加热蒸汽温度与蒸汽压强的关系可直接由附录查得；但被蒸发的溶液沸点随管内液体种类、浓度和液面上方操作压强而变，在加热室不同高度处的沸点也不相同。如何选取这一沸点温度对热量衡算影响不大，但对实际温差（即有效温差）和传热面积的计算将有相当大的影响，下节将做详细讨论。

● **【例 5-3】** 采用单效真空蒸发装置连续蒸发氢氧化钠水溶液，其浓度由 0.20（质量分数）浓缩至 0.50（质量分数），加热蒸汽压强为 0.3MPa（表压），已知加热蒸汽消耗量为 4000kg/h，蒸发器的传热系数为 1500W/(m²·℃)，有效温度差为 17.4℃。试求蒸发器所需的传热面积（忽略热损失）。

解 查附录八，得 0.4MPa 绝压下水蒸气的比汽化焓 $r = 2139$ kJ/kg，按式（5-13）可得

$$Q = Dr = \frac{4000}{3600} \times 2139 = 2377 \text{kW}$$

则由式（5-12）可得蒸发器的传热面积为

$$A = \frac{Q}{K \Delta t_m} = \frac{2377 \times 10^3}{1500 \times 17.4} = 91.1 \text{m}^2$$

（四）蒸发器的有效温度差

1. 蒸发装置的最大可能温度差 Δt_{max}

如果不考虑由于溶质存在引起的溶液沸点升高，也不考虑加热室加热管中液柱高度对液体内部实际压强的影响，以及被蒸发出的二次蒸汽从分离室流到冷凝器的管路阻力引起的压降，那么蒸发器中溶液的沸腾温度可视为等于冷凝器的操作压强 p_c 下水的沸点 t_c，因此蒸发装置加热室两侧的最大可能温度差为

$$\Delta t_{max} = t_s - t_c \tag{5-15}$$

式中 t_s——加热管外加热蒸汽压强下的饱和温度，℃。

2. 温差损失

实际上上述的假设并不成立，加热室管内溶液的平均沸点 t_B 要高于 t_c，令 $t_B - t_c = \Delta$，称为单效蒸发装置的总温度差损失

$$\Delta = \Delta' + \Delta'' + \Delta''' \tag{5-16}$$

式中 Δ'——由于溶质的存在使溶液沸点升高引起的温差损失，℃；

Δ''——由于加热管中液柱高度引起沸点升高而导致的温差损失，℃；

Δ'''——由于二次蒸汽从分离室流至冷凝器的流动阻力引起的温差损失，℃。

下面分别讨论各种温差损失的求取。

(1) Δ' 的求取　最常用的为**杜林法则**，即一定浓度的某种溶液的沸点为相同压强下标准液体的沸点的线性函数。由于不同压强下水的沸点可由水蒸气表查得，故一般取纯水为标准液体。根据杜林法则，以溶液的沸点 t_B 为纵坐标，以同压强下水的沸点 t_w 为横坐标，只要已知某溶液在两个压强下的沸点值，并查出这两个压强下纯水的沸点，即可作图得一直线，其直线方程为

$$t_B = K t_w + m \tag{5-17}$$

或

$$\frac{t'_B - t_B}{t'_w - t_w} = K \tag{5-17a}$$

式中　t'_B、t_B——该溶液在压强 p'、p 下的沸点，℃；
　　　t'_w、t_w——p'、p 下水的沸点，℃；
　　　K——杜林线的斜率，无因次。

图 5-3 为 NaOH 溶液在不同浓度下的杜林线图，图中不同的沸点对应于不同的压强。由图可得以下内容。

① 每一浓度下溶液的杜林线与浓度为零（即纯水）的杜林线之间的垂直距离即为相应压强下该溶液的沸点升高值，也即温差损失 Δ'。

② 当溶液浓度较低时，其杜林线的斜率接近于 1，说明一定浓度的稀溶液的沸点升高值随压强变化甚小。

Δ' 的值随溶液的性质、浓度及液面上方即蒸发室的操作压强而变化，一般有机溶液的 Δ' 值较小，而无机溶液的值较大。

(2) 加热管内液柱高度而引起的温差损失 Δ''　在蒸发器操作中，加热管内必有一定的静液柱高度。按流体静力学方程，不同液层深度处压强不同，因而溶液的沸点随液层深度而增加。一般取溶液的平均沸点为加热管内静液柱中部的平均压强 p_m 下的沸点。

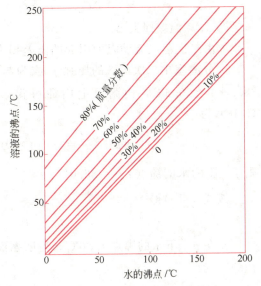

图 5-3　NaOH 水溶液的杜林线图

$$p_m = p + \frac{\rho g l}{2} \tag{5-18}$$

式中　p——分离室内的压强，Pa；
　　　ρ——溶液的密度，kg/m³；
　　　l——加热管内静液柱高度，m，一般为加热管长的 1/2～2/3。

由于溶液浓度对沸点升高的影响已在 Δ' 中计算，因此静液柱高度引起的温差损失为

$$\Delta'' = t_{p_m} - t_p \tag{5-19}$$

式中　t_{p_m}、t_p——分别为压强 p_m、p 下水的沸点，℃。

(3) Δ''' 的求取　由于二次蒸汽在管道内的流动阻力产生的压降使分离室上方的压强高于冷凝器中的压强 p_c，这也是使 t_B 高于 t_c 的一个原因，因此引起的温差损失为 Δ'''，此值与二次蒸汽的流速、分离室与冷凝器间连接的管道长度和管件以及除沫器等有关，通常根

据经验可取为 1~1.5℃。

3. 蒸发装置的有效传热温度差 Δt_m

$$\Delta t_m = \Delta t_{max} - \Delta \tag{5-20}$$

【例 5-4】 若例 5-3 中加热器内液柱维持为 2m，冷凝器的真空度为 54.7kPa，大气压强为 100kPa，蒸发室内溶液密度为 1500kg/m³。试求蒸发器的有效温度差。

解 ① 计算蒸发装置的最大可能温度差 Δt_{max}。

由附录八查得 0.3MPa（表压）的饱和水蒸气温度 $t_s = 143.4℃$。

冷凝器的操作压强 $p_c = 100 - 54.7 = 45.3$kPa，用内插法由附录八可得相应的饱和温度 $t_c = 78.3℃$。

按式(5-15)可得

$$\Delta t_{max} = t_s - t_c = 143.4 - 78.3 = 65.1℃$$

② 计算温差损失 Δ。

a. 由二次蒸汽流动阻力引起的温差损失 $\Delta''' = 1℃$。

b. 分离室中二次蒸汽的压强 p 应为与 t_p 相对应的饱和蒸汽压强，而 $t_p = t_c + \Delta''' = 78.3 + 1 = 79.3℃$，由附录七内插可得 $p = 46.14$kPa，因此加热管中的平均压强按式(5-18)为

$$p_m = p + \frac{\rho g l}{2} = 46.14 \times 10^3 + \frac{1500 \times 9.81 \times 2}{2} = 60.86 \text{kPa}$$

则 p_m 下的水的沸点 $t_{p_m} = 86.0℃$。

按式(5-19)得

$$\Delta'' = t_{p_m} - t_p = 86.0 - 79.3 = 6.7℃$$

c. 在 p_m 下水的沸点为 86℃，当浓缩液浓度为 50%NaOH 时，由图 5-3 查得其沸点为 126℃，故

$$\Delta' = 126 - 86 = 40℃$$

按式(5-16)得

$$\Delta = \Delta' + \Delta'' + \Delta''' = 40 + 6.7 + 1 = 47.7℃$$

③ 计算蒸发器的有效温度差 Δt_m。

按式(5-20)得

$$\Delta t_m = \Delta t_{max} - \Delta = 65.1 - 47.7 = 17.4℃$$

请读者分析由此结果得出的结论。

三、蒸发器的生产能力和生产强度

（1）蒸发器的生产能力 蒸发器的<u>生产能力</u>是指单位时间内蒸发的溶剂（水）量，kg/s 或 kg/h，由生产要求确定。

（2）蒸发器的生产强度 蒸发器的<u>生产强度</u>是指单位加热室传热面积上单位时间内所蒸发的溶剂（水）量，可用下式表示

$$U = \frac{W}{A} \quad [\text{kg}/(\text{m}^2 \cdot \text{s})] \tag{5-21}$$

式中　W——蒸发器的生产能力，kg/s；
　　　A——蒸发器加热室的传热面积，m^2。

对于一定的蒸发任务，要求蒸发量 W 一定，若蒸发器的 U 愈大，所需的传热面积则愈小，即蒸发过程的设备投资愈少，故蒸发器的生产强度也是评价蒸发器性能优劣的一个重要指标。

▲ 学习本节后可做习题 5-1～5-6，思考题 5-2。

第三节　多效蒸发过程

多效蒸发的目的主要是通过二次蒸汽的再利用，以节约能耗，从而提高蒸发装置的经济性。

一、多效蒸发的操作流程

图 5-4 是一种三效蒸发装置的流程图，按加热蒸汽的流向，第一个蒸发器（称为第一效）中蒸出的二次蒸汽作为第二个蒸发器（第二效）的加热蒸汽；第二效蒸出的二次蒸汽作为第三效的加热蒸汽；第三效（此流程中的最后一个蒸发器，称为末效）蒸出的二次蒸汽进入冷凝器，用冷却水直接冷凝后由水封排出。各效的加热蒸汽温度 t_{si} 应高于各效加热管内溶液的沸腾温度 t_i，故应有

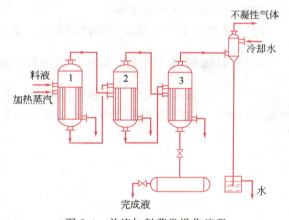

图 5-4　并流加料蒸发操作流程

$$t_{s1} > t_1 > t_{s2} > t_2 > t_{s3} > t_3 > t_c$$

这里的 t_c 仍为冷凝器内压强 p_c 下的饱和温度。

各效分离室的操作压强 p_i 也必须依次降低，即

$$p_1 > p_2 > p_3 > p_c$$

以保证料液沸点逐效降低。这样，二次蒸汽才能重复利用。

由于多效蒸发中溶液的流向可以有不同的方式，按溶液与加热蒸汽流向的相对关系可以有以下四种操作流程。

（一）并流加料流程

并流加料流程（参见图 5-4）中，料液流向与蒸汽流向相同，在生产中用得较多。其优点如下：

① 溶液从压强和温度高的蒸发器流向压强和温度低的蒸发器，溶液可依靠效间的压差流动而不需泵送。

② 溶液进入温度和压强较低的下一效时处于过热状态，因而会产生额外的汽化（也称为自蒸发），得到较多的二次蒸汽。

③ 完成液在末效排出，其温度最低，故总的热量消耗较低。

其缺点是：由于各效中溶液的浓度依次增高，而温度依次降低，因此溶液的黏度增加很快，使加热室的传热系数依次下降，这将导致整个蒸发装置生产能力的降低或传热面积的增加。由此可知，并流加料流程只适用于黏度不很大的料液的蒸发。

（二）逆流加料流程

图 5-5 所示为逆流加料的三效蒸发流程。溶液的流向与蒸汽的流向相反。

其优点是：溶液浓度在各效中依次增高的同时，温度也随之增高，因而各效内溶液的黏度变化不大，使各效的传热系数差别也不大，这种流程适用于黏度随浓度和温度变化较大的溶液的蒸发。

其缺点如下。

① 溶液在效间是从低压流向高压，因而必须用泵输送。

② 溶液在效间是从低温流向高温，每一效的进料相对而言均为冷液，没有自蒸发，产生的二次蒸汽量少于并流流程。

③ 完成液在第一效排出，其温度较高，带走热量较多，而且不利于热敏性料液的蒸发。

（三）分流加料（习惯上也称平流加料）流程

图 5-6 为分流加料流程，料液平行加入各效，完成液由各效分别排出。其特点是溶液不在效间流动。适用于蒸发过程中有结晶析出的情况或要求得到不同浓度溶液的场合。

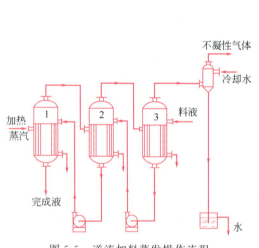

图 5-5　逆流加料蒸发操作流程

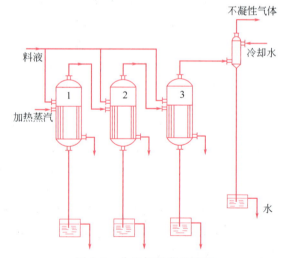

图 5-6　分流加料蒸发流程

（四）错流加料流程

在流程中采用部分并流加料和部分逆流加料，以利用逆流和并流流程各自的长处。一般在末几效采用并流加料。但操作比较复杂。

采用哪一种蒸发操作流程，应根据所处理溶液的具体特性及操作要求来选定。

二、多效蒸发的最佳效数

在单效蒸发中,已知每蒸发 1kg 水需要消耗多于 1kg 的加热蒸汽。在工业生产中,采用多效蒸发可以节约能源,减少热源蒸汽(即生蒸汽)的单位耗量,提高其利用率。

显然,当蒸发的生产能力一定时,采用多效蒸发所需的生蒸汽消耗量远小于单效。理论上的单位蒸汽消耗量 D/W,对单效为 1,双效为 $1/2$,三效为 $1/3$,n 效为 $1/n$;但实际上由于存在各种温差损失和热损失,所以达不到上述的指标。表 5-2 列出了五效蒸发器各效的 D/W 经验值。

表 5-2　蒸发过程的单位蒸汽消耗量(D/W)经验值　　　　　kg/kg 水

效数 n	单效	双效	三效	四效	五效
理想值	1	0.5	0.33	0.25	0.2
实际平均值	1.1	0.57	0.4	0.3	0.27

由表 5-2 可见,随效数增加,所节省的生蒸汽消耗量愈来愈少,但设备费则随效数增多成正比增加,所以蒸发器的效数必存在最佳值,应当根据设备费和操作费之和为最小来确定。

*三、多效蒸发过程的计算

多效蒸发过程的计算与单效蒸发过程相仿,其计算项目是:水分总蒸发量、各效水分蒸发量、生蒸汽消耗量以及各效的传热面积。其计算依据的基本关系仍然是物料衡算、热量衡算和传热速率方程。只是由于效数的增多,未知量也随之增加,计算过程要比单效复杂得多。

一般多效蒸发流程中,为设备配置方便,常使用传热面积相同的蒸发器,这就涉及到各效蒸发水量、各效有效传热温差和效间压降如何分配的问题,需要采用试差法进行计算。读者可参考有关书籍。

第四节　蒸发装置及其选型

一、蒸发器

蒸发器是蒸发装置中的主体设备,其型式有多种,基本可分为循环型与非循环型(单程型)两大类,现将常用的几种蒸发器的结构型式、特点做一些简单介绍,供选型参考。

(一)循环型蒸发器

(1)中央循环管式蒸发器　是早期应用较广的一种蒸发器,故称为标准式蒸发器。如图 5-7 所示,其下部加热室相当于垂直安装的固定管板式列管加热器,但其中心管直径远大于其余管子的管径,称为中央循环管,其周围的加热管称为沸腾管,管内溶液受热沸腾大量汽化,形成汽液混合物并随气泡向上运动。中央循环管的截面积约为沸腾管总截面积的

40%～100%，此处对单位体积溶液的传热面积比沸腾管小得多，因此其中溶液的汽化程度低，汽液混合物的密度要比沸腾管内大得多，导致分离室中的溶液由中央循环管中下降、从各沸腾管上升的自然循环流动，从而提高传热效果。这种蒸发器的优点是：结构简单、制造方便、操作可靠、投资费用较少。其缺点是：溶液的循环速度较低（一般在 0.5m/s 以下），传热系数较低，清洗和维修不够方便。一般适用于黏度适中、结垢不严重或有少量结晶析出的场合。

（2）悬筐式蒸发器　针对标准式蒸发器的溶液流动速度慢以及清洗、维修不便的缺点，把加热室做成如图 5-8 所示的悬筐，悬挂在蒸发器壳体的下部，加热蒸汽由中间引入，仍在管外冷凝，而溶液在加热室外壁与壳体内壁形成的环形通道内下降，并沿沸腾管上升。环形通道的总截面积约为沸腾管总截面积的 100%～150%，因而与标准式蒸发器相比，溶液的循环速度可以提高，为 1～1.5m/s，使传热系数得以提高。由于加热室可从蒸发器顶部取出，清洗、检修和更换方便；由于溶液的循环速度较高，蒸发器的壳体是与温度较低的循环液体相接触，因此其热损失也比标准式要小。其缺点是，结构较为复杂，单位传热面积的金属耗量较大。

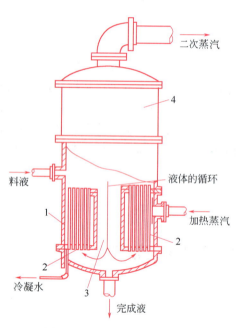 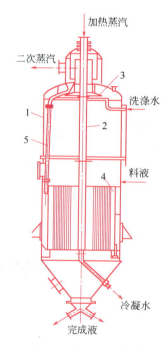

图 5-7　中央循环管式蒸发器
1—外壳；2—加热室；
3—中央循环管；4—蒸发分离室

图 5-8　悬筐式蒸发器
1—外壳；2—加热蒸汽管；3—除沫器；
4—加热室；5—液沫回流管

这种蒸发器适用于易结垢或有结晶析出的溶液的蒸发。

（3）外热式蒸发器　如图 5-9 所示，其加热室置于蒸发室的外侧。加热室与蒸发室分开的优点是：便于清洗和更换；既可降低蒸发器的总高，又可采用较长的加热管束；循环管不受蒸汽加热，两侧管中流体密度差增加，使溶液的循环速度加大（可达 1.5m/s），有利于提高传热系数。这种蒸发器的缺点是：单位传热面积的金属耗量大，热损失也较大。

（4）列文式蒸发器　为了进一步提高循环速度，提高传热系数并使蒸发器更适于处理易结晶、结垢及黏度大的物料，图 5-10 所示的列文式蒸发器在加热室的上方增设了一段沸腾室，这样加热室中的溶液受到这一段附加的静压强的作用，使溶液的沸点升高而不在加热管中沸腾，待溶液上升到沸腾室时压强降低，溶液才开始沸腾汽化，这就避免了结晶在加热室析出，垢层也不易形成。沸腾室的上部装有挡板以防止气泡合并增大，因而汽液混合物可达较大的上升流速。蒸发器的循环管设在加热室外部且高度较高（一般为 7～8m），其截面积为加热管总截面积的 200%～350%，有利于增加溶液循环的推动力，减小流动阻力，循环速度可达 2～3m/s。其缺点是，设备较庞大，单位传热面积的金属耗量大，需要较高的厂房；加热管较长，由液柱静压强引起的温差损失大，必须保持较高的温差才能保证较高的循环速度。故加热蒸汽的压强也要相应提高。

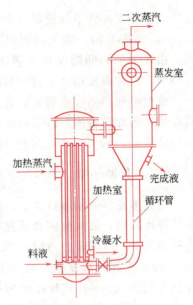

图 5-9　外热式蒸发器

（5）**强制循环蒸发器**　上述四种蒸发器内溶液均依靠加热管（沸腾管）与循环管内物料的密度差形成自然循环流动，循环速度难以进一步提高，因而在外热式基础上出现了如图 5-11 所示的强制循环蒸

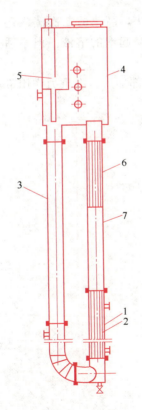

图 5-10　列文式蒸发器

1—加热室；2—加热管；3—循环管；4—蒸发室；
5—除沫器；6—挡板区；7—沸腾室

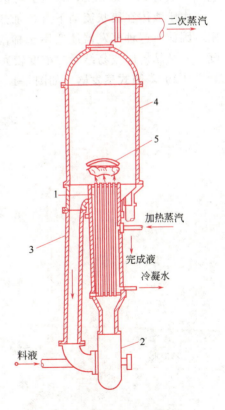

图 5-11　强制循环蒸发器

1—加热管；2—循环泵；3—循环管；
4—蒸发室；5—除沫器

第五章　蒸发　217

发器，即在循环管下部设置一个循环泵，通过外加机械能迫使溶液以较高的速度（一般可达 1.5～5.0m/s）沿一定方向循环流动。溶液的循环速度可以通过调节泵的流量来控制。显然，由此带来的问题是这类蒸发器的动力消耗大，每平方米传热面积消耗功率为 0.4～0.8kW。这种蒸发器宜于处理高黏度、易结垢或有结晶析出的溶液。

由上可知，循环型蒸发器的共同特点是：溶液必须多次循环通过加热管才能达到要求的蒸发量，故在设备内存液量较多，液体停留时间长，器内不同位置溶液浓度变化不大且接近出口液浓度，减少了有效温差，并特别不利于热敏性物料的蒸发。

（二）非循环型（单程型）蒸发器

这类蒸发器的基本特点是，溶液通过加热管一次即达到所要求的浓度。在加热管中液体多呈膜状流动，故又称膜式蒸发器，因而可以克服循环型蒸发器的本质缺点，并适于热敏性物料的蒸发，但其设计与操作要求较高。

（1）升膜式蒸发器 如图 5-12 所示，加热室由垂直长管组成，管长为 3～15m，常用管径为 25～50mm，其长径比为 100～150。料液经预热后由蒸发器底部进入，在加热管内迅速强烈汽化，生成的蒸汽带动料液沿管壁成膜上升，在上升过程中继续蒸发，进入分离室后，完成液与二次蒸汽进行分离。

为了有效地形成升膜，上升的二次蒸汽必须维持高速。常压下加热管出口处的二次蒸汽速度一般为 20～50m/s，减压下可达 100～160m/s 以上。

由于液体在膜状流动下进行加热，故传热与蒸发速度快，高速的二次蒸汽还有破沫作用，因此，这种蒸发器还适用于稀溶液（蒸发量较大）和易起泡的溶液。但不适用于高黏度、有结晶析出或易结垢的浓度较大的溶液。

（2）降膜式蒸发器 如图 5-13 所示，溶液由加热室顶部加入，在重力作用下沿加热管

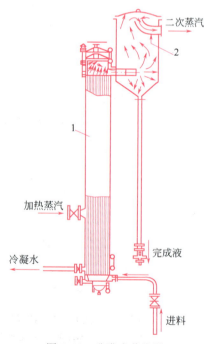

图 5-12 升膜式蒸发器
1—蒸发器；2—分离器

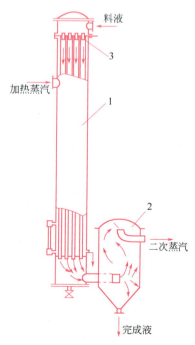

图 5-13 降膜式蒸发器
1—蒸发器；2—分离器；3—液体分布器

内壁成膜状向下流动，液膜在下降过程中持续蒸发增浓，完成液由底部分离室排出。由于二次蒸汽与蒸浓液并流而下，故有利于液膜的维持和黏度较高液体的流动。为使溶液沿管壁均布，在加热室顶部每根加热管上须设置液体分布器，能否均匀成膜是这种蒸发器设计和操作成功的关键。这种蒸发器仍不适用于易结垢、有结晶析出的溶液。

（3）刮板式蒸发器 如图 5-14 所示，加热管为一粗圆管，中下部外侧为加热蒸汽夹套，内部装有可旋转的搅拌刮片。料液由蒸发器上部的进料口沿切线方向进入器内，被刮片带动旋转，在加热管内壁上形成旋转下降的液膜，在此过程中溶液被蒸发浓缩，完成液由底部排出，二次蒸汽上升至顶部经分离后进入冷凝器。刮片可做成固定式，刮片端部与加热管内壁的间隙固定为 0.75～1.5mm，也可做成摆动式。

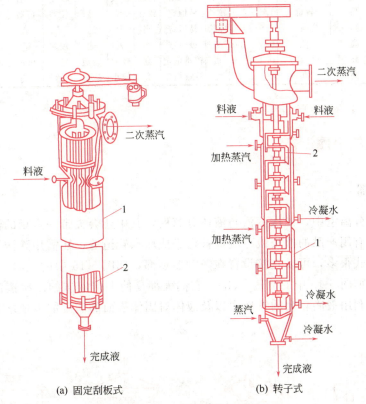

图 5-14 刮板式蒸发器
1—夹套；2—刮板

其优点是，依靠外力强制溶液成膜下流，溶液停留时间短，适合处理高黏度、易结晶或易结垢的物料；如设计得当，有时可直接获得固体产物。其缺点是，结构较复杂，制造安装要求高，动力消耗大，但传热面积却不大（一般为 3～4m^2，最大约 20m^2），因而处理量较小。

二、蒸发器的选用

蒸发器的结构型式很多，选用时应结合具体的蒸发任务，如被蒸发溶液的性质、处理量、蒸浓程度等工艺要求，选择适宜的型式。例如，对热敏性料液，要求较低的蒸发温度，并尽量缩短溶液在蒸发器内的停留时间，以选择膜式蒸发器为宜；对于处理量不大的高黏度、有结晶析出或易结垢的溶液，则可选择刮板式蒸发器。如果在选型时有几种型式的蒸发器均能适应溶液的性质和蒸发要求，则应进一步做经济比较来确定更适宜的型式。表 5-3 给出了常用蒸发器的主要性能比较以供选用时参考。

表 5-3 常用蒸发器的主要性能比较

蒸发器型式	制造价格	传热系数 低黏度 $(1\sim50)\times10^{-3}$ Pa·s	传热系数 高黏度 $(1\sim100)\times10^{-3}$ Pa·s	溶液在加热管中的流速 /m·s^{-1}	料液停留时间	完成液浓度控制	浓缩比	处理量	对溶液适应性 稀溶液	高黏度	易起泡	易结垢	热敏性	有结晶析出
标准式	最廉	较高	较低	0.1~0.5	长	易恒定	较高	一般	适	尚适	尚可适	尚可	较差	尚可
悬筐式	廉	较高	较低	约 1.0	长	易恒定	较高	一般	适	尚适	尚可适	尚可	较差	尚可
外热式	廉	高	较低	0.4~1.5	较长	易恒定	较高	较大	适	较差	可适	尚可	较差	尚可
列文式	高	高	较低	1.5~2.5	较长	易恒定	较高	大	适	较差	可适	尚可	较差	尚可
强制循环式	高	高	高	2.0~3.5	较长	易恒定	高	大	适	适	适	适	较差	适
升膜式	廉	高	低	0.4~1.0	短	难恒定	高	大	适	较差	尚可适	适	适	不适
降膜式	廉	高	较高	0.4~1.0	短	较难恒定	高	较大	能适	适	可适	不适	适	不适
刮板式	最高	高	高	—	短	较难恒定	高	较小	能适	适	可适	适	适	适

▲ 学习本节后可做思考题 5-4。

三、蒸发装置的附属设备

（一）除沫器

在蒸发器的分离室中，二次蒸汽与液体分离后，其中还会夹带一定量的液沫，为使其进一步分离以防止有用产品的损失或冷凝液被污染或堵塞管道等，还需用除沫器将液滴除下。

除沫器的型式很多，可以直接设置在蒸发器顶部，如图 5-15 中的（a）~（e）；也可设置在蒸发器之外，如图 5-15 中的（f）~（h）。它们大都是使夹带液沫的二次蒸汽的速度和方向多次发生改变，利用液滴较大的惯性力以及液体对固体表面的润湿能力使之黏附于固体表面并与蒸汽分开。

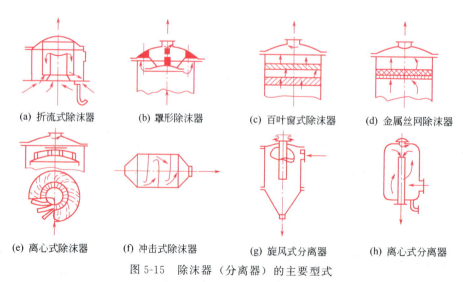

(a) 折流式除沫器　　(b) 罩形除沫器　　(c) 百叶窗式除沫器　　(d) 金属丝网除沫器
(e) 离心式除沫器　　(f) 冲击式除沫器　　(g) 旋风式分离器　　(h) 离心式分离器

图 5-15 除沫器（分离器）的主要型式

（二）冷凝器

冷凝器的作用是使二次蒸汽冷凝。当冷凝液需要回收时，采用间壁式冷凝器；当二次蒸汽为水蒸气且不再利用时，一般均采用混合式（直接接触式）冷凝器，以节省投资、简化操作。图 5-16 所示为常用的混合式冷凝器。器内装有若干块钻有小孔的淋水板，冷却水从上而下沿淋水板往下淋洒，与上升的二次蒸汽逆流接触，水蒸气被冷凝后与冷却水一起由下部流出，不凝气体则从顶部排出。

当蒸发过程在减压下进行时，不凝气体需经分离器后用真空装置（常用的有水环式真空泵、喷射泵或往复式真空泵）抽出，冷凝液和冷却水的混合物常依靠自己的位头沿气压管（也称大气腿）排出。气压管底部是一个水封装置，大气腿需有足够的高度以保证冷凝器中的水能依靠高位而自动流出，并避免外界空气的吸入。

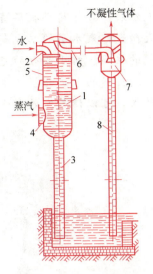

图 5-16 混合式冷凝器
1—外壳；2—进水口；3,8—气压管；
4—蒸汽进口；5—淋水板；
6—不凝性气体管；7—分离器

【案例 5-1】 太阳能蒸发及其应用

太阳能蒸发是指利用太阳能吸收体吸收太阳能，并将其直接转换为热量，从而实现液体低温蒸发的技术。自古以来，海盐晒制一直都沿用此技术。但是，水对太阳能的吸收率较低，致使晒盐业占地面积很大，生产周期较长。

现代的太阳能蒸发通常需要高吸收率的太阳能吸收材料，就工艺而言，太阳能光热蒸发技术的发展主要经历了 3 种方式：①光热材料固定在水体底部被加热；②光热材料分散在水体中被加热；③光热材料漂浮在水体表面被加热，即<u>界面光热蒸发技术</u>。界面光热蒸发技术能将太阳能与热能的能量转换定位在空气/液体界面上，减少热损失并提高能量转换效率，是主要的发展方向。

高吸收率的太阳能吸收材料需要满足以下几个条件：①对太阳光具有高吸收率。太阳光谱波长为 300～2500nm，因此要求光热材料能够最大范围地吸收包括可见光和近红外辐射在内的太阳光；②吸收低中红外辐射。与可见光和近红外光范围相比，低中红外辐射范围在太阳辐射下可以忽略不计，但是低中红外辐射极大地有助于散热，对光热转换性能的提高具有很大优势；③具有高的光热转换能力；④较低的热能损失。无论是吸收光谱时发生的光滑平面反射，还是通过光热转换造成的热能损失，在设计光热材料时都应予以考虑；⑤用于太阳能蒸发的光热材料还应具有低成本、可回收性、稳定性及易于大规模生产等特点。近年来研究较多的光热材料主要包括金属纳米颗粒、金属氧化物、碳基多孔材料、半导体材料、聚合物等。就碳基多孔材料而言，石墨烯和还原石墨烯氧化物是新兴的二维碳纳米结构，具有出色的光热性能，但成本较高。将生物质材料（木材、蘑菇、莲蓬等）碳化处理后用于太阳能蒸发可能具有良好的前景。

典型的界面光热蒸发器一般包括光热吸收层、隔热层及水汽输运通道，如图 5-17 所示。①入射太阳光被光热吸收层吸收并转换为热能；②在毛细作用力下，水通过隔热层中布置的水汽输运通道从下到上逐渐浸润光热吸收层，并在光热吸收层顶部积聚成薄薄的表水层；③光热吸收层将表水层中的水加热并蒸发成蒸汽；④随着光热吸收层不断吸收太阳光，表水层的水逐渐蒸发，而水中的杂质被滞留在光热吸收层中，从而实现了水蒸气的收集。对于高效的光热材料，采用多孔结构和界面蒸发结构，利用芯吸作用，可以达到良好的光热转换效率。搭建太阳能驱动水蒸发的界面系统，并完善界面系统的隔热效果，可以使蒸发效率达到90.0%以上。

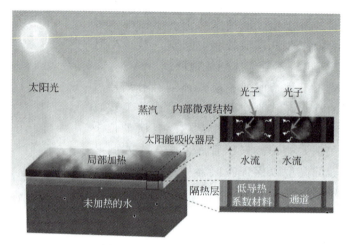

图5-17 界面蒸汽产生系统

界面光热蒸发技术的应用方向为海水淡化、污水处理等。然而，太阳能驱动水蒸发的应用仍然面临着一些重要的挑战，如光热材料在海水、淡水和工业废水中的长期稳定性和耐久性；海水淡化中会发生盐的沉积；水源中的挥发性有机物与冷凝水一起被收集；一些外界环境（间歇性日照和风等）的变化，太阳能吸收材料的结垢、劣化等带来的问题都值得深入研究。

思考题

5-1 解释下列概念。

蒸发　二次蒸汽　完成液　蒸发器的生产能力与生产强度　热负荷　蒸发器的有效温度差　最大温度差及温差损失　循环型蒸发器　单程型蒸发器

5-2 为什么蒸发时溶液沸点必高于二次蒸汽的饱和温度？

5-3 多效蒸发的作用是什么？各效应满足的基本条件是什么？它的流程及其特点是什么？

5-4 各种结构蒸发器的特点是什么？并说明其各自的改进方向。

习题

5-1 一常压操作的单效蒸发器，蒸发10% NaOH水溶液，处理原料液量为10t/h，要求浓缩至25%（以上均为质量分数），试计算水分蒸发量。

［答：6000kg/h］

5-2 上题中若加热蒸汽压强为300kPa（绝压），冷凝液在饱和温度下排出，加料温度为20℃，原料液的平均等压比热容为3.77kJ/(kg·K)，忽略溶液的沸点升高和溶液的浓缩热，且不计热损失。试求加热蒸汽消耗量及单位蒸汽消耗量。

[答：7693kg/h；1.282kg 蒸汽/kg 水]

5-3 对例 5-1、例 5-2 的蒸发过程，若蒸发器的传热系数为 2000W/(m^2·℃)，求蒸发器所需的传热面积。

[答：81.9m^2]

5-4 已知 16.7%（质量分数）的 NaOH 水溶液在 6.2kPa（绝压）下的沸点为 40℃，在 85.2kPa（绝压）下的沸点为 100℃。试用杜林法则计算此溶液在 40kPa 下的沸点。

[答：79.7℃]

5-5 在一单效常压蒸发器中蒸发某盐类水溶液，加热室内液层高度为 2m，完成液浓度为 40%，其相应的密度为 1300kg/m^3，已知常压下该溶液的沸点为 120℃，当地大气压强为 100kPa。试求加热管内液层静压强引起的温度差损失及加热管内溶液的平均沸点。

[答：3.1℃，123.1℃]

5-6 采用单效真空蒸发装置将 10% 的 NaOH 溶液蒸发至 50%（均为质量分数），此时的密度为 1500kg/m^3，蒸发器内液层高度维持在 1.5m，冷凝器内操作压强为 40kPa，加热蒸汽压强为 400kPa（以上均为绝压）。原料液处理量为 2t/h，加料液温度为 20℃，其平均比容为 3.77kJ/(kg·K)，热损失为 5%，蒸发器的传热系数为 1200W/(m^2·℃)。试求：①水分蒸发量；②蒸发器的有效温度差；③加热蒸汽消耗量及单位蒸汽消耗量；④加热室所需传热面积和蒸发器的生产强度。

[答：①1600kg/h；②16.4℃；③2219kg/h，1.32kg 蒸汽/kg 水；④63.9m^2，25.04kg/(m^2·h)]

本章主要符号说明

英文字母

A——蒸发器的传热面积，m^2；
c_B——溶质的平均等压比热容，kJ/(kg·℃)；
c_1——组成为 ω_1 的溶液的平均等压比热容，kJ/(kg·℃)；
c_w——水的平均等压比热容，kJ/(kg·℃)；
D——加热蒸汽用量，kg/h；
e——单位蒸汽消耗量，kg 蒸汽/kg 水；
F——加料量，kg/h；
h_c——冷凝液的焓，J/kg；
h_1——组成为 ω_1 的完成液的焓，J/kg；
h_0——原料液的焓，J/kg；
h_s——加热蒸汽的焓，J/kg；
h'——二次蒸汽的焓，J/kg；
K——蒸发器的传热系数，W/(m^2·℃)；杜林线的斜率，无因次；
l——加热管内液层高度，m；
p_c——冷凝器的操作压强，Pa；
p_i——第 i 效蒸发器的蒸发室内压强，Pa；
p_m——蒸发器加热管内液层的平均压强，Pa；
Δp_i——相邻两效蒸发器蒸发室的压强差，Pa；
Q——蒸发器的热负荷，J/h 或 J/s；
Q_1——散热损失，J/h 或 J/s；
R_w——管壁热阻，m^2·℃/W；

r——加热蒸汽的比汽化焓，J/kg；
r'——二次蒸汽的比汽化焓，J/kg；
t_B——溶液的沸点，℃；
t_c——冷凝器压强 p_c 下的水的沸点，℃；
t_1——蒸发器出口溶液的温度，℃；
t_0——原料液的温度，℃；
t_w——水的沸点，℃；
Δt_m——蒸发器的平均温度差，有效温度差，℃；
Δt_{max}——蒸发装置的最大可能温度差，℃；
U——蒸发器的生产强度，kg/(m^2·h)；
W——蒸发器的生产能力，水分蒸发量，kg/h 或 kg/s；
ω_0——原料液组成，质量分数；
ω_1——蒸发器的完成液的组成，质量分数。

希腊字母

α_i——管内溶液沸腾时的对流传热系数，W/(m^2·℃)；
α_o——管外加热蒸汽冷凝时的对流传热系数，W/(m^2·℃)；
Δ——总温度差损失，℃；
Δ'——溶液沸点升高引起的温度损失，℃；
Δ''——液层静液柱引起的温差损失，℃；
Δ'''——二次蒸汽流动压降引起的温差损失，℃。

附录

附录一　化工常用法定计量单位及单位换算

1. 常用单位

基本单位			具有专门名称的导出单位				允许并用的其他单位			
物理量	单位名称	单位符号	物理量	单位名称	单位符号	与基本单位关系式	物理量	单位名称	单位符号	与基本单位关系式
长度	米	m	力	牛[顿]	N	$1N=1kg \cdot m/s^2$	时间	分	min	$1min=60s$
质量	千克(公斤)	kg	压强、应力	帕[斯卡]	Pa	$1Pa=1N/m^2$		时	h	$1h=3600s$
时间	秒	s	能、功、热量	焦[耳]	J	$1J=1N \cdot m$		日	d	$1d=86400s$
热力学温度	开[尔文]	K	功率	瓦[特]	W	$1W=1J/s$	体积	升	L(l)	$1L=10^{-3}m^3$
物质的量	摩[尔]	mol	摄氏温度	摄氏度	℃	$1℃=1K$	质量	吨	t	$1t=10^3 kg$

2. 常用十进倍数单位及分数单位的词头

词头符号	M	k	d	c	m	μ
词头名称	兆	千	分	厘	毫	微
表示因数	10^6	10^3	10^{-1}	10^{-2}	10^{-3}	10^{-6}

3. 单位换算表

说明：单位换算表中，各单位名称上的数字代表所属的单位制，①cgs 制，②法定单位制，③工程制，④英制。没有标志的是制外单位。

（1）质量

① g 克	② kg 千克	③ kgf·s²/m 千克(力)·秒²/米	④ lb 磅
1	10^{-3}	1.02×10^{-4}	2.205×10^{-3}
1000	1	0.102	2.205
9807	9.807	1	—
453.6	0.4536	—	1

（2）长度

① cm 厘米	②③ m 米	④ ft 英尺	④ in 英寸	① cm 厘米	②③ m 米	④ ft 英尺	④ in 英寸
1	10^{-2}	0.03281	0.3937	30.48	0.3048	1	12
100	1	3.281	39.37	2.54	0.0254	0.08333	1

注：其他长度换算关系为 1 埃(Å)=10^{-10} 米(m)，1 码(yd)=0.9144 米(m)。

（3）力

② N 牛顿	③ kgf 千克(力)	④ lbf 磅(力)	① dyn 达因	② N 牛顿	③ kgf 千克(力)	④ lbf 磅(力)	① dyn 达因
1	0.102	0.2248	10^5	4.448	0.4536	1	4.448×10^5
9.807	1	2.205	9.807×10^5	10^{-5}	1.02×10^{-6}	2.248×10^{-6}	1

（4）压强（压力）

② Pa(帕斯卡)=N/m^2	① bar(巴)=$10^6 dyn/cm^2$	③ kgf/cm^2 工程大气压	atm 物理大气压	mmHg(0℃) 毫米汞柱	③ mmH_2O (毫米水柱)=kgf/m^2	④ lbf/in^2 磅/英寸^2
1	10^{-5}	1.02×10^{-5}	9.869×10^{-6}	0.0075	0.102	1.45×10^{-4}
10^5	1	1.02	0.9869	750.0	1.02×10^4	14.50
9.807×10^4	0.9807	1	0.9678	735.5	10^4	14.22
1.013×10^5	1.013	1.033	1	760	1.033×10^4	14.7
133.3	0.001333	0.001360	0.001316	1	13.6	0.0193
9.807	9.807×10^{-5}	10^{-4}	9.678×10^{-5}	0.07355	1	1.422×10^{-3}
6895	0.06895	0.07031	0.06804	51.72	703.1	1

（5）运动黏度、扩散系数

① cm^2/s 厘米^2/秒	② m^2/s 米^2/秒	④ ft^2/s 英尺^2/秒	① cm^2/s 厘米^2/秒	② m^2/s 米^2/秒	④ ft^2/s 英尺^2/秒
1	10^{-4}	1.076×10^{-3}	929	9.29×10^{-2}	1
10^4	1	10.76			

注：运动黏度 cm^2/s 又称斯托克斯（泡），以 St 表示。

（6）动力黏度（通称黏度）

① P(泊)=$g/(cm \cdot s)$	① cP 厘泊	② $Pa \cdot s = kg/(m \cdot s)$	③ $kgf \cdot s/m^2$ 千克(力)·秒/米^2	④ $lbf/(ft \cdot s)$ 磅/(英尺·秒)
1	10^2	10^{-1}	0.0102	0.06720
10^{-2}	1	10^{-3}	1.02×10^{-4}	6.720×10^{-4}
10	10^3	1	0.102	0.6720
98.1	9810	9.81	1	6.59
14.88	1488	1.488	0.1519	1

（7）能量，功，热量

② J(焦耳)=$N \cdot m$	③ $kgf \cdot m$ 千克(力)·米	$kW \cdot h$ 千瓦时	马力·时	③ kcal 千卡	④ B.t.U. 英热单位
1	0.102	2.778×10^{-7}	3.725×10^{-7}	2.39×10^{-4}	9.486×10^{-4}
9.807	1	2.724×10^{-6}	3.653×10^{-6}	2.342×10^{-3}	9.296×10^{-3}
3.6×10^6	3.671×10^5	1	1.341	860.0	3413
2.685×10^6	2.738×10^5	0.7457	1	641.3	2544
4.187×10^3	426.9	1.162×10^{-3}	1.558×10^{-3}	1	3.968
1.055×10^3	107.58	2.930×10^{-4}	3.926×10^{-4}	0.2520	1

注：其他换算关系为 1erg（尔格）= $1 dyn \cdot cm = 10^{-7} J$。

(8) 功率，传热速率

② W 瓦	③ kgf·m/s 千克(力)·米/秒	马力	③ kcal/s 千卡/秒	④ B.t.U./s 英热单位/秒
1	0.102	1.341×10^{-3}	2.389×10^{-4}	9.486×10^{-4}
9.807	1	0.01315	2.342×10^{-3}	9.296×10^{-3}
745.7	76.04	1	0.17803	0.7068
4187	426.9	5.614	1	3.968
1055	107.58	1.415	0.252	1

注：其他换算关系为 1erg/s（尔格/秒）$=10^{-7}$ W(J/s)$=10^{-10}$ kW。

(9) 比热容

② kJ/(kg·K) 千焦/(千克·开)	① cal/(g·℃) 卡/(克·摄氏度)	③ kcal/(kgf·℃) 千卡/(千克力·摄氏度)	④ B.t.U./(lb·℉) 英热单位/(磅·℉)
1	0.2389	0.2389	0.2389
4.187	1	1	1

(10) 热导率

② W/(m·K)	③ kcal/(m·h·℃)	① cal/(cm·s·℃)	④ B.t.U./(ft·h·℉)	② W/(m·K)	③ kcal/(m·h·℃)	① cal/(cm·s·℃)	④ B.t.U./(ft·h·℉)
1	0.86	2.389×10^{-3}	0.5779	418.7	360	1	241.9
1.163	1	2.778×10^{-3}	0.6720	1.73	1.488	4.134×10^{-3}	1

(11) 传热系数

② W/(m²·K)	③ kcal/(m²·h·℃)	① cal/(cm²·s·℃)	④ B.t.U./(ft²·h·℉)	② W/(m²·K)	③ kcal/(m²·h·℃)	① cal/(cm²·s·℃)	④ B.t.U./(ft²·h·℉)
1	0.86	2.389×10^{-5}	0.176	4.187×10^{4}	3.60×10^{4}	1	7374
1.163	1	2.778×10^{-5}	0.2048	5.678	4.882	1.356×10^{-4}	1

(12) 表面张力

① dyn/cm	② N/m	③ kgf/m	④ lbf/ft	① dyn/cm	② N/m	③ kgf/m	④ lbf/ft
1	10^{-3}	1.02×10^{-4}	6.852×10^{-5}	9807	9.807	1	0.6720
10^{3}	1	0.102	6.852×10^{-2}	14592	14.592	1.488	1

(13) 温度

② K	① ℃	③ °R	④ ℉	② K	① ℃	③ °R	④ ℉
1	K−273.16	1.8	$K\times\dfrac{9}{5}-459.7$	$\dfrac{5}{9}$	°R−459.7	1	°R−459.7
℃+273.16	1	$℃\times\dfrac{9}{5}+459.7$	$℃\times\dfrac{9}{5}+32$	$\dfrac{℉+459.7}{1.8}$	$\dfrac{℉-32}{1.8}$	℉+459.7	1

(14) 标准重力加速度

$g = 9.807 \text{m/s}^2$②③ $= 980.7 \text{cm/s}^2$① $= 32.17 \text{ft/s}^2$④

(15) 通用气体常数

$R = 8.314 \text{kJ/(kmol·K)}$② $= 1.987 \text{kcal/(kmol·K)}$① $= 848 \text{kgf·m/(kmol·K)}$③
$= 82.06 \text{atm·cm}^3/(\text{mol·K}) = 0.08206 \text{atm·m}^3/(\text{kmol·K})$
$= 1.987 \text{B.t.U./(lbmol·°R)}$④
$= 1544 \text{lbf·ft/(lbmol·°R)}$④

(16) 斯蒂芬-玻尔兹曼常数

$\sigma_0 = 5.67 \times 10^{-8} \text{W/(m}^2 \cdot \text{K}^4)$② $= 5.71 \times 10^{-5} \text{erg/(s·cm}^2 \cdot \text{K}^4)$①
$= 4.88 \times 10^{-8} \text{kcal/(h·m}^2 \cdot \text{K}^4)$③ $= 0.173 \times 10^{-8} \text{B.t.U./(ft}^2 \cdot \text{h·°R}^4)$④

附录二 某些液体的重要物理性质

名 称	分子式	密度 ρ (20℃) /kg·m^{-3}	沸点 T_b (101.3kPa) /℃	汽化焓 $\Delta_v h$ (760mmHg) /kJ·kg^{-1}	比热容 c_p (20℃) /kJ·kg^{-1}·℃$^{-1}$	黏度 μ (20℃) /mPa·s	导热系数 λ (20℃) /W·m^{-1}·℃$^{-1}$	体积膨胀系数(20℃) $\beta \times 10^4$ /℃$^{-1}$	表面张力 (20℃) $\sigma \times 10^3$ /N·m^{-1}
水	H$_2$O	998	100	2258	4.183	1.005	0.599	1.82	72.8
氯化钠盐水(25%)	—	1186	107 (25℃)		3.39	2.3	0.57 (30℃)	(4.4)	
氯化钙盐水(25%)	—	1228	107	—	2.89	2.5	0.57	(3.4)	
硫酸	H$_2$SO$_4$	1831	340(分解)	—	1.47(98%)	23	0.38	5.7	
硝酸	HNO$_3$	1513	86	481.1		1.17(10℃)			
盐酸(30%)	HCl	1149			2.55	2(31.5%)	0.42		
二硫化碳	CS$_2$	1262	46.3	352	1.005	0.38	0.16	12.1	32
戊烷	C$_5$H$_{12}$	626	36.07	357.4	2.24 (15.6℃)	0.229	0.113	15.9	16.2
己烷	C$_6$H$_{14}$	659	68.74	335.1	2.31 (15.6℃)	0.313	0.119		18.2
庚烷	C$_7$H$_{16}$	684	98.43	316.5	2.21 (15.6℃)	0.411	0.123		20.1
辛烷	C$_8$H$_{18}$	703	125.67	306.4	2.19 (15.6℃)	0.540	0.131		21.8
三氯甲烷	CHCl$_3$	1489	61.2	253.7	0.992	0.58	0.138 (30℃)	12.6	28.5 (10℃)
四氯化碳	CCl$_4$	1594	76.8	195	0.850	1.0	0.12		26.8
1,2-二氯乙烷	C$_2$H$_4$Cl$_2$	1253	83.6	324	1.260	0.83	0.14 (50℃)		30.8
苯	C$_6$H$_6$	879	80.10	393.9	1.704	0.737	0.148	12.4	28.6
甲苯	C$_7$H$_8$	867	110.63	363	1.70	0.675	0.138	10.9	27.9
邻二甲苯	C$_8$H$_{10}$	880	144.42	347	1.74	0.811	0.142		30.2
间二甲苯	C$_8$H$_{10}$	864	139.10	343	1.70	0.611	0.167	0.1	29.0
对二甲苯	C$_8$H$_{10}$	861	138.35	340	1.704	0.643	0.129		28.0
苯乙烯	C$_8$H$_9$	911 (15.6℃)	145.2	(352)	1.733	0.72			
氯苯	C$_6$H$_5$Cl	1106	131.8	325	1.298	0.85	0.14 (30℃)		32
硝基苯	C$_6$H$_5$NO$_2$	1203	210.9	396	1.47	2.1	0.15		41
苯胺	C$_6$H$_5$NH$_2$	1022	184.4	448	2.07	4.3	0.17	8.5	42.9

续表

名称	分子式	密度 ρ (20℃) /kg·m^{-3}	沸点 T_b (101.3kPa) /℃	汽化焓 $\Delta_v h$ (760mmHg) /kJ·kg^{-1}	比热容 c_p (20℃) /kJ·kg^{-1}·℃$^{-1}$	黏度 μ (20℃) /mPa·s	导热系数 λ (20℃) /W·m^{-1}·℃$^{-1}$	体积膨胀系数(20℃) $\beta\times10^4$ /℃$^{-1}$	表面张力 (20℃) $\sigma\times10^3$ /N·m^{-1}
酚	C_6H_5OH	1050 (50℃)	181.8(融点 40.9℃)	511		3.4(50℃)			
萘	$C_{10}H_8$	1145 (固体)	217.9(融点 80.2℃)	314	1.80 (100℃)	0.59 (100℃)			
甲醇	CH_3OH	791	64.7	1101	2.48	0.6	0.212	12.2	22.6
乙醇	C_2H_5OH	789	78.3	846	2.39	1.15	0.172	11.6	22.8
乙醇(95%)		804	78.2			1.4			
乙二醇	$C_2H_4(OH)_2$	1113	197.6	780	2.35	23			47.7
甘油	$C_3H_5(OH)_3$	1261	290(分解)	—		1499	0.59	5.3	63
乙醚	$(C_2H_5)_2O$	714	34.6	360	2.34	0.24	0.140	16.3	18
乙醛	CH_3CHO	783(18℃)	20.2	574	1.9	1.3(18℃)			21.2
糠醛	$C_5H_4O_2$	1168	161.7	452	1.6	1.15 (50℃)			43.5
丙酮	CH_3COCH_3	792	56.2	523	2.35	0.32	0.17		23.7
甲酸	$HCOOH$	1220	100.7	494	2.17	1.9	0.26		27.8
醋酸	CH_3COOH	1049	118.1	406	1.99	1.3	0.17	10.7	23.9
醋酸乙酯	$CH_3COOC_2H_5$	901	77.1	368	1.92	0.48	0.14 (10℃)		
煤油		780~820				3	0.15	10.0	
汽油		680~800				0.7~0.8	0.19 (30℃)	12.5	

附录三 常用固体材料的密度和比热容

名称	密度 /kg·m^{-3}	比热容 /kJ·kg^{-1}·℃$^{-1}$	名称	密度 /kg·m^{-3}	比热容 /kJ·kg^{-1}·℃$^{-1}$
(1)金属			(3)建筑材料、绝热材料、耐酸材料及其他		
钢	7850	0.461	干砂	1500~1700	0.796
不锈钢	7900	0.502	黏土	1600~1800	0.754 (−20~20℃)
铸铁	7220	0.502			
铜	8800	0.406	锅炉炉渣	700~1100	—
青铜	8000	0.381	黏土砖	1600~1900	0.921
黄铜	8600	0.379	耐火砖	1840	0.963~1.005
铝	2670	0.921	绝热砖(多孔)	600~1400	
镍	9000	0.461	混凝土	2000~2400	0.837
铅	11400	0.1298	软木	100~300	0.963
(2)塑料			石棉板	770	0.816
酚醛	1250~1300	1.26~1.67	石棉水泥板	1600~1900	—
脲醛	1400~1500	1.26~1.67	玻璃	2500	0.67
聚氯乙烯	1380~1400	1.84	耐酸陶瓷制品	2200~2300	0.75~0.80
聚苯乙烯	1050~1070	1.34	耐酸砖和板	2100~2400	—
低压聚乙烯	940	2.55	耐酸搪瓷	2300~2700	0.837~1.26
高压聚乙烯	920	2.22	橡胶	1200	1.38
有机玻璃	1180~1190		冰	900	2.11

附录四　干空气的重要物理性质（101.33kPa）

温度 T/℃	密度 ρ/kg·m^{-3}	比热容 c_p /kJ·kg^{-1}·℃$^{-1}$	热导率 $\lambda \times 10^2$ /W·m^{-1}·℃$^{-1}$	黏度 $\mu \times 10^5$/Pa·s	普兰德数 Pr
−50	1.584	1.013	2.035	1.46	0.728
−40	1.515	1.013	2.117	1.52	0.728
−30	1.453	1.013	2.198	1.57	0.723
−20	1.395	1.009	2.279	1.62	0.716
−10	1.342	1.009	2.360	1.67	0.712
0	1.293	1.005	2.442	1.72	0.707
10	1.247	1.005	2.512	1.77	0.705
20	1.205	1.005	2.591	1.81	0.703
30	1.165	1.005	2.673	1.86	0.701
40	1.128	1.005	2.756	1.91	0.699
50	1.093	1.005	2.826	1.96	0.698
60	1.060	1.005	2.896	2.01	0.696
70	1.029	1.009	2.966	2.06	0.694
80	1.000	1.009	3.047	2.11	0.692
90	0.972	1.009	3.128	2.15	0.690
100	0.946	1.009	3.210	2.19	0.688
120	0.898	1.009	3.338	2.29	0.686
140	0.854	1.013	3.489	2.37	0.684
160	0.815	1.017	3.640	2.45	0.682
180	0.779	1.022	3.780	2.53	0.681
200	0.746	1.026	3.931	2.60	0.680
250	0.674	1.038	4.268	2.74	0.677
300	0.615	1.047	4.605	2.97	0.674
350	0.566	1.059	4.908	3.14	0.676
400	0.524	1.068	5.210	3.30	0.678
500	0.456	1.093	5.745	3.62	0.687
600	0.404	1.114	6.222	3.91	0.699
700	0.362	1.135	6.711	4.18	0.706
800	0.329	1.156	7.176	4.43	0.713
900	0.301	1.172	7.630	4.67	0.717
1000	0.277	1.185	8.071	4.90	0.719
1100	0.257	1.197	8.502	5.12	0.722
1200	0.239	1.206	9.153	5.35	0.724

附录五 水的重要物理性质

温度 $T/℃$	饱和蒸气压 p/kPa	密度 ρ /kg·m^{-3}	焓 H /kJ·kg	比热容 c_p /kJ·kg^{-1}·℃$^{-1}$	热导率 $\lambda \times 10^2$ /W·m^{-1}·℃$^{-1}$	黏度 $\mu \times 10^5$ /Pa·s	体积膨胀系数 $\beta \times 10^4$ /℃$^{-1}$	表面张力 $\sigma \times 10^3$ /N·m^{-1}	普兰德数 Pr
0	0.608	999.9	0	4.212	55.13	179.2	−0.63	75.6	13.67
10	1.226	999.7	42.04	4.191	57.45	130.8	+0.70	74.1	9.52
20	2.335	998.2	83.90	4.183	59.89	100.5	1.82	72.6	7.02
30	4.247	995.7	125.7	4.174	61.76	80.07	3.21	71.2	5.42
40	7.377	992.2	167.5	4.174	63.38	65.60	3.87	69.6	4.31
50	12.31	988.1	209.3	4.174	64.78	54.94	4.49	67.7	3.54
60	19.92	983.2	251.1	4.178	65.94	46.88	5.11	66.2	2.98
70	31.16	977.8	293	4.178	66.76	40.61	5.70	64.3	2.55
80	47.38	971.8	334.9	4.195	67.45	35.65	6.32	62.6	2.21
90	70.14	965.3	377	4.208	68.04	31.65	6.95	60.7	1.95
100	101.3	958.4	419.1	4.220	68.27	28.38	7.52	58.8	1.75
110	143.3	951.0	461.3	4.238	68.50	25.89	8.08	56.9	1.60
120	198.6	943.1	503.7	4.250	68.62	23.73	8.64	54.8	1.47
130	270.3	934.8	546.4	4.266	68.62	21.77	9.19	52.8	1.36
140	361.5	926.1	589.1	4.287	68.50	20.10	9.72	50.7	1.26
150	476.2	917.0	632.2	4.312	68.38	18.63	10.3	48.6	1.17
160	618.3	907.4	675.3	4.346	68.27	17.36	10.7	46.6	1.10
170	792.6	897.3	719.3	4.379	67.92	16.28	11.3	45.3	1.05
180	1003.5	886.9	763.3	4.417	67.45	15.30	11.9	42.3	1.00
190	1225.6	876.0	807.6	4.460	66.99	14.42	12.6	40.8	0.96
200	1554.8	863.0	852.4	4.505	66.29	13.63	13.3	38.4	0.93
210	1917.7	852.8	897.7	4.555	65.48	13.04	14.1	36.1	0.91
220	2320.9	840.3	943.7	4.614	64.55	12.46	14.8	33.8	0.89
230	2798.6	827.3	990.2	4.681	63.73	11.97	15.9	31.6	0.88
240	3347.9	813.6	1037.5	4.756	62.80	11.47	16.8	29.1	0.87
250	3977.7	799.0	1085.6	4.844	61.76	10.98	18.1	26.7	0.86
260	4693.8	784.0	1135.0	4.949	60.43	10.59	19.7	24.2	0.87
270	5504.0	767.9	1185.3	5.070	59.96	10.20	21.6	21.9	0.88
280	6417.2	750.7	1236.3	5.229	57.45	9.81	23.7	19.5	0.90
290	7443.3	732.3	1289.9	5.485	55.82	9.42	26.2	17.2	0.93
300	8592.9	712.5	1344.8	5.736	53.96	9.12	29.2	14.7	0.97

附录六　水在不同温度下的黏度

温度/℃	黏度/cP(mPa·s)	温度/℃	黏度/cP(mPa·s)	温度/℃	黏度/cP(mPa·s)
0	1.7921	34	0.7371	69	0.4117
1	1.7313	35	0.7225	70	0.4061
2	1.6728	36	0.7085	71	0.4006
3	1.6191	37	0.6947	72	0.3952
4	1.5674	38	0.6814	73	0.3900
5	1.5188	39	0.6685	74	0.3849
6	1.4728	40	0.6560	75	0.3799
7	1.4284	41	0.6439	76	0.3750
8	1.3860	42	0.6321	77	0.3702
9	1.3462	43	0.6207	78	0.3655
10	1.3077	44	0.6097	79	0.3610
11	1.2713	45	0.5988	80	0.3565
12	1.2363	46	0.5883	81	0.3521
13	1.2028	47	0.5782	82	0.3478
14	1.1709	48	0.5683	83	0.3436
15	1.1404	49	0.5588	84	0.3395
16	1.1111	50	0.5494	85	0.3355
17	1.0828	51	0.5404	86	0.3315
18	1.0559	52	0.5315	87	0.3276
19	1.0299	53	0.5229	88	0.3239
20	1.0050	54	0.5146	89	0.3202
20.2	1.0000	55	0.5064	90	0.3165
21	0.9810	56	0.4985	91	0.3130
22	0.9579	57	0.4907	92	0.3095
23	0.9359	58	0.4832	93	0.3060
24	0.9142	59	0.4759	94	0.3027
25	0.8937	60	0.4688	95	0.2994
26	0.8737	61	0.4618	96	0.2962
27	0.8545	62	0.4550	97	0.2930
28	0.8360	63	0.4483	98	0.2899
29	0.8180	64	0.4418	99	0.2868
30	0.8007	65	0.4355	100	0.2838
31	0.7840	66	0.4293		
32	0.7679	67	0.4233		
33	0.7523	68	0.4174		

附录七 饱和水蒸气表（按温度排列）

温度 t/℃	绝对压强 p/kPa	蒸汽密度 ρ /kg·m^{-3}	比焓 h/kJ·kg^{-1} 液体	比焓 h/kJ·kg^{-1} 蒸汽	比汽化焓/kJ·kg^{-1}
0	0.6082	0.00484	0	2491	2491
5	0.8730	0.00680	20.9	2500.8	2480
10	1.226	0.00940	41.9	2510.4	2469
15	1.707	0.01283	62.8	2520.5	2458
20	2.335	0.01719	83.7	2530.1	2446
25	3.168	0.02304	104.7	2539.7	2435
30	4.247	0.03036	125.6	2549.3	2424
35	5.621	0.03960	146.5	2559.0	2412
40	7.377	0.05114	167.5	2568.6	2401
45	9.584	0.06543	188.4	2577.8	2389
50	12.34	0.0830	209.3	2587.4	2378
55	15.74	0.1043	230.3	2596.7	2366
60	19.92	0.1301	251.2	2606.3	2355
65	25.01	0.1611	272.1	2615.5	2343
70	31.16	0.1979	293.1	2624.3	2331
75	38.55	0.2416	314.0	2633.5	2320
80	47.38	0.2929	334.9	2642.3	2307
85	57.88	0.3531	355.9	2651.1	2295
90	70.14	0.4229	376.8	2659.9	2283
95	84.56	0.5039	397.8	2668.7	2271
100	101.33	0.5970	418.7	2677.0	2258
105	120.85	0.7036	440.0	2685.0	2245
110	143.31	0.8254	461.0	2693.4	2232
115	169.11	0.9635	482.3	2701.3	2219
120	198.64	1.1199	503.7	2708.9	2205
125	232.19	1.296	525.0	2716.4	2191
130	270.25	1.494	546.4	2723.9	2178
135	313.11	1.715	567.7	2731.0	2163
140	361.47	1.962	589.1	2737.7	2149
145	415.72	2.238	610.9	2744.4	2134
150	476.24	2.543	632.2	2750.7	2119
160	618.28	3.252	675.8	2762.9	2087
170	792.59	4.113	719.3	2773.3	2054
180	1003.5	5.145	763.3	2782.5	2019
190	1255.6	6.378	807.6	2790.1	1982
200	1554.8	7.840	852.0	2795.5	1944
210	1917.7	9.567	897.2	2799.3	1902
220	2320.9	11.60	942.4	2801.0	1859
230	2798.6	13.98	988.5	2800.1	1812
240	3347.9	16.76	1034.6	2796.8	1762
250	3977.7	20.01	1081.4	2790.1	1709
260	4693.8	23.82	1128.8	2780.9	1652
270	5504.0	28.27	1176.9	2768.3	1591
280	6417.2	33.47	1225.5	2752.0	1526
290	7443.3	39.60	1274.5	2732.3	1457
300	8592.9	46.93	1325.5	2708.0	1382

附录八 饱和水蒸气表（按压强排列）

绝对压强 p /kPa	温度 t/℃	蒸汽密度 ρ /kg·m^{-3}	比焓 h/kJ·kg^{-1} 液体	比焓 h/kJ·kg^{-1} 蒸汽	比汽化焓/kJ·kg^{-1}
1.0	6.3	0.00773	26.5	2503.1	2477
1.5	12.5	0.01133	52.3	2515.3	2463
2.0	17.0	0.01486	71.2	2524.2	2453
2.5	20.9	0.01836	87.5	2531.8	2444
3.0	23.5	0.02179	98.4	2536.8	2438
3.5	26.1	0.02523	109.3	2541.8	2433
4.0	28.7	0.02867	120.2	2546.8	2427
4.5	30.8	0.03205	129.0	2550.9	2422
5.0	32.4	0.03537	135.7	2554.0	2418
6.0	35.6	0.04200	149.1	2560.1	2411
7.0	38.8	0.04864	162.4	2566.3	2404
8.0	41.3	0.05514	172.7	2571.0	2398
9.0	43.3	0.06156	181.2	2574.8	2394
10.0	45.3	0.06798	189.6	2578.5	2389
15.0	53.5	0.09956	224.0	2594.0	2370
20.0	60.1	0.1307	251.5	2606.4	2355
30.0	66.5	0.1909	288.8	2622.4	2334
40.0	75.0	0.2498	315.9	2634.1	2312
50.0	81.2	0.3080	339.8	2644.3	2304
60.0	85.6	0.3651	358.2	2652.1	2394
70.0	89.9	0.4223	376.6	2659.8	2283
80.0	93.2	0.4781	390.1	2665.3	2275
90.0	96.4	0.5338	403.5	2670.8	2267
100.0	99.6	0.5896	416.9	2676.3	2259
120.0	104.5	0.6987	437.5	2684.3	2247
140.0	109.2	0.8076	457.7	2692.1	2234
160.0	113.0	0.8298	473.9	2698.1	2224
180.0	116.6	1.021	489.3	2703.7	2214
200.0	120.2	1.127	493.7	2709.2	2205
250.0	127.2	1.390	534.4	2719.7	2185
300.0	133.3	1.650	560.4	2728.5	2168
350.0	138.8	1.907	583.8	2736.1	2152
400.0	143.4	2.162	603.6	2742.1	2138
450.0	147.7	2.415	622.4	2747.8	2125
500.0	151.7	2.667	639.6	2752.8	2113
600.0	158.7	3.169	676.2	2761.4	2091
700.0	164.7	3.666	696.3	2767.8	2072
800.0	170.4	4.161	721.0	2773.7	2053
900.0	175.1	4.652	741.8	2778.1	2036
1×10^3	179.9	5.143	762.7	2782.5	2020
1.1×10^3	180.2	5.633	780.3	2785.5	2005
1.2×10^3	187.8	6.124	797.9	2788.5	1991
1.3×10^3	191.5	6.614	814.2	2790.9	1977
1.4×10^3	194.8	7.103	829.1	2792.4	1964
1.5×10^3	198.2	7.594	843.9	2794.5	1951
1.6×10^3	201.3	8.081	857.8	2796.6	1938
1.7×10^3	204.1	8.567	870.6	2797.1	1926
1.8×10^3	206.9	9.053	883.4	2798.1	1915
1.9×10^3	209.8	9.539	896.2	2799.2	1903
2×10^3	212.2	10.03	907.3	2799.7	1892
3×10^3	233.7	15.01	1005.4	2798.9	1794
4×10^3	250.3	20.10	1082.9	2789.8	1707

续表

绝对压强 p/kPa	温度 t/℃	蒸汽密度 ρ/kg·m^{-3}	比焓 h/kJ·kg^{-1} 液体	比焓 h/kJ·kg^{-1} 蒸汽	比汽化焓/kJ·kg^{-1}
5×10^3	263.8	25.37	1146.9	2776.2	1629
6×10^3	275.4	30.85	1203.2	2759.5	1556
7×10^3	285.7	36.57	1253.2	2740.8	1488
8×10^3	294.8	42.58	1299.2	2720.5	1404
9×10^3	303.2	48.89	1343.5	2699.1	1357

附录九　液体黏度共线图

用法举例：求苯在50℃时的黏度。

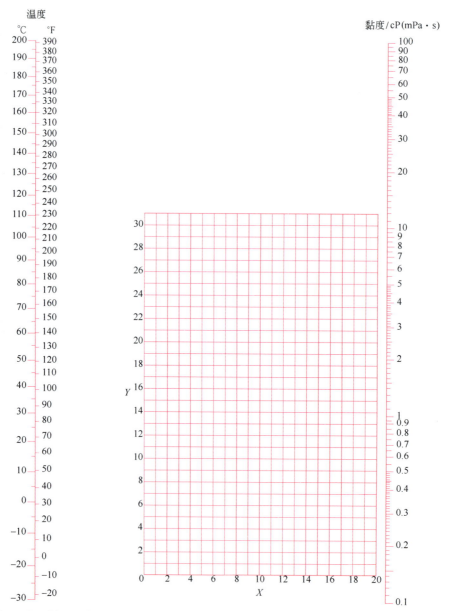

附录图1　液体黏度共线图

液体黏度共线图坐标值

序号	名称	X	Y	序号	名称	X	Y
1	水	10.2	13.0	36	氯苯	12.3	12.4
2	盐水(25%NaCl)	10.2	16.6	37	硝基苯	10.6	16.2
3	盐水(25%CaCl$_2$)	6.6	15.9	38	苯胺	8.1	18.7
4	氨	12.6	2.0	39	酚	6.9	20.8
5	氨水(26%)	10.1	13.9	40	联苯	12.0	18.3
6	二氧化碳	11.6	0.3	41	萘	7.9	18.1
7	二氧化硫	15.2	7.1	42	甲醇(100%)	12.4	10.5
8	二氧化氮	12.9	8.6	43	甲醇(90%)	12.3	11.8
9	二硫化碳	16.1	7.5	44	甲醇(40%)	7.8	15.5
10	溴	14.2	13.2	45	乙醇(100%)	10.5	13.8
11	汞	18.4	16.4	46	乙醇(95%)	9.8	14.3
12	硫酸(60%)	10.2	21.3	47	乙醇(40%)	6.5	16.6
13	硫酸(98%)	7.0	24.8	48	乙二醇	6.0	23.6
14	硫酸(100%)	8.0	25.1	49	甘油(100%)	2.0	30.0
15	硫酸(110%)	7.2	27.4	50	甘油(50%)	6.9	19.6
16	硝酸(60%)	10.8	17.0	51	乙醚	14.5	5.3
17	硝酸(95%)	12.8	13.8	52	乙醛	15.2	14.8
18	盐酸(31.5%)	13.0	16.6	53	丙酮(35%)	7.9	15.0
19	氢氧化钠(50%)	3.2	25.8	54	丙酮(100%)	14.5	7.2
20	戊烷	14.9	5.2	55	甲酸	10.7	15.8
21	己烷	14.7	7.0	56	醋酸(100%)	12.1	14.2
22	庚烷	14.1	8.4	57	醋酸(70%)	9.5	17.0
23	辛烷	13.7	10.0	58	醋酸酐	12.7	12.8
24	氯甲烷	15.0	3.8	59	醋酸乙酯	13.7	9.1
25	氯乙烷	14.8	6.0	60	醋酸戊酯	11.8	12.5
26	三氯甲烷	14.4	10.2	61	甲酸乙酯	14.2	8.4
27	四氯化碳	12.7	13.1	62	甲酸丙酯	13.1	9.7
28	二氯乙烷	13.2	12.2	63	丙酸	12.8	13.8
29	氯乙烯	12.7	12.2	64	丙烯酸	12.3	13.9
30	苯	12.5	10.9	65	氟利昂 11(CCl$_3$F)	14.4	9.0
31	甲苯	13.7	10.4	66	氟利昂 12(CCl$_2$F$_2$)	16.8	5.6
32	邻二甲苯	13.5	12.1	67	氟利昂 21(CHCl$_2$F)	15.7	7.5
33	间二甲苯	13.9	10.6	68	氟利昂 22(CHClF$_2$)	17.2	4.7
34	对二甲苯	13.9	10.9	69	氟利昂 113(CCl$_2$F·CClF$_2$)	12.5	11.4
35	乙苯	13.2	11.5	70	煤油	10.2	16.9

从液体黏度共线图坐标值表中查得苯的两个坐标值分别为 $X=12.5$，$Y=10.9$，在共线图上可找到这两个坐标值所对应的点，将此点与图中左方温度标尺上的 50℃ 点连成一直线，延长交于右方黏度标尺上，即可读得苯在 50℃ 的黏度为 0.44cP（mPa·s）。

附录十　气体黏度共线图（常压下用）

用法同附录九（液体黏度共线图）。

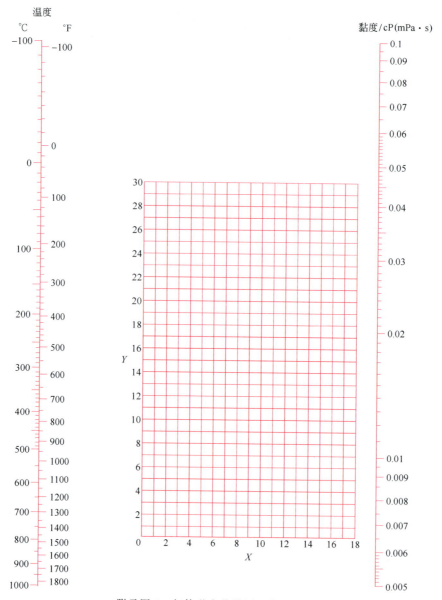

附录图 2　气体黏度共线图（常压下用）

气体黏度共线图坐标值（常压下用）

序号	名　　称	X	Y	序号	名　　称	X	Y
1	空气	11.0	20.0	13	氨	8.4	16.0
2	氧	11.0	21.3	14	汞	5.3	22.9
3	氮	10.6	20.0	15	氟	7.3	23.8
4	氢	11.2	12.4	16	氯	9.0	18.4
5	$3H_2+N_2$	11.2	17.2	17	氯化氢	8.8	18.7
6	水蒸气	8.0	16.0	18	溴	8.9	19.2
7	一氧化碳	11.0	20.0	19	溴化氢	8.8	20.9
8	二氧化碳	9.5	18.7	20	碘	9.0	18.4
9	一氧化二氮	8.8	19.0	21	碘化氢	9.0	21.3
10	二氧化硫	9.6	17.0	22	硫化氢	8.6	18.0
11	二硫化碳	8.0	16.0	23	甲烷	9.9	15.5
12	一氧化氮	10.9	20.5	24	乙烷	9.1	14.5

续表

序号	名称	X	Y	序号	名称	X	Y
25	乙烯	9.5	15.1	36	乙醇	9.2	14.2
26	乙炔	9.8	14.9	37	丙醇	8.4	13.4
27	丙烷	9.7	12.9	38	醋酸	7.7	14.3
28	丙烯	9.0	13.8	39	丙酮	8.9	13.0
29	丁烯	9.2	13.7	40	乙醚	8.9	13.0
30	戊烷	7.0	12.8	41	醋酸乙酯	8.5	13.2
31	己烷	8.6	11.8	42	氟利昂11	10.6	15.1
32	三氯甲烷	8.9	15.7	43	氟利昂12	11.1	16.0
33	苯	8.5	13.2	44	氟利昂21	10.8	15.3
34	甲苯	8.6	12.4	45	氟利昂22	10.1	17.0
35	甲醇	8.5	15.6	46	氟利昂113	11.3	14.0

附录十一　液体比热容共线图

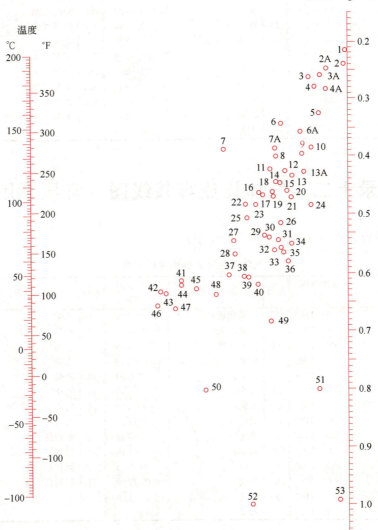

附录图3　液体比热容共线图

使用方法：用本图求液体在指定温度下的比热容时，可连接温度标尺上的指定温度与物料编号所对应的点，延长在比热容标尺上读得所需数据乘以 4.187 即得以 kJ/(kg·℃) 为单位的比热容值。

液体比热容共线图中的编号

编号	名称	温度范围/℃	编号	名称	温度范围/℃	编号	名称	温度范围/℃
53	水	10～200	6A	二氯乙烷	−30～60	47	异丙醇	−20～50
51	盐水(25%NaCl)	−40～20	3	过氯乙烯	−30～40	44	丁醇	0～100
49	盐水(25%CaCl$_2$)	−40～20	23	苯	10～80	43	异丁醇	0～100
52	氨	−70～50	23	甲苯	0～60	37	戊醇	−50～25
11	二氧化硫	−20～100	17	对二甲苯	0～100	41	异戊醇	10～100
2	二硫化碳	−100～25	18	间二甲苯	0～100	39	乙二醇	−40～200
9	硫酸(98%)	10～45	19	邻二甲苯	0～100	38	甘油	−40～20
48	盐酸(30%)	20～100	8	氯苯	0～100	27	苯甲醇	−20～30
35	己烷	−80～20	12	硝基苯	0～100	36	乙醚	−100～25
28	庚烷	0～60	30	苯胺	0～130	31	异丙醚	−80～200
33	辛烷	−50～25	10	苯甲基氯	−20～30	32	丙酮	20～50
34	壬烷	−50～25	25	乙苯	0～100	29	醋酸	0～80
21	癸烷	−80～25	15	联苯	80～120	24	醋酸乙酯	−50～25
13A	氯甲烷	−80～20	16	联苯醚	0～200	26	醋酸戊酯	0～100
5	二氯甲烷	−40～50	16	联苯-联苯醚	0～200	20	吡啶	−50～25
4	三氯甲烷	0～50	14	萘	90～200	2A	氟利昂11	−20～70
22	二苯基甲烷	30～100	40	甲醇	−40～20	6	氟利昂12	−40～15
3	四氯化碳	10～60	42	乙醇(100%)	30～80	4A	氟利昂21	−20～70
13	氯乙烷	−30～40	46	乙醇(95%)	20～80	7A	氟利昂22	−20～60
1	溴乙烷	5～25	50	乙醇(50%)	20～80	3A	氟利昂113	−20～70
7	碘乙烷	0～100	45	丙醇	−20～100			

附录十二　气体比热容共线图（常压下用）

使用方法同附录十一（液体比热容共线图）。

气体比热容共线图中的编号

编号	名称	温度范围/℃	编号	名称	温度范围/℃	编号	名称	温度范围/℃
27	空气	0～1400	24	二氧化碳	400～1400	9	乙烷	200～600
23	氧	0～500	22	二氧化硫	0～400	8	乙烷	600～1400
29	氧	500～1400	31	二氧化硫	400～1400	4	乙烯	0～200
26	氮	0～1400	17	水蒸气	0～1400	11	乙烯	200～600
1	氢	0～600	19	硫化氢	0～700	13	乙烯	600～1400
2	氢	600～1400	21	硫化氢	700～1400	10	乙炔	0～200
32	氯	0～200	20	氟化氢	0～1400	15	乙炔	200～400
34	氯	200～1400	30	氯化氢	0～1400	16	乙炔	400～1400
33	硫	300～1400	35	溴化氢	0～1400	17B	氟利昂11	0～500
12	氨	0～600	36	碘化氢	0～1400	17C	氟利昂21	0～500
14	氨	600～1400	5	甲烷	0～300	17A	氟利昂22	0～500
25	一氧化氮	0～700	6	甲烷	300～700	17D	氟利昂113	0～500
28	一氧化氮	700～1400	7	甲烷	700～1400			
18	二氧化碳	0～400	3	乙烷	0～200			

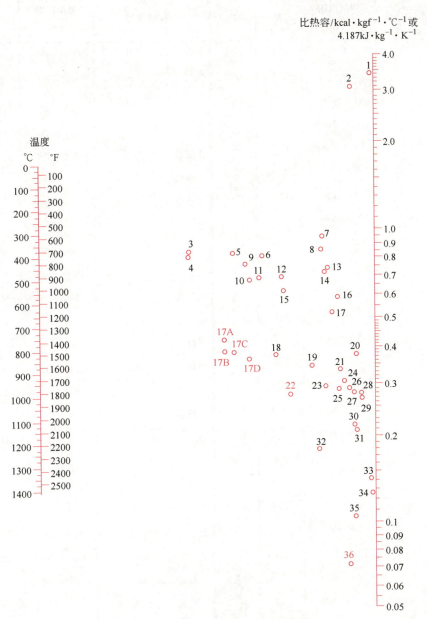

附录图 4　气体比热容共线图（常压下用）

附录十三　气体热导率共线图（常压下用）

用法同附录九（液体黏度共线图）。

气体热导率共线图坐标值（常压下用）

气体或蒸气	温度范围/K	X	Y	气体或蒸气	温度范围/K	X	Y
丙酮	250～500	3.7	14.8	氟利昂22($CHClF_2$)	250～500	6.5	18.6
乙炔	200～600	7.5	13.5	氟利昂113($CCl_2F \cdot CClF_2$)	250～400	4.7	17.0
空气	50～250	12.4	13.9	氦	50～500	17.0	2.5
空气	250～1000	14.7	15.0	氦	500～5000	15.0	3.0
空气	1000～1500	17.1	14.5	正庚烷	250～600	4.0	14.8
氨	200～900	8.5	12.6	正庚烷	600～1000	6.9	14.9
氩	50～250	12.5	16.5	正己烷	250～1000	3.7	14.0
氩	250～5000	15.4	18.1	氢	50～250	13.2	1.2
苯	250～600	2.8	14.2	氢	250～1000	15.7	1.3
三氟化硼	250～400	12.4	16.4	氢	1000～2000	13.7	2.7
溴	250～350	10.1	23.6	氯化氢	200～700	12.2	18.5
正丁烷	250～500	5.6	14.1	氦	100～700	13.7	21.8
异丁烷	250～500	5.7	14.0	甲烷	100～300	11.2	11.7
二氧化碳	200～700	8.7	15.5	甲烷	300～1000	8.5	11.0
二氧化碳	700～1200	13.3	15.4	甲醇	300～500	5.0	14.3
一氧化碳	80～300	12.3	14.2	氯甲烷	250～700	4.7	15.7
一氧化碳	300～1200	15.2	15.2	氖	50～250	15.2	10.2
四氯化碳	250～500	9.4	21.0	氖	250～5000	17.2	11.0
氯	200～700	10.8	20.1	氧化氮	100～1000	13.2	14.8
氖	50～100	12.7	17.3	氮	50～250	12.5	14.0
氖	100～400	14.5	19.3	氮	250～1500	15.8	15.3
乙烷	200～1000	5.4	12.6	氮	1500～3000	12.5	16.5
乙醇	250～350	2.0	13.0	一氧化二氮	200～500	8.4	15.0
乙醇	350～500	7.7	15.2	一氧化二氮	500～1000	11.5	15.5
乙醚	250～500	5.3	14.1	氧	50～300	12.2	13.8
乙烯	200～450	3.9	12.3	氧	300～1500	14.5	14.8
氟	80～600	12.3	13.8	戊烷	250～500	5.0	14.1
氙	600～800	18.7	13.8	丙烷	200～300	2.7	12.0
氟利昂11(CCl_3F)	250～500	7.5	19.0	丙烷	300～500	6.3	13.7
氟利昂12(CCl_2F_2)	250～500	6.8	17.5	二氧化硫	250～900	9.2	18.5
氟利昂13($CClF_3$)	250～500	7.5	16.5	甲苯	250～600	6.4	14.8
氟利昂21($CHCl_2F$)	250～450	6.2	17.5	氙	150～700	13.3	25.0

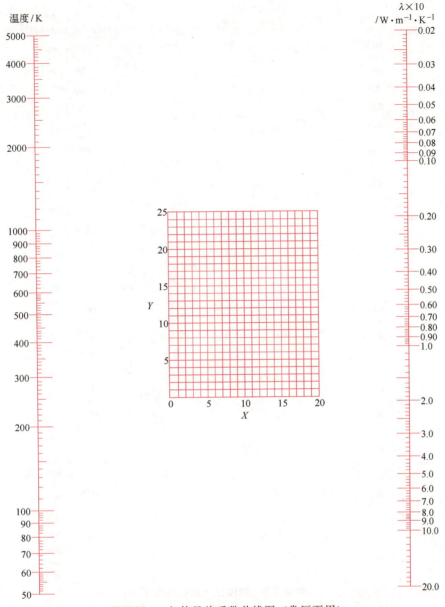

附录图 5　气体导热系数共线图（常压下用）

附录十四　液体比汽化焓（蒸发潜热）共线图

用法举例：求水在 $t=100℃$ 时的比汽化焓（蒸发潜热）。

从编号表中查得水的编号为 30，又查得水的临界温度 $t_c=374℃$，则 $t_c-t=374-100=274℃$，在图中的 t_c-t 标尺上定出 274℃点，并与编号 30 的圆圈中心点连成一直线，延长交于比汽化焓标尺上，可读得交点读数 540kcal/kgf 或 2260kJ/kg，即为水在 100℃温度下的比汽化焓（蒸发潜热）。

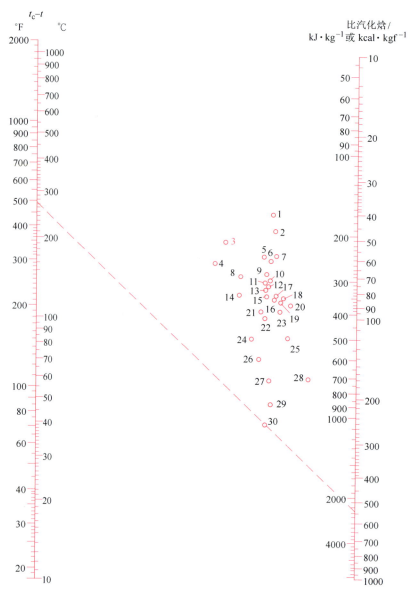

附录图 6　液体比汽化焓共线图

液体比汽化焓共线图中的编号

编号	名　称	t_c /℃	t_c-t 范围 /℃	编号	名　称	t_c /℃	t_c-t 范围 /℃
30	水	374	100～500	25	乙烷	32	25～150
29	氨	133	50～200	23	丙烷	96	40～200
19	一氧化氮	36	25～150	16	丁烷	153	90～200
21	二氧化碳	31	10～100	15	异丁烷	134	80～200
2	四氯化碳	283	30～250	12	戊烷	197	20～200
17	氯乙烷	187	100～250	11	己烷	235	50～225
13	苯	289	10～400	10	庚烷	267	20～300
3	联苯	527	175～400	9	辛烷	296	30～300
4	二硫化碳	273	140～275	20	一氯甲烷	143	70～250
14	二氧化硫	157	90～160	8	二氯甲烷	216	150～250

续表

编号	名 称	t_c /℃	t_c-t 范围 /℃	编号	名 称	t_c /℃	t_c-t 范围 /℃
7	三氯甲烷	263	140~270	18	醋酸	321	100~225
27	甲醇	240	40~250	2	氟利昂11	198	70~225
26	乙醇	243	20~140	2	氟利昂12	111	40~200
28	乙醇	243	140~300	5	氟利昂21	178	70~250
24	丙醇	264	20~200	6	氟利昂22	96	50~170
13	乙醚	194	10~400	1	氟利昂113	214	90~250
22	丙酮	235	120~210				

附录十五　液体表面张力共线图

用法同附录九（液体黏度共线图）。

液体表面张力共线图坐标值

序号	名 称	X	Y	序号	名 称	X	Y
1	环氧乙烷	42	83	40	甲酸丙酯	24	97
2	乙苯	22	118	41	丙胺	25.5	87.2
3	乙胺	11.2	83	42	对丙(异丙)基甲苯	12.8	121.2
4	乙硫醇	35	81	43	丙酮	28	91
5	乙醇	10	97	44	丙醇	8.2	105.2
6	乙醚	27.5	64	45	丙酸	17	112
7	乙醛	33	78	46	丙酸乙酯	22.6	97
8	乙醛肟	23.5	127	47	丙酸甲酯	29	95
9	乙酰胺	17	192.5	48	戊酮-3	20	101
10	乙酰乙酸乙酯	21	132	49	异戊醇	6	106.8
11	二乙醇缩乙醛	19	88	50	四氯化碳	26	104.5
12	间二甲苯	20.5	118	51	辛烷	17.7	90
13	对二甲苯	19	117	52	苯	30	110
14	二甲胺	16	66	53	苯乙酮	18	163
15	二甲醚	44	37	54	苯乙醚	20	134.2
16	二氯乙烷	32	120	55	苯二乙胺	17	142.6
17	二硫化碳	35.8	117.2	56	苯二甲胺	20	149
18	丁酮	23.6	97	57	苯甲醚	24.4	138.9
19	丁醇	9.6	107.5	58	苯胺	22.9	171.8
20	异丁醇	5	103	59	苯甲胺	25	156
21	丁酸	14.5	115	60	苯酚	20	168
22	异丁酸	14.8	107.4	61	氨	56.2	63.5
23	丁酸乙酯	17.5	102	62	氧化亚氮	62.5	0.5
24	丁(异丁)酸乙酯	20.9	93.7	63	氯	45.5	59.2
25	丁酸甲酯	25	88	64	氯仿	32	101.3
26	三乙胺	20.1	83.9	65	对氯甲苯	18.7	134
27	1,3,5-三甲苯	17	119.8	66	氯甲烷	45.8	53.2
28	三苯甲烷	12.5	182.7	67	氯苯	23.5	132.5
29	三氯乙醛	30	113	68	吡啶	34	138.2
30	三聚乙醛	22.3	103.8	69	丙腈	23	108.6
31	己烷	22.7	72.2	70	丁腈	20.3	113
32	甲苯	24	113	71	乙腈	33.5	111
33	甲胺	42	58	72	苯腈	19.5	159
34	间甲酚	13	161.2	73	氰化氢	30.6	66
35	对甲酚	11.5	160.5	74	硫酸二乙酯	19.5	130.5
36	邻甲酚	20	161	75	硫酸二甲酯	23.5	158
37	甲醇	17	93	76	硝基乙烷	25.4	126.1
38	甲酸甲酯	38.5	88	77	硝基甲烷	30	139
39	甲酸乙酯	30.5	88.8	78	萘	22.5	165

续表

序号	名称	X	Y	序号	名称	X	Y
79	溴乙烷	31.6	90.2	87	醋酸异丁酯	16	97.2
80	溴苯	23.5	145.5	88	醋酸异戊酯	16.4	103.1
81	碘乙烷	28	113.2	89	醋酸酐	25	129
82	对甲氧基苯丙烯	13	158.1	90	噻吩	35	121
83	醋酸	17.1	116.5	91	环己烷	42	86.7
84	醋酸甲酯	34	90	92	硝基苯	23	173
85	醋酸乙酯	27.5	92.4	93	水（查出之数乘2）	12	162
86	醋酸丙酯	23	97				

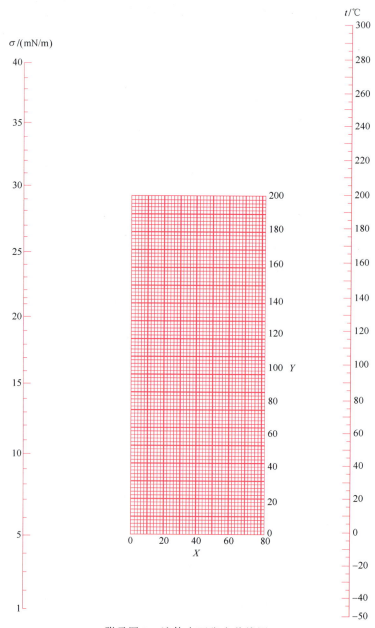

附录图7　液体表面张力共线图

附录十六 无机溶液在大气压下的沸点

温度/℃ 溶液	101	102	103	104	105	107	110	115	120	125	140	160	180	200	220	240	260	280	300	340
							无机溶液的浓度(质量分数)/%													
$CaCl_2$	5.66	10.31	14.16	17.36	20.00	24.24	29.33	35.68	40.83	54.80	57.89	68.94	75.85	64.91	68.73	72.64	75.76	78.95	81.63	86.18
KOH	4.49	8.51	11.96	14.82	17.01	20.88	25.65	31.97	36.51	40.23	48.05	54.89	60.41							
KCl	8.42	14.31	18.96	23.02	26.57	32.62	36.47	(近于108.5℃)												
K_2CO_3	10.31	18.37	24.24	28.57	32.24	37.69	43.97	50.86	56.04	60.40	66.94			(近于133.5℃)						
KNO_3	13.19	23.66	32.23	39.20	45.10	54.65	65.34	79.53												
$MgCl_2$	4.67	8.42	11.66	14.31	16.59	20.23	24.41	29.48	33.07	36.02	38.61									
$MgSO_4$	14.31	22.78	28.31	32.23	35.32	42.86						(近于108℃)								
NaOH	4.12	7.40	10.15	12.51	14.53	18.32	23.08	26.21	33.77	37.58	48.32	60.13	69.97	77.53	84.03	88.89	93.02	95.92	98.47	(近于314℃)
NaCl	6.19	11.03	14.67	17.69	20.32	25.09	28.92	(近于108℃)												
$NaNO_3$	8.26	15.61	21.87	17.53	32.43	40.47	49.87	60.94	68.94											
Na_2SO_4	15.26	24.81	30.73	31.83	(近于103.2℃)															
Na_2CO_3	9.42	17.22	23.72	29.18	33.86															
$CuSO_4$	26.95	39.98	40.83	44.47	45.12	(近于104.2℃)														
$ZnSO_4$	20.00	31.22	37.89	42.92	46.15															
NH_4NO_3	9.09	16.66	23.08	29.08	34.21	42.52	51.92	63.24	71.26	77.11	87.09	93.20	69.00	97.61	98.89					
NH_4Cl	6.10	11.35	15.96	19.80	22.89	28.37	35.98	46.94												
$(NH_4)_2SO_4$	13.34	23.41	30.65	36.71	41.79	49.73	49.77	53.55			(近于108.2℃)									

注：括号内指饱和溶液的沸点。

附录十七 管子规格

1. 低压流体输送用焊接钢管（GB/T 3091—2015）

GB/T 3091—2015规定了低压流体输送用焊接钢管的尺寸、外形、检验方法等，适用于空水、空气、采暖蒸汽和燃气等低压流体输送。钢管外径系列1为通用系列，系列2为非通用系列，系列3为少数特殊、专用系列。其中管端用螺纹和沟槽连接的钢管尺寸见附录A。

（1）低压流体输送用焊接钢管（系列1，摘录）

公称口径/mm	外径/mm	最小公称壁厚/mm	不圆度(≤)/mm	公称口径/mm	外径/mm	最小公称壁厚/mm	不圆度(≤)/mm
6	10.2	2.0	0.20	40	48.3	2.75	0.50
8	13.5	2.0	0.20	50	60.3	3.0	0.60
10	17.2	2.2	0.20	65	76.1	3.0	0.60
15	21.3	2.2	0.30	80	88.9	3.25	0.70
20	26.9	2.2	0.35	100	114.3	3.25	0.80
25	33.7	2.5	0.40	125	139.7	3.5	1.00
32	42.4	2.5	0.40	150	165.1	3.5	1.20

(2) 附录 A　管端用螺纹和沟槽连接的钢管尺寸

公称口径 /mm	外径 /mm	壁厚/mm		公称口径 /mm	外径 /mm	壁厚/mm	
		普通钢管	加厚钢管			普通钢管	加厚钢管
6	10.2	2.0	2.5	40	48.3	3.5	4.5
8	13.5	2.5	2.8	50	60.3	3.8	4.5
10	17.2	2.5	2.8	65	76.1	4.0	4.5
15	21.3	2.8	3.5	80	88.9	4.0	5.0
20	26.9	2.8	3.5	100	114.3	4.0	5.0
25	33.7	3.2	4.0	125	139.7	4.0	5.5
32	42.4	3.5	4.0	150	165.1	4.5	6.0

注：表中的公称口径系近似内经的名义尺寸，不表示外径减去两个壁厚所得的内径。

2. 无缝钢管（GB/T 17395—2008）

GB/T 17395—2008 规定了普通钢管、精密钢管和不锈钢管的外径和壁厚；钢管外径系列 1 为通用系列，系列 2 为非通用系列，系列 3 为少数特殊、专用系列。

(1) 普通钢管（系列 1）（摘录）

外径/mm	壁厚范围/mm	外径/mm	壁厚范围/mm	外径/mm	壁厚范围/mm
34	0.4~8.0	114	1.5~30	356	9.0~100
42	1.0~10	140	3.0~36	406	9.0~100
48	1.0~12	168	3.5~45	457	9.0~100
60	1.0~16	219	6.0~55	508	9.0~100
76	1.0~20	273	6.5~85	610	9.0~120
89	1.0~24	325	7.5~100		

(2) 精密钢管　精密钢管的外径变化范围为 4~260mm，壁厚变化范围为 0.5~25mm。

(3) 不锈钢管　不锈钢管的外径变化范围为 6~426mm，壁厚变化范围为 0.5~28mm。

(4) GB 9948—2013 规定了石油化工用的管炉、热交换器固安和压力管道用无缝钢管。钢管的外径和壁厚应符合 GB/T 17395—2008 的规定。

附录十八　泵规格（摘录）

1. IS 型单级单吸离心泵

泵型号	流量/$m^3 \cdot h^{-1}$	扬程/m	转速/$r \cdot min^{-1}$	汽蚀余量/m	泵效率/%	功率/kW	
						轴功率	电机功率
IS50-32-125	7.5	22	2900		47	0.96	2.2
	12.5	20	2900	2.0	60	1.13	2.2
	15	18.5	2900		60	1.26	2.2
	3.75		1450				0.55
	6.3	5	1450	2.0	54	0.16	0.55
	7.5		1450				0.55
IS50-32-160	7.5	34.3	2900		44	1.59	3
	12.5	32	2900	2.0	54	2.02	3
	15	29.6	2900		56	2.16	3
	3.75		1450				0.55
	6.3	8	1450	2.0	48	0.28	0.55
	7.5		1450				0.55

续表

泵型号	流量/m³·h⁻¹	扬程/m	转速/r·min⁻¹	汽蚀余量/m	泵效率/%	功率/kW 轴功率	功率/kW 电机功率
IS50-32-200	7.5	525	2900	2.0	38	2.82	5.5
	12.5	50	2900	2.0	48	3.54	5.5
	15	48	2900	2.5	51	3.84	5.5
	3.75	13.1	1450	2.0	33	0.41	0.75
	6.3	12.5	1450	2.0	42	0.51	0.75
	7.5	12	1450	2.5	44	0.56	0.75
IS50-32-250	7.5	82	2900	2.0	28.5	5.67	11
	12.5	80	2900	2.0	38	7.16	11
	15	78.5	2900	2.5	41	7.83	11
	3.75	20.5	1450	2.0	23	0.91	15
	6.3	20	1450	2.0	32	1.07	15
	7.5	19.5	1450	2.5	35	1.14	15
IS65-50-125	15	21.8	2900		58	1.54	3
	25	20	2900	2.0	69	1.97	3
	30	18.5	2900		68	2.22	3
	7.5		1450				0.55
	12.5	5	1450	2.0	64	0.27	0.55
	15		1450				0.55
IS65-50-160	15	35	2900	2.0	54	2.65	5.5
	25	32	2900	2.0	65	3.35	5.5
	30	30	2900	2.5	66	3.71	5.5
	7.5	8.8	1450	2.0	50	0.36	0.75
	12.5	8.0	1450	2.0	60	0.45	0.75
	15	7.2	1450	2.5	60	0.49	0.75
IS65-40-200	15	63	2900	2.0	40	4.42	7.5
	25	50	2900	2.0	60	5.67	7.5
	30	47	2900	2.5	61	6.29	7.5
	7.5	13.2	1450	2.0	43	0.63	1.1
	12.5	12.5	1450	2.0	66	0.77	1.1
	15	11.8	1450	2.5	57	0.85	1.1
IS65-40-250	15		2900				15
	25	80	2900	2.0	63	10.3	15
	30		2900				15
IS65-40-315	15	127	2900	2.5	28	18.5	30
	25	125	2900	2.5	40	21.3	30
	30	123	2900	3.0	44	22.8	30
IS80-65-125	30	22.5	2900	3.0	64	2.87	5.5
	50	20	2900	3.0	75	3.63	5.5
	60	18	2900	3.5	74	3.93	5.5
	15	5.6	1450	2.5	55	0.42	0.75
	25	5	1450	2.5	71	0.48	0.75
	30	4.5	1450	3.0	72	0.51	0.75
IS80-65-160	30	36	2900	2.5	61	4.82	7.5
	50	32	2900	2.5	73	5.97	7.6
	60	29	2900	3.0	72	6.59	7.5
	15	9	1450	2.5	66	0.67	1.5
	25	8	1450	2.5	69	0.75	1.5
	30	7.2	1450	3.0	68	0.86	1.5
IS80-50-200	30	53	2900	2.5	55	7.87	15
	50	50	2900	2.5	69	9.87	15
	60	47	2900	3.0	71	10.8	15
	15	13.2	1450	2.5	51	1.06	2.2
	25	12.5	1450	2.5	65	1.31	2.2
	30	11.8	1450	3.0	67	1.44	2.2
IS80-50-160	30	84	2900	2.5	52	13.2	22
	50	80	2900	2.5	63	17.3	
	60	75	2900	3	64	19.2	

续表

泵型号	流量/m³·h⁻¹	扬程/m	转速/r·min⁻¹	汽蚀余量/m	泵效率/%	功率/kW	
						轴功率	电机功率
IS80-50-250	30	84	2900	2.5	52	13.2	22
	50	80	2900	2.5	63	17.3	22
	60	75	2900	3.0	64	19.2	22
IS80-50-315	30	128	2900	2.5	41	25.5	37
	50	125	2900	2.5	54	31.5	37
	60	123	2900	3.0	57	35.3	37
IS100-80-125	60	24	2900	4.0	67	5.86	11
	100	20	2900	4.5	78	7.00	11
	120	16.5	2900	5.0	74	7.28	11
IS100-80-160	60	36	2900	3.5	70	8.42	15
	100	32	2900	4.0	78	11.2	15
	120	28	2900	5.0	75	12.2	15
	30	9.2	1450	2.0	67	1.12	2.2
	50	8.0	1450	2.5	75	1.45	2.2
	60	6.8	1450	3.5	71	1.57	2.2
IS100-65-200	60	54	2900	3.0	65	13.6	22
	100	50	2900	3.5	78	17.9	22
	120	47	2900	4.8	77	19.9	22
	30	13.5	1450	2.0	60	1.84	4
	50	12.5	1450	2.0	73	2.33	4
	60	11.8	1450	2.5	74	2.61	4
IS100-65-250	60	87	2900	3.5	81	23.4	37
	100	80	2900	3.8	72	30.3	37
	120	74.5	2900	4.8	73	33.3	37
	30	21.3	1450	2.0	55	3.16	5.5
	50	20	1450	2.0	68	4.00	5.5
	60	19	1450	2.5	70	4.44	5.5
IS100-65-315	60	133	2900	3.0	55	39.6	75
	100	125	2900	3.5	66	51.6	75
	120	118	2900	4.2	67	57.5	75

2. D、DG 多级分段式离心泵

泵型号	流量/m³·h⁻¹	扬程/m	转速/r·min⁻¹	汽蚀余量/m	泵效率/%	功率/kW	
						轴功率	电机功率
$\frac{D}{DG}$12-25×3	7.5	84.6	2950	2.0	44	3.93	7.5
	12.5	75		2.0	54	4.73	
	15.0	69		2.5	53	5.32	
$\frac{D}{DG}$12-25×4	7.5	112.8	2950	2.0	44	5.24	11
	12.5	100		2.0	54	6.30	
	15.0	92		2.5	53	7.09	
$\frac{D}{DG}$25-30×3	15	102	2950	2.2	50	8.33	15
	25	90		2.2	62	9.88	
	30	82.5		2.6	63	10.7	
$\frac{D}{DG}$25-30×4	15	136	2950	2.2	50		18.5
	25	120		2.2	62		
	30	110		2.6	63		
$\frac{D}{DG}$46-30×3	30	102	2950	2.4	64	13.02	22
	46	90		3.0	70	16.11	
	55	81		4.6	68	17.84	

续表

泵型号	流量/m³·h⁻¹	扬程/m	转速/r·min⁻¹	汽蚀余量/m	泵效率/%	功率/kW	
						轴功率	电机功率
D 46-30×4 DG	30 46 55	136 120 108	2950	2.4 3 4.6	64 70 68	17.36 21.48 23.79	30
DG 46-50×3	28 46 50	172.5 150 144	2950	2.5 2.8 3.0	53 63 63.2	24.8 29.9 31.0	37
DG 46-50×4	28 46 50	230 200 192		2.5 2.8 3.0	53 63 63.2	33.1 39.8 41.3	45
D 85-67×3 DG	55 85 100	222 201 183		3.3 4 4.4	54 65 65	61.5 71.5 76.6	90
D 85-67×4 DG	55 85 100	296 268 244		3.3 4 4.4	54 65 65	82.1 95.4 102.2	110

3. S型单级双吸离心泵

泵型号	流量/m³·h⁻¹	扬程/m	转速/r·min⁻¹	汽蚀余量/m	泵效率/%	功率/kW	
						轴功率	电机功率
100S90	60 80 95	95 90 82	2950	2.5	61 65 63	23.9 28 31.2	37
100S90A	50 72 86	78 75 70	2950	2.5	60 64 63	16.9 21.6 24.5	30
150S50	130 160 220	52 50 40	2950	3.9	72.9 80 77.2	25.3 27.3 31.1	37
150S50A	112 144 180	44 40 35	2950	3.9	72 75 70	18.5 20.9 24.5	30
150S50B	108 133 160	38 36 32	2950	3.9	65 70 72	17.2 18.6 19.4	22
200S42	216 280 342	48 42 35	2950	6	81 84.2 81	34.8 37.8 40.2	45
200S42A	198 270 310	43 36 31	2950	6	76 80 76	30.5 33.1 34.4	37
200S63	216 280 351	60 63 50	2950	5.8	74 82.7 72	55.1 50.4 67.8	75
250S24	360 485 576	27 24 19	1450	3.5	80 85.8 82	33.1 35.8 38.4	45
250S65	360 485 612	71 65 56	1450	3	75 78.6 72	92.8 108.5 129.6	160

4. Y型离心油泵（摘录）

泵型号	流量/m³·h⁻¹	扬程/m	转速/r·min⁻¹	允许汽蚀余量/m	泵效率/%	功率/kW 轴功率	功率/kW 电机功率
50Y60	13.0	67	2950	2.9	38	6.24	7.5
50Y60A	11.2	53	2950	3.0	35	4.68	7.5
50Y60B	9.9	39	2950	2.8	33	3.18	4
50Y60×2	12.5	120	2950	2.4	34.5	11.8	15
50Y60×2A	12	105	2950	2.3	35	9.8	15
50Y60×2B	11	89	2950	2.52	32	8.35	11
65Y60	25	60	2950	3.05	50	8.18	11
65Y60A	22.5	49	2950	3.0	49	6.13	7.5
65Y60B	20	37.5	2950	2.7	47	4.35	5.5
65Y100	25	110	2950	3.2	40	18.8	22
65Y100A	23	92	2950	3.1	39	14.75	18.5
65Y100B	21	73	2950	3.05	40	10.45	15
65Y100×2	25	200	2950	2.85	42	35.8	45
65Y100×2A	23	175	2950	2.8	41	26.7	37
65Y100×2B	22	150	2950	2.75	42	21.4	30
80Y60	50	58	2950	3.2	56	14.1	18.5
80Y100	50	100	2950	3.1	51	26.6	37
80Y100A	45	85	2950	3.1	52.5	19.9	30
80Y100×2	50	200	2950	3.6	53.5	51	75
80Y100×2A	47	175	2950	3.5	50	44.8	55
80Y100×2B	43	153	2950	3.35	51	35.2	45
80Y100×2C	40	125	2950	3.3	49	27.8	37

5. F型耐腐蚀泵

泵型号	流量/m³·h⁻¹	扬程/m	转速/r·min⁻¹	汽蚀余量/m	泵效率/%	功率/kW 轴功率	功率/kW 电机功率
25F—16	3.60	16.00	2960	4.30	30.00	0.523	0.75
25F—16A	3.27	12.50	2960	4.30	29.00	0.39	0.55
40F—26	7.20	25.50	2960	4.30	44.00	1.14	1.50
40F—26A	6.55	20.00	2960	4.30	42.00	0.87	1.10
50F—40	14.4	40	2900	4	44	3.57	7.5
50F—40A	13.1	32.5	2900	4	44	2.64	7.5
50F—16	14.4	15.7	2900		62	0.99	1.5
50F—16A	13.1	12	2900			0.69	1.1
65F—16	28.8	15.7	2900	4	52	2.37	4.0
65F—16A	26.2	12	2900			1.65	2.2
100F—92	94.3	92	2900	6	64	39.5	55.0
100F—92A	88.6	80				32.1	40.0
100F—92B	100.8	70.5				26.6	40.0
150F—56	190.8	55.5	2900	6	67	43	55.0
150F—56A	170.2	48				34.8	45.0
150F—56B	167.8	42.5				29	40.0
150F—22	190.8	22	2900	6	75	15.3	30.0
150F—22A	173.5	17.5				11.3	17.0

注：电机功率应根据液体的密度确定，表中值仅供参考。

附录十九 4-72-11型离心通风机规格(摘录)

机号	转速/r·min^{-1}	全压/Pa	流量/m^3·h^{-1}	效率/%	所需功率/kW
6C	2240	2432.1	15800	91	14.1
	2000	1941.8	14100	91	10.0
	1800	1569.1	12700	91	7.3
	1250	755.1	8800	91	2.53
	1000	480.5	7030	91	1.39
	800	294.2	5610	91	0.73
8C	1800	2795	29900	91	30.8
	1250	1343.6	20800	91	10.3
	1000	863.0	16600	91	5.52
	630	343.2	10480	91	1.51
10C	1250	2226.2	41300	94.3	32.7
	1000	1422.0	32700	94.3	16.5
	800	912.1	26130	94.3	8.5
	500	353.1	16390	94.3	2.3
6D	1450	1020	10200	91	4
	960	441.3	6720	91	1.32
8D	1450	1961.4	20130	89.5	14.2
	730	490.4	10150	89.5	2.06
16B	900	2942.1	121000	94.3	127
20B	710	2844.0	186300	94.3	190

传动方式:A—电动机直联;B,C,E—皮带轮传动;D—联轴器传动。

附录二十 热交换器系列标准(摘录)

1. 固定管板式(摘自JB/T 4715—1992)

(1) 换热管为$\phi 19$mm的换热器基本参数($D_N = 159 \sim 1800$mm)

公称直径 D_N/mm	公称压力 P_N/MPa	管程数 N	管子根数 n	中心排管数	管程流通面积/m^2	换热面积/m^2 换热管长度 L/mm					
						1500	2000	3000	4500	6000	9000
159	1.60	1	15	5	0.0027	1.3	1.7	2.6	—	—	—
219	2.50		83	7	0.0058	2.8	3.7	5.7	—	—	—
273		1	65	9	0.0115	5.4	7.4	11.3	17.1	22.9	—
		2	56	8	0.0049	4.7	6.4	9.7	14.7	19.7	—
325	4.00	1	99	11	0.0175	8.3	11.2	17.1	26.0	34.9	—
	6.40	2	88	10	0.0078	7.4	10.0	15.2	23.1	31.0	—
		4	68	11	0.0030	5.7	7.7	11.8	17.9	23.9	—
400	0.60	1	174	14	0.0307	14.5	19.7	30.1	45.7	61.3	—
		2	164	15	0.0145	13.7	18.6	28.4	43.1	57.8	—
		4	146	14	0.0065	12.2	16.6	25.3	38.3	51.4	—

续表

公称直径 D_N/mm	公称压力 P_N/MPa	管程数 N	管子根数 n	中心排管数	管程流通面积/m²	换热面积/m²						
						换热管长度 L/mm						
						1500	2000	3000	4500	6000	9000
450	1.00	1	237	17	0.0419	19.8	26.9	41.0	62.2	83.5	—
		2	220	16	0.0194	18.4	25.0	38.1	57.8	77.5	—
		4	200	16	0.0088	16.7	22.7	34.6	52.5	70.4	—
500	1.60	1	275	19	0.0486	—	31.2	47.6	72.2	96.8	—
		2	256	18	0.0226	—	29.0	44.3	67.2	90.2	—
		4	222	18	0.0098	—	25.2	38.4	58.3	78.2	—
600	2.50	1	430	22	0.0760	—	48.8	74.4	112.9	151.4	—
		2	416	23	0.0368	—	47.2	72.0	109.3	146.5	—
		4	370	22	0.0163	—	42.0	64.0	97.2	130.3	—
		6	360	20	0.0106	—	40.8	62.3	94.5	126.8	—
700	4.00	1	607	27	0.1073	—	—	105.1	159.4	213.8	—
		2	574	27	0.0507	—	—	99.4	150.8	202.1	—
		4	542	27	0.0239	—	—	93.8	142.3	190.9	—
		6	518	24	0.0153	—	—	89.7	136.0	182.4	—
800	0.60	1	797	31	0.1408	—	—	138.0	209.3	280.7	—
		2	776	31	0.0686	—	—	134.2	203.8	273.3	—
		4	722	31	0.0319	—	—	125.0	189.8	254.3	—
		6	710	30	0.0209	—	—	122.9	186.5	250.0	—
900	1.00 / 1.60	1	1009	35	0.1783	—	—	174.7	265.0	355.3	536.0
		2	988	35	0.0873	—	—	171.0	259.5	347.9	524.9
		4	938	35	0.0414	—	—	162.4	246.4	330.3	498.3
		6	914	34	0.0269	—	—	158.2	240.0	321.9	485.6
1000	2.50 / 4.0	1	1267	39	0.2239	—	—	219.3	332.8	446.2	673.1
		2	1234	39	0.1090	—	—	213.6	324.1	434.6	655.6
		4	1186	39	0.0524	—	—	205.3	311.5	417.7	630.1
		6	1148	38	0.0338	—	—	198.7	301.5	404.3	609.9

注：计算换热面积按式 $A = \pi d(L - 2\delta - 0.006)n$ 确定。式中，d 为换热管外径；L 为管长；n 为换热管排管数；δ 为管板厚度（假定为 0.05m）。

(2) 换热管为 $\phi 25$mm 的换热器基本参数（$D_N = 159 \sim 1300$mm）

公称直径 D_N/mm	公称压力 P_N/MPa	管程数 N	管子根数 n	中心排管数	管程流通面积/m²		换热面积/m²				
							换热管长度 L/mm				
					$\phi 25 \times 2$	$\phi 25 \times 2.5$	1500	2000	3000	4500	6000	9000
325	1.60 / 2.50 / 4.00 / 6.40	1	57	9	0.0197	0.0179	6.3	8.5	13.0	19.7	26.4	—
		2	56	9	0.0097	0.0088	6.2	8.4	12.7	19.3	25.9	—
		4	40	9	0.0035	0.0031	4.4	6.0	9.1	13.8	18.5	—

续表

公称直径 D_N/mm	公称压力 P_N/MPa	管程数 N	管子根数 n	中心排管数	管程流通面积/m²		换热面积/m² 换热管长度 L/mm					
					$\phi 25\times 2$	$\phi 25\times 2.5$	1500	2000	3000	4500	6000	9000
400	0.60 1.00	1	98	12	0.0339	0.0308	10.8	14.6	22.3	33.8	45.4	—
		2	94	11	0.0163	0.0148	10.3	14.0	21.4	32.5	43.5	—
		4	76	11	0.0066	0.0060	8.4	11.3	17.3	26.3	35.2	—
450		1	135	13	0.0468	0.0424	14.8	20.1	30.7	46.6	62.5	—
		2	126	12	0.0218	0.0198	13.9	18.8	28.7	43.5	58.4	—
		4	106	13	0.0092	0.0083	11.7	15.8	24.1	36.6	49.1	—
500		1	174	14	0.0603	0.0546	—	26.0	39.6	60.1	80.6	—
		2	164	15	0.0284	0.0257	—	24.5	37.3	56.6	76.0	—
		4	144	15	0.0125	0.0113	—	21.4	32.8	49.7	66.7	—
600	1.60 2.50	1	245	17	0.0849	0.0769	—	36.5	55.8	84.6	113.5	—
		2	232	16	0.0402	0.0364	—	34.6	52.8	80.1	107.5	—
		4	222	17	0.0192	0.0174	—	33.1	50.5	76.7	102.8	—
		6	216	16	0.0125	0.0113	—	32.2	49.2	74.6	100.0	—
700	4.00	1	355	21	0.1230	0.1115	—	—	80.0	122.6	164.4	—
		2	342	21	0.0592	0.0537	—	—	77.9	118.1	158.4	—
		4	322	21	0.0279	0.0253	—	—	73.3	111.2	149.1	—
		6	304	20	0.0175	0.0159	—	—	69.2	105.0	140.8	—
800		1	467	23	0.1618	0.1466	—	—	106.3	161.3	216.3	—
		2	450	23	0.0779	0.0707	—	—	102.4	155.4	208.5	—
		4	442	23	0.0383	0.0347	—	—	100.6	152.7	204.7	—
		6	430	24	0.0248	0.0225	—	—	97.9	148.5	119.2	—
900	0.60	1	605	27	0.2095	0.1900	—	—	137.8	209.0	280.2	422.7
		2	588	27	0.1018	0.0923	—	—	133.9	203.1	272.3	410.8
		4	554	27	0.0480	0.0435	—	—	126.1	191.4	256.6	387.1
		6	538	26	0.0311	0.0282	—	—	122.5	185.8	249.2	375.9
1000	1.60 2.50	1	749	30	0.2594	0.2352	—	—	170.5	258.7	346.9	523.3
		2	742	29	0.1285	0.1165	—	—	168.9	256.3	343.7	518.4
		4	710	29	0.0615	0.0557	—	—	161.6	245.2	328.8	496.0
		6	698	30	0.0403	0.0365	—	—	158.9	241.1	323.3	487.7
(1100)	4.00	1	931	33	0.3225	0.2923	—	—	—	321.6	431.2	650.4
		2	894	33	0.1548	0.1404	—	—	—	308.8	414.1	624.6
		4	848	33	0.0734	0.0666	—	—	—	292.9	392.8	592.5
		6	830	32	0.0479	0.0434	—	—	—	286.7	384.4	579.9
1200		1	1115	37	0.3862	0.3501	—	—	—	385.1	516.4	779.0
		2	1102	37	0.1908	0.1730	—	—	—	380.6	510.4	769.9
		4	1052	37	0.0911	0.0826	—	—	—	363.4	487.2	735.0
		6	1026	36	0.0592	0.0537	—	—	—	354.4	475.2	716.8

（3）固定管板式换热器折流板间距　　　　　　　　　　　　　　　　　　　　　　　　　mm

公称直径 D_N	管　　长	折　流　板　间　距					
≤500	≤3000	100	200	300	450	600	—
	4500～6000	—					
600～800	1500～6000	150	200	300	450	600	—
900～1300	≤6000		200	300	450	600	—
	7500,9000		—				750
1400～1600	6000			300	450	600	750
	7500,9000			—			
1700～1800	6000～9000			—	450	600	750

2. 浮头式换热器（摘自 JB/T 4714—1992）

（1）型号及其表示方法

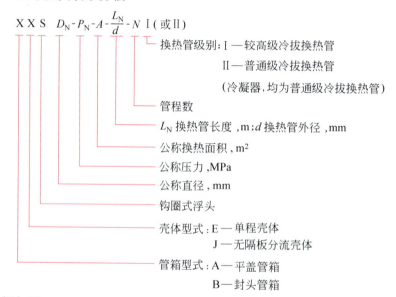

举例如下。

① 浮头式内导流换热器

平盖管箱，公称直径 500mm，管、壳程压力均为 1.6MPa，公称换热面积 55m²，较高级冷拔换热管，外径 25mm，管长 6m，4 管程，单壳程的浮头式内导流换热器，其型号为：AES500-1.6-55-6/25-4Ⅰ。

封头管箱，公称直径 600mm，管、壳程压力均为 1.6MPa，公称换热面积 55m²，普通级冷拔换热管，外径 19mm，管长 3m，2 管程，单壳程的浮头式内导流换热器，其型号为：BES 600-1.6-55-3/19-2Ⅱ。

② 浮头式冷凝器

封头管箱，公称直径 600mm，管、壳程压力均为 1.6MPa，公称换热面积 55m²，普通级冷拔换热管，外径 19mm，管长 3m，2 管程，单壳程的浮头式冷凝器，其型号为：BES 600-1.6-55-3/19-2。

(2) 浮头式换热器折流板（支持板）间距 S

管长/m	公称直径 D_N/mm	间距 S/mm						
3	≤700	100	150	200	—	—		
4.5	≤700	100	150	200	—	—	—	
	800~1200	—	150	200	250	300	—	450（或480）
6	400~1100	—	150	200	250	300	350	450（或480）
	1200~1800	—	—	200	250	300	350	450（或480）
9	1200~1800	—	—	—	—	300	350	450	600

冷凝器折流板（支持板）间距：450mm（或480mm），600mm。

(3) 内导流换热器和冷凝器的主要参数

D_N/mm	N	$n^①$		中心排管数		管程流通面积/m²			$A^②$/m²						
		d/mm				$d×\delta_t$			L=3m		L=4.5m		L=6m		L=9m	
		19	25	19	25	19×2	25×2	25×2.5	19	25	19	25	19	25	19	25
325	2	60	32	7	5	0.0053	0.0055	0.0050	10.5	7.4	15.8	11.1	—	—	—	—
	4	52	28	6	4	0.0023	0.0024	0.0022	9.1	6.4	13.7	9.7	—	—	—	—
426	2	120	74	8	7	0.0106	0.0126	0.0116	20.9	16.9	31.6	25.6	42.3	34.4	—	—
400	4	108	68	9	6	0.0048	0.0059	0.0053	18.8	15.6	28.4	23.6	38.1	31.6	—	—
500	2	206	124	11	8	0.0182	0.0215	0.0194	35.7	28.3	54.1	42.8	72.5	57.4	—	—
	4	192	116	10	9	0.0085	0.0100	0.0091	33.2	26.4	50.4	40.1	67.6	53.7	—	—
600	2	324	198	14	11	0.0286	0.0343	0.0311	55.8	44.9	84.8	68.2	113.9	91.5	—	—
	4	308	188	14	10	0.0136	0.0163	0.0148	53.1	42.6	80.7	64.8	108.2	86.9	—	—
	6	284	158	14	10	0.0083	0.0091	0.0083	48.9	35.8	74.4	54.4	99.8	73.1	—	—
700	2	468	268	16	13	0.0414	0.0464	0.0421	80.4	60.6	122.2	92.1	164.1	123.7	—	—
	4	448	256	17	12	0.0198	0.0222	0.0201	76.9	57.8	117.0	87.9	157.1	118.1	—	—
	6	382	224	15	10	0.0112	0.0129	0.0116	65.6	50.6	99.8	76.9	133.9	103.4	—	—
800	2	610	366	19	15	0.0539	0.0634	0.0575	—	—	158.9	125.4	213.5	168.5	—	—
	4	588	352	18	14	0.0260	0.0305	0.0276	—	—	153.2	120.6	205.8	162.1	—	—
	6	518	316	16	14	0.0152	0.0182	0.0165	—	—	134.9	108.3	181.3	145.5	—	—
900	2	800	472	22	17	0.0707	0.0817	0.0741	—	—	207.6	161.2	279.2	216.8	—	—
	4	776	456	21	16	0.0343	0.0395	0.0353	—	—	201.4	155.7	270.8	209.4	—	—
	6	720	426	21	16	0.0212	0.0246	0.0223	—	—	186.9	145.5	251.3	195.6	—	—
1000	2	1006	606	24	19	0.0890	0.105	0.0952	—	—	260.6	206.6	350.6	277.9	—	—
	4	980	588	23	18	0.0433	0.0500	0.0462	—	—	253.9	200.4	341.6	269.7	—	—
	6	892	564	21	18	0.0262	0.0326	0.0295	—	—	231.1	192.2	311.0	258.7	—	—
1100	2	1240	736	27	21	0.1100	0.1270	0.1160	—	—	320.3	250.2	431.3	336.8	—	—
	4	1212	716	26	20	0.0536	0.0620	0.0562	—	—	313.1	243.4	421.6	327.7	—	—
	6	1120	692	24	20	0.0329	0.0399	0.0362	—	—	289.3	235.2	389.6	316.7	—	—

续表

D_N/mm	N	n①		中心排管数		管程流通面积/m²			A②/m²						
		d/mm				$d\times\delta_t$			L=3m		L=4.5m		L=6m		L=9m	
		19	25	19	25	19×2	25×2	25×2.5	19	25	19	25	19	25	19	25
1200	2	1452	880	28	22	0.1290	0.1520	0.1380	—	—	374.4	298.6	504.3	402.2	764.2	609.4
	4	1424	860	28	22	0.0629	0.0745	0.0675	—	—	367.2	291.8	494.6	393.1	749.5	595.6
	6	1348	828	27	21	0.0396	0.0478	0.0434	—	—	347.6	280.9	468.2	378.4	709.5	573.4
1300	4	1700	1024	31	24	0.0751	0.0887	0.0804					589.3	467.1		
	6	1616	972	29	24	0.0476	0.0560	0.0509					560.2	443.3		
1400	4	1972	1192	32	26	0.0871	0.1030	0.0936					682.6	542.9	1035.6	823.6
	6	1890	1130	30	24	0.0557	0.0652	0.0592					654.2	514.7	992.5	780.8
1500	4	2304	1400	34	29	0.1020	0.1210	0.1100					795.9	636.3		
	6	2252	1332	34	28	0.0663	0.0769	0.0697					777.9	605.4		
1600	4	2632	1592	37	30	0.1160	0.1380	0.1250					907.6	722.3	1378.7	1097.3
	6	2520	1518	37	29	0.0742	0.0876	0.0795					869.0	688.8	1320.0	1047.2
1700	4	3012	1856	40	32	0.1330	0.1610	0.1460					1036.1	840.1	—	—
	6	2834	1812	38	32	0.0835	0.0981	0.0949					974.9	820.2		
1800	4	3384	2056	43	34	0.1490	0.1780	0.1610					1161.3	928.4	1766.9	1412.5
	6	3140	1986	37	30	0.0925	0.1150	0.1040					1077.5	896.7	1639.5	1364.4

① 排管数按正方形旋转45°排列计算。
② 计算换热面积按光管及公称压力2.5MPa的管板厚度确定，$A=\pi d(L-2\delta-0.006)n$。

3. U形管式换热器（摘自 JB/T 4717—1992）

（1）型号及其表示方法

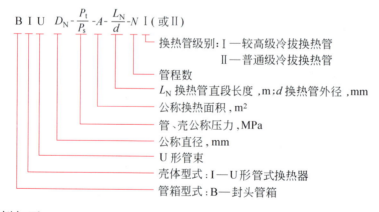

举例如下。

① 封头管箱，公称直径800mm，管、壳程压力均为2.5MPa，公称换热面积245m²，较高级冷拔换热管，外径19mm，管长6m，4管程，单壳程的U形管式换热器，其型号为：BIU800-2.5-245-$\frac{6}{19}$-4 I。

② 封头管箱，公称直径600mm，管、壳程压力均为1.6MPa，公称换热面积90m²，普

通级冷拔换热管,外径25mm,管长6m,2管程,单壳程的U形管式换热器,其型号为：BIU600-1.6-90-$\frac{6}{25}$-2Ⅱ。

(2) U形管式换热器折流板（支持板）间距 S

管长/m	D_N/mm	S/mm					
3	≤600	150	200	—	—	—	—
6	≤600	150	200	—	300	—	—
	700~900	150	200	—	300	—	450
	1000~1200			250	300	350	450

(3) U形管换热器基本参数

D_N/mm	N	$n^①$		中心排管数		管程流通面积/m²			$A^②$/m²			
		d/mm				$d×\delta_t$			L=3m		L=6m	
		19	25	19	25	19×2	25×2	25×2.5	19	25	19	25
325	2	38	13	11	6	0.0067	0.0045	0.0041	13.4	6.0	27.0	12.1
	4	30	12	5	5	0.0027	0.0021	0.0019	10.6	5.6	21.3	11.2
426	2	77	32	15	8	0.0136	0.0111	0.0100	26.9	14.7	54.5	29.8
400	4	68	28	8	7	0.0060	0.0048	0.0044	23.8	12.9	48.2	26.1
500	2	128	57	19	10	0.0227	0.0197	0.0179	44.6	26.1	90.5	53.0
	4	114	56	10	10	0.0101	0.0097	0.0088	39.7	25.7	80.5	52.1
600	2	199	94	23	13	0.0352	0.0326	0.0295	69.1	42.9	140.3	87.2
	4	184	90	12	11	0.0163	0.0155	0.0141	63.9	41.1	129.7	83.5
700	2	276	129	27	16	0.0492	0.0453	0.0411	—	—	194.1	119.4
	4	258	128	12	13	0.0228	0.0221	0.0201	—	—	181.4	118.4
800	2	367	182	31	17	0.0650	0.0630	0.0571	—	—	257.7	168.0
	4	346	176	16	15	0.0306	0.0304	0.0276	—	—	242.8	162.5
900	2	480	231	35	19	0.0850	0.0800	0.0725	—	—	336.2	212.8
	4	454	226	16	17	0.0402	0.0391	0.0355	—	—	317.8	208.2
1000	2	603	298	39	21	0.1067	0.1032	0.0936	—	—	421.5	273.9
	4	576	292	20	19	0.0510	0.0505	0.0458	—	—	402.4	268.4
1100	2	738	363	43	24	0.1306	0.1257	0.1140	—	—	514.6	332.9
	4	706	356	20	21	0.0625	0.0616	0.0559	—	—	492.2	326.5
1200	2	885	436	47	26	0.1566	0.1510	0.1369	—	—	615.8	399.0
	4	852	428	24	21	0.0754	0.0741	0.0672	—	—	592.6	391.7

① 排管数 n 系指U形管的数量，$\phi19$ 的换热管按正三角形排列，$\phi25$ 的换热管按正方形旋转45°排列。
② 计算换热面积系按光管及管、壳程公称压力4.0MPa的管板厚度确定。$A = \pi d(L - \delta - 0.003)n$。

《化工原理》基本概念中英对照索引

A

暗流　closed delivery of filtrate　117

B

柏拉休斯方程　Blasius equation　50
柏努利方程　Bernoulli equation　29
板翅式换热器　plate-fin heat exchanger　172
板框压滤机　plate and frame filter press　116
饱和液体　saturated liquid　144
壁面剪应力　wall shear stress　16
壁温计算　estimation of wall temperature　160
边界层　boundary layer　38
边界层分离　boundary layer separation　39
表压强　gauge pressure　18
并流　parallel flow　149
并流加料　forward feed　194
不定常过程　unsteady-state process　4
不可压缩流体　incompressible fluid　17
不凝气体　non-condensable gas　145

C

操作型计算　operational calculation　157
层流　laminar flow　36
层流边界层　laminar flow boundary layer　38
（层流到湍流）转变点　onset of turbulence　38
层流内层区　viscous sublayer　38
沉降时间　settling time　105
沉浸式换热器　submerged coil heat exchanger　168
澄清器　clarifier　107
池内沸腾　poll boiling　144
齿轮泵　gear pump　91
冲程　stroke　89
除沫器　demister　201
传递速率　rate of transfer process　5
传热　heat transfer　124
传热速率（热流率）　rate of heat flow　125
传热总热阻　overall resistance　154
传热总推动力　overall temperature drop　154
错流　cross flow　152
错流加料　mixed feed　195

D

单层热阻　resistance of individual layers　129
单程型蒸发器　one-way evaporator　198
单位　units　11
单位换算　conversion of units　204
单位一致性　units homogeneous　11
单向阀　one-way valve　89
单效蒸发　single-effect evaporation　187
单元操作　unit operations　1
当量长度　equivalent length　53
当量滤液体积　equivalent volume of filtrate　114
当量球径　diameter of equivalent sphere　103
当量直径　equivalent diameter　52
滴状冷凝　dropwise condensation　142
底流　under flow　108
点流速（局部流速）　point velocity　36
定常过程　steady-state process　4
定常热传导　steady-state conduction　128
定性温度　qualitative temperature　136
动量传递过程　momentum transfer process　3
杜林法则　Duhring's rule　192
对流传热　convective heat transfer　133
对流传热系数　convective heat transfer coefficient（film coefficient）　134
对数平均温度差　logarithmic mean temperature difference（LMTD）　151
多程换热器　multipass exchanger　153
多效蒸发　multiple-effect evaporation　194

F

阀门　valves　41
反射率　reflectivity　163
非均相混合物　heterogeneous mixtures　100
分流加料　parallel feed　195
分散相　dispersed phase　100
浮头式　floating head　170
傅里叶定律　Fourier's law　126

G

干扰沉降　hindered settling　104

格拉斯霍夫数　Grashof number　136
隔膜泵　diaphragm pump　91
工作点　duty point　81
功率　power　77
鼓风机　blower　95
固定管板式　fixed-tube-sheet　170
刮板式　wiped-film　199
管　pipe（or tube）　39
管程　tube side　152
管道　channel　39
管件　fittings　41
管式分离机　tubular-bowl centrifuge　109
管外　outside tube　139
光滑管　smooth pipe　48
国际单位制　SI units　11
过渡层区　buffer layer　38
过滤　filtration　110
过滤常数　filter constant　114
过滤介质　filtering medium　110
过滤离心机　centrifugal filter　119
过热液体　superheated liquid　144

H

哈根-泊谡叶方程　Hagen-Poiseuille equation　45
核状沸腾　nucleate boiling　145
黑度　blackness　164
黑体　black body　163
黑体辐射定律　laws of black body radiation　163
恒速过滤　constant-rate filtration　112
恒压过滤　constant-pressure filtration　112
衡算基准　benchmark　6
化工原理　principles of chemical engineering　1
化学工程　chemical engineering　1
化学工业　chemical industry　1
化学工艺　chemical technology　1
换热器　heat exchanger　167
换热器的热量衡算　energy balance in heat exchanger　147
灰体　grey body　164

J

机械　machinery　73
机械分离　mechanical separation　100
计量泵　metering pump　90
夹套式　jacked-type　167
剪应力　shear stress　16

降尘室　dust-settling chamber　106
降膜式　falling-film　199
局部阻力系数　local resistance coefficient　52
绝对粗糙度　absolute roughness　47
绝对速度　absolute velocity　104
绝对压强　absolute pressure　18

K

壳程　shell side　152
可压缩流体　compressible fluid　17
可压缩滤饼　compressible filter cake　112
克希荷夫定律　Kirchhoff's law　164
孔板流量计　orifice meter　63
扩展柏努利方程　extend Bernoulli equation　31

L

雷诺数　Reynolds number　36
冷凝器　condenser　201
冷源　cold source　161
离心泵　centrifugal pump　74
离心沉降　centrifugal sedimentation　104
离心分离因数　centrifugal separation factor　105
离心式鼓风机　turbo blower　95
离心式压缩机　turbo compressor　95
理想流体　ideal fluid　36
粒级效率　grade efficiency　106
连接　joint（or connection）　40
连续沉降槽　continuous sedimentation tank　107
连续介质　continuum medium　13
连续相　continuous phase　100
连续性方程　continuity equation　27
两固体间的热辐射　radiation between opaque body surfaces　164
量纲　dimension　10
量纲分析　dimensional analysis　11
量纲一致性　dimension homogeneous　11
列管式换热器　shell-and-tube heat exchanger　169
临界点　point of transition　6
临界粒径　critical particle diameter　107
流量调节　flow regulation　82
流体动力学　fluid dynamics　24
流体静力学　fluid statics　18
流体静力学方程　hydrostatic equation　19
流体力学　fluid mechanics　18
流体流动　fluid flow　13
流体输送　transportation of fluid　73

流体质点　fluid particle　13
滤饼　filter cake　110
滤饼比阻　specific cake resistance　113
滤饼的压缩性指数　compressibility coefficient of filter cake　114
滤饼过滤　cake filtration　111
滤浆　slurry　110
滤液　filtrate　110
螺杆泵　screw pump　92
螺旋板式换热器　spiral plate heat exchanger　171
螺旋卸料沉降离心机　scroll-type centrifuge　110

M

脉动速度　deviating velocity　36
密度　density　13
明流　flow in open air of filtrate　117
膜状沸腾　film boiling　145
膜状冷凝　film-type condensation　142
摩擦系数　friction factor　44
摩擦系数图　friction factor chart　49

N

内热式　internal thermal　197
能量衡算　energy balance　9
逆流　countercurrent flow　149
逆流加料　backward feed　195
黏度　viscosity　16
牛顿黏性定律　Newton's law of viscosity　16
牛顿型流体　Newtonian fluids　16
努塞尔特数　Nusselt number　136

O

欧拉数　Euler number　48

P

爬流　creeping flow　102
喷淋式　spray-type　168
喷射真空泵　jet vacuum pump　96
皮托管　Pitot tube　61
平板式换热器　flat-plate heat exchanger　171
平壁　flat wall　128
平衡关系　equilibrium relation　6
平均流速　average velocity　25
普兰特数　Prandtl number　136

Q

气缚　air binding　74
汽蚀　cavitation　82
汽蚀余量 NPSH　net positive suction head　83
强制对流　forced convection　137
强制循环式　forced circulation　198
倾斜型 U 型管压差计　inclined manometer　21
球形度　degree of sphericity　104

R

热传导　heat conduction　126
热导率（导热系数）　thermal conductivity　126
热辐射　thermal radiation　163
热管　heat tube　173
热量传递过程　heat transfer process　3
热膨胀系数　coefficient of thermal expansion　17
热通量　heat flux　126
热源　heat source　161

S

设备　apparatus　2
设计型计算　design calculation　157
深层过滤　deep bed filtration　111
升膜式　climbing-film　199
适宜管径　suitable diameter　59
双液柱微差压差计　two-liquid manometer　22
水力光滑管　hydraulic smooth pipe　49
斯托克斯方程　Stokes equation　103
速度场　velocity field　36
速度分布　velocity distribution　37
速度梯度　velocity gradient　16
速度头　velocity head　31

T

套管式　double pipe　168
特性曲线　characteristic curves　78
特征尺寸　feature size　136
体积流量　volumetric flow rate　25
体积流量　volumetric flow rate　76
停留时间　retention time　105
通风机　fan　93
透过率　transmissivity　163
湍流　turbulent flow　36
湍流边界层　turbulent flow boundary layer　38
湍流核心区　turbulent zone　38
推动力　driving force　5

W

外加压头　developed head　31
外热式　outer thermal　197
完全湍流　complete turbulence　48
往复泵　reciprocating pump　89

往复式压缩机　reciprocating compressor　95
位头　head　31
温差损失 Δ（沸点升高）　boiling point elevation　192
温度分布　temperature distribution　133
温度梯度　temperature gradient　126
文丘里流量计　venturi meter　65
污垢热阻　fouling resistance　155
无量纲方程　dimensionless equation　11
无量纲数　dimensionless group　11
物料衡算　mass balance　6
物性计算　physical property calculation　6

X

吸上高度　suction lift　83
吸收率　absorptivity　163
洗涤　washing　117
相对粗糙度　relative roughness　48
相对速度　relative velocity　104
效率　efficiency　77
虚拟膜层厚度　film thickness　134
绪论　introduction　1
絮凝剂　coagulant　108
悬浮液　suspension　110
旋风分离器　cyclone separator　108
旋液分离器　cyclone hydraulic separator　109
旋转式鼓风机　rotary（Roots）blower　95
漩涡　eddies　39
漩涡泵　vortex pump　92
循环型蒸发器　circulating evaporator　196

Y

压强　pressure　18
压缩比　compression ratio　95
压缩机　compressor　95
压头　pressure head　31
压头损失　loss of pressure head　31
扬程　developed head　77
曳力　drag force　101
曳力系数　drag coefficient　101
一维流动　one-dimensional flow　36
溢流　over flow　107
余隙体积效率　volumetric efficiency　95
圆筒壁　cylindrical wall　130
运动黏度　kinematic viscosity　17

Z

增稠器　thickener　107
折流　baffling flow　152
真空泵　vacuum pump　96
真空度　vacunm　18
蒸发　evaporation　186
蒸汽冷凝　condensation of vapor　141
正位移泵　positive displacement pump　89
质量传递过程　mass transfer process　3
质量流量　mass flow rate　25
重力沉降　gravity sedimentation　101
转鼓真空过滤机　rotary-drum vacuum filter　118
转子流量计　rotameter　66
自然对流　natural convection　140
自由沉降　free settling　101
自由沉降速度（终端速度）　terminal velocity　102
总传热系数　overall heat transfer coefficient　148
总热阻　overall resistance　129
总效率　overall efficiency　106
阻力　resistance　5
最佳效数　optimum number of effects　195

其他

U形管式　U-bend　170
U型管压差计　U-tube manometer　20

参 考 文 献

[1] 谭天恩, 窦梅, 周明华. 化工原理（上册）. 4 版. 北京：化学工业出版社，2018.
[2] 王志魁. 化工原理. 5 版. 北京：化学工业出版社，2017.
[3] 李云倩. 化工原理（上册）. 北京：中央广播电视大学出版社，1991.
[4] 陈敏恒, 丛德滋, 齐鸣斋, 等. 化工原理（上册）. 5 版. 北京：化学工业出版社，2020.
[5] 蒋维钧, 戴猷元, 顾惠君. 化工原理（上册）. 3 版. 北京：清华大学出版社，2009.
[6] 柴诚敬, 贾绍义. 化工流体流动与传热. 3 版. 北京：化学工业出版社，2020.
[7] 张宏丽, 周长丽. 制药过程原理及设备. 北京：化学工业出版社，2010.
[8] 杨祖荣, 刘丽英, 刘伟. 化工原理. 4 版. 北京：化学工业出版社，2021.
[9] 张浩勤. 化工原理学习指导. 北京：化学工业出版社，2007.
[10] 中石化上海工程有限公司. 化工工艺设计手册. 5 版. 北京：化学工业出版社，2018.
[11] 时钧, 汪家鼎, 余国琮, 等. 化学工程手册. 2 版. 北京：化学工业出版社，1996.
[12] 谢端绶, 璩定一, 苏元复. 化工工艺算图（第一册）：常用物料物性数据. 北京：化学工业出版社，1982.
[13] W L McCabe, J C Smith. Unit Operations of Chemical Engineering. 7th ed. New York: McGrawHill, Inc., 2005.
[14] R H Perry, C H Chilton. Chemical Engineerings' Handbook. 8th ed. New York: McGrawHill, Inc., 2007.
[15] 王子宗. 石油化工设计手册（修订版）：第 3 卷，化工单元过程. 北京：化学工业出版社，2015.
[16] 袁渭康, 王静康, 费维扬, 等. 化学工程手册. 3 版. 北京：化学工业出版社，2019.
[17] 张浩勤, 章亚东, 陈卫航. 化工过程开发与设计. 北京：化学工业出版社，2002.